U0154954

算法笔记上机训练实战指南

胡凡　曾磊　主编

机 械 工 业 出 版 社

本书是《算法笔记》的配套习题集，内容按照《算法笔记》的章节顺序进行编排，其中整理归类了 PAT 甲级、乙级共 150 多道题的详细题解，大部分题解均编有题意、样例解释、思路、注意点、参考代码，且代码中包含了详细的注释。读者可以通过本书对《算法笔记》的知识点进行更深入的学习和理解。书中印有大量二维码，用以实时更新或补充书籍的内容及发布本书的勘误。

本书可作为计算机专业研究生入学考试复试上机、各类算法等级考试（如 PAT、CSP 等）的辅导书，也可作为考研时"数据结构"科目的教材及辅导书内容的补充。本书还是学习 C 语言、数据结构与算法的入门辅导书，非常适合零基础的学习者对经典算法进行学习。

（编辑邮箱：jinacmp@163.com）

图书在版编目（CIP）数据

算法笔记上机训练实战指南 / 胡凡，曾磊主编. —北京：机械工业出版社，2016.7（2022.1重印）
ISBN 978-7-111-54040-3

Ⅰ. ①算… Ⅱ. ①胡… ②曾… Ⅲ. ①电子计算机—算法理论—习题集 Ⅳ. ①TP301.6-44

中国版本图书馆 CIP 数据核字（2016）第 134219 号

机械工业出版社（北京市百万庄大街22号 邮政编码 100037）
策划编辑：吉 玲 责任编辑：吉 玲 吴晋瑜 刘丽敏
封面设计：鞠 杨 责任印制：张 博 责任校对：陈 越
保定市中画美凯印刷有限公司印刷
2022年1月第1版第14次印刷
184mm×260mm · 27.5 印张 · 701 千字
标准书号：ISBN 978-7-111-54040-3
定价：68.00元

凡购本书，如有缺页、倒页、脱页，由本社发行部调换

电话服务	网络服务
服务咨询热线：010-88379833	机 工 官 网：www.cmpbook.com
读者购书热线：010-88379649	机 工 官 博：weibo.com/cmp1952
	教育服务网：www.cmpedu.com
封面无防伪标均为盗版	金 书 网：www.golden-book.com

前　言

本书作为《算法笔记》的配套习题集，适合用于研究生复试上机、PAT 甲级与乙级考试、CCF 的 CSP 认证等算法考试。本书中的题目全部配有详细的题解，大部分题目都包含题意、样例解释、思路、注意点及参考代码。

使用本书前，读者应先阅读本书的配套教材《算法笔记》的对应章节，然后再以本书中的习题作为训练。训练时先独立思考，不要马上看书中的思路和相关内容，如果有不会的题目可以暂时先跳过，过段时间再回头重新做。如果题目确实有些难度，想了很久也不得要领，那么可以阅读该题的思路部分；如果多次提交却总是无法通过全部数据点，那么可以阅读该题的注意点部分，看看有什么边界数据是自己没有注意到的；当对该题的写法不太确定时，也可以阅读参考代码。

本书适合进行专题训练，即对一个章节的题目进行集中训练，这有助于对同一个算法进行详细且细致的训练，而不会出现为了做题而做题、从头到尾刷完 PAT 之后却还是一点感觉都没有的情况。本书有些来自 codeup 的习题，可供读者练习使用。

另外，本书将在每小节的最后配有一个二维码，用以更新本节内容或是对本节的新题进行补充；每章最后也会有一个二维码，用来补充新内容。本书的**勘误**和**内容更新日志**均体现在下面的二维码，可供读者查看实时更新。

参加本书编写的人员有：胡凡，曾磊，唐晓瑜，庞志飞，冯杰，刘伟，王改革，柯扬斌，何世伟，朱逸晨，林炀平，杨晓海，庞博，张也，刘阳，吴联坤，于志超，朱清华，陈鸿翔，柴一平，李幸超，李邦鹏，范旭民，李疆，胡学军，厉月艳，朱华，鲁蕴铖，徐涵，王巨峰，金明健，刘欧，田唐昊。最后，由于编者水平有限，尽管对本书进行了多次校对，但书中可能仍有一些待改进的地方。如果读者对书中的内容有不解之处，可随时与我交流。

胡凡

目　　录

第1章 本书的使用方法

本书是《算法笔记》的配套习题集，使用的题目全部来自计算机程序设计能力考试（Programming Ability Test，PAT）平台，并且包含了其中两个板块 PAT (Basic Level) Practise 与 PAT (Advanced Level) Practise 的所有题目的详细题解。截至本书完稿，其中收录了 Basic Level 的 1001～1050 共 50 题、Advanced Level 的 1001～1107 共 107 题，而新的题目将在对应小节的二维码中补充。

想要在 PAT 上提交题目，需要先注册一个账号，然后单击官网左侧栏的"题目集"，就会显示一些列表信息。其中状态为"已结束"的是往年各类 PAT 考试，有需要者可以进去查看当时的考试情况，但不可以继续提交。状态为"一直可用"的是 PAT 的题库，其中下面两个板块是本书题目的主要来源。

① **PAT (Basic Level) Practise**（中文）

www.patest.cn/contests/pat-b-practise

② **PAT (Advanced Level) Practise**

www.patest.cn/contests/pat-a-practise

在这两个板块中，第一个是 PAT 乙级考试（Basic Level）的真题库，所有 PAT 乙级考试真题都在里面；第二个是 PAT 甲级考试（Advanced Level）的真题库，所有 PAT 甲级考试真题都在里面。

本书的题目顺序是按照配套教材的章节顺序来编排的，对配套教材中的各小节都把 PAT 中相关知识点的题目分类在一起，以便读者集中训练；如果某个小节在 PAT 中没有直接考查的题目，则会标注"在 PAT 上没有对应的练习题，请使用配套教材上的训练题"。读者可以在配套用书《算法笔记》中对来源为 codeup 的练习题进行训练。注意：本书中乙级（Basic Level）的题目均在题号前标注了字母 B，而甲级（Advanced Level）的题目均在题号前标注了字母 A，例如 B1033、A1047 等。在本书中，对于单个小节，题目排列顺序先按分值从小到大排序，分值相同的按题目编号从小到大排序，同分值乙级的题目默认排在甲级的题目前面。

为了保证最好的训练效果，**推荐使用"阅读一节配套教材的内容，然后做一节本书对应小节的题目"的训练方式**，这样集中某个算法进行做题的方式效率最高。注意：由于一些知识点在配套教材中已经讲解，因此在本书中将不再重复解释它们。

本书在附录部分按题目编号顺序给出了题目在本书中所在的章节位置，有需要的读者可以直接通过题号来查询题解在哪个章节。本书所有题目的代码都可以在本章二维码中找到。

最后祝大家都能通过本书学习到有用的知识，并在考试中取得一个很好的成绩，实现自己的人生理想。

本章二维码

第2章　C/C++快速入门

2.1　基本数据类型

本节在 PAT 上没有对应的练习题，请使用配套用书上的训练题。

本节二维码

2.2　顺序结构

本节在 PAT 上没有对应的练习题，请使用配套用书上的训练题。

本节二维码

2.3　条件结构

本节在 PAT 上没有对应的练习题，请使用配套用书上的训练题。

本节二维码

2.4　循环结构

本节在 PAT 上没有对应的练习题，请使用配套用书上的训练题。

本节二维码

2.5　数　　组

本节在 PAT 上没有对应的练习题，请使用配套用书上的训练题。

本节二维码

2.6　函　　数

本节在 PAT 上没有对应的练习题，请使用配套用书上的训练题。

本节二维码

2.7　指　　针

本节在 PAT 上没有对应的练习题，请使用配套用书上的训练题。

本节二维码

2.8　结构体（struct）的使用

本节在 PAT 上没有对应的练习题，请使用配套用书上的训练题。

本节二维码

2.9　补　　充

本节在 PAT 上没有对应的练习题，请使用配套用书上的训练题。

本节二维码

2.10　黑盒测试

本节在 PAT 上没有对应的练习题，请使用配套用书上的训练题。

本节二维码

本节在 PAT 上没有对应的练习题，请使用配套用书上的训练题。

本章二维码

第3章 入门篇（1）——入门模拟

3.1 简单模拟

	本节目录	
B1001	害死人不偿命的(3n+1)猜想	15
B1011	A+B 和 C	15
B1016	部分 A+B	15
B1026	程序运行时间	15
B1046	划拳	15
B1008	数组元素循环右移问题	20
B1012	数字分类	20
B1018	锤子剪刀布	20
A1042	Shuffling Machine	20
A1046	Shortest Distance	20
A1065	A+B and C (64bit)	20
B1010	一元多项式求导	25
A1002	A+B for Polynomials	25
A1009	Product of Polynomials	25

B1001. 害死人不偿命的(3n+1)猜想 (15)
Time Limit: 400 ms   Memory Limit: 65 536 KB

题目描述

卡拉兹(Callatz)猜想：

对任何一个自然数 n，如果它是偶数，那么把它砍掉一半；如果它是奇数，那么把(3n+1)砍掉一半。这样一直反复砍下去，最后一定在某一步得到 n=1。卡拉兹在 1950 年的世界数学家大会上公布了这个猜想，据说当时耶鲁大学师生齐动员，拼命想证明这个貌似很荒唐的命题，结果闹得学生们无心学业，一心只证(3n+1)，以至于有人说这是一个阴谋，卡拉兹是在蓄意延缓美国数学界教学与科研的进展……

此处并非要证明卡拉兹猜想，而是对给定的任一不超过 1000 的正整数 n，简单地数一下，需要多少步才能得到 n=1？

输入格式

每个测试输入包含 1 个测试用例，即给出自然数 n 的值。

输出格式

输出从 n 计算到 1 需要的步数。

输入样例

3

输出样例

5

思路

读入题目给出的 n，之后用 while 循环语句反复判断 n 是否为 1：

① 如果 n 为 1，则退出循环。

② 如果 n 不为 1，则判断 n 是否为偶数，如果是偶数，则令 n 除以 2；否则令 n 为(3 * n + 1) / 2。之后令计数器 step 加 1。

这样当退出循环时，step 的值就是需要的答案。

参考代码

```
#include <cstdio>
int main() {
    int n, step = 0;
    scanf("%d", &n);  //输入题目给出的n
    while(n != 1) {  //循环判断n是否为1
        if(n % 2 == 0) n = n / 2;  //如果是偶数
        else n = (3 * n + 1) / 2;  //如果是奇数
        step++;  //计数器加1
    }
    printf("%d\n", step);
    return 0;
}
```

B1011. A+B 和 C (15)

Time Limit: 50 ms   Memory Limit: 65 536 KB

题目描述

给定区间$[-2^{31}, 2^{31}]$内的三个整数 A、B 和 C，请判断 A+B 是否大于 C。

输入格式

第一行给出正整数 T($\leqslant$10)，即测试用例的个数。随后给出 T 组测试用例，每组占一行，顺序给出 A、B 和 C。整数间以空格分隔。

输出格式

对每组测试用例，如果 A+B>C，在一行中输出"Case #×: true"；否则输出"Case #×: false"，其中×是测试用例的编号（从 1 开始）。

输入样例

4

1 2 3

2 3 4

2147483647 0 2147483646

0 –2147483648 –2147483647

输出样例

Case #1: false

Case #2: true

Case #3: true

Case #4: false

思路

输入 T，用以表示下面输入的数据组数，同时令 tcase 表示当前是第几组数据，初值为 1。对每组数据，判断 A＋B 是否大于 C：

① 若 A＋B＞C，则输出 Case #%d: true，其中%d 为当前的 tcase 值。

② 否则，输出 Case #%d: false，其中%d 为当前的 tcase 值。

注意点

① 如果要实现执行 T 次的循环，除了使用 for 之外，更简洁的写法是 while(T--)。例如，

```
T = 5;
while(T--) {
    printf("%d", T);
}
```

上面这个 while 循环就是执行 T 次的，不妨动手模拟一下 T 的变化过程。但是请不要写成 while(--T)，因为这种写法是循环 T－1 次，而不是 T 次（不妨也自己动手模拟一下）。

② 题目给出的范围是[-2^{31}, 2^{31}]，首先需要知道 int 型的数据范围是[-2^{31}, $2^{31}-1$]，在最大值这里就会超过 int 型的范围。另外，两个 int 型变量相加，最后是可能超过 int 型的，因此在本题中，必须使用 long long 作为 ABC 的变量类型，输入、输出格式必须是%lld，否则就会返回"答案错误"。

参考代码

```
#include <cstdio>
int main() {
    int T, tcase = 1;
    scanf("%d", &T);  //输入数据组数
    while(T--) {  //循环 T 次
        long long a, b, c;
        scanf("%lld%lld%lld", &a, &b, &c);
        if(a + b > c) {
            printf("Case #%d: true\n", tcase++);
        } else {
            printf("Case #%d: false\n", tcase++);
        }
    }
    return 0;
}
```

B1016. 部分 A+B (15)

Time Limit: 100 ms   Memory Limit: 65 536 KB

题目描述

正整数 A 的"D_A（为 1 位整数）部分"定义为由 A 中所有 D_A 组成的新整数 P_A。例如：给定 A = 3862767，D_A = 6，则 A 的"6 部分"P_A 是 66，因为 A 中有 2 个 6。

现给定 A、D_A、B、D_B，请编写程序计算 $P_A + P_B$。

输入格式

在一行中依次输入 A、D_A、B、D_B，中间以空格分隔，其中 $0 < A, B < 10^{10}$。

输出格式

在一行中输出 $P_A + P_B$ 的值。

输入样例 1

3862767 6 13530293 3

输出样例 1

399

输入样例 2

3862767 1 13530293 8

输出样例 2

0

题意

输入四个数 A、D_A、B、D_B，其中 D_A 跟 D_B 都是单个数字。将 A 中的数字 D_A 全都拼在一起得到 P_A，将 B 中的数字 D_B 全都拼在一起得到 P_B，输出 $P_A + P_B$。

样例解释

样例 1：

A = 3862767，D_A = 6；

B = 13530293，D_B = 3。

这样 6 在 A 中出现了两次，因此 P_A = 66；而 3 在 B 中出现了三次，因此 P_B = 333。

最后输出 66 + 333 = 399。

样例 2：

A = 3862767，D_A = 1；

B = 13530293，D_B = 8。

这样 1 在 A 中出现了 0 次，因此 P_A = 0；而 8 在 B 中出现了 0 次，因此 P_B = 0。

最后输出 0 + 0 = 0。

思路

令 P_A 初值均为 0，枚举 A 中的每一位，如果该位恰好等于 D_A，则令 $P_A = P_A * 10 + D_A$。这样当枚举完 A 中的每一位之后，就得到了 P_A。

同理可以得到 P_B。最后输出 $P_A + P_B$ 即可。

注意点

① 例如 D_A == 6，而现在的 P_A == 66，那么当再次碰到 A 中新的 6 时，$P_A = P_A * 10 + D_A$

就是 $P_A = 66 * 10 + 6 = 666$，即给 P_A 增加了一位 6。

② 由于题目中给出的范围是 10^{10} 以内，这个范围是超过了 int 的，因此需要使用 long long 来存放 A 和 B。不过也可以用字符串来存储 A 和 B，方法其实都是一样的。

参考代码

```
#include <cstdio>
int main() {
    long long a, b, da, db;
    scanf("%lld%lld%lld%lld", &a, &da, &b, &db);
    long long pa = 0, pb = 0;
    while(a != 0) {   //枚举 a 的每一位
        if(a%10==da) pa = pa * 10 + da;   //如果当前位为 da，给 pa 增加一位 da
        a = a / 10;
    }
    while(b != 0) {   //枚举 b 的每一位
        if(b%10==db) pb = pb * 10 + db;   //如果当前位为 db，给 pb 增加一位 db
        b = b / 10;
    }
    printf("%lld\n", pa + pb);
    return 0;
}
```

B1026. 程序运行时间 (15)

Time Limit: 200 ms　Memory Limit: 65 536 KB

题目描述

要获得一个 C 语言程序的运行时间，常用的方法是调用头文件 time.h，其中提供了 clock() 函数，可以捕捉从程序开始运行到 clock() 被调用时所耗费的时间。这个时间单位是 clock tick，即 "时钟打点"。同时还有一个常数 CLK_TCK——给出了机器时钟每秒所走的时钟打点数。于是为了获得一个函数 f 的运行时间，只要在调用 f 之前先调用 clock()，获得一个时钟打点数 C1；在 f 执行完成后再调用 clock()，获得另一个时钟打点数 C2；两次获得的时钟打点数之差(C2–C1)就是 f 运行所消耗的时钟打点数，再除以常数 CLK_TCK，就得到了以 s 为单位的运行时间。

这里不妨简单假设常数 CLK_TCK 为 100。现给定被测函数前后两次获得的时钟打点数，请给出被测函数运行的时间。

输入格式

在一行中顺序输入 2 个整数 C1 和 C1。注意：两次获得的时钟打点数肯定不相同，即 C1 < C2，并且取值在[0, 10^7]。

输出格式

在一行中输出被测函数运行的时间。运行时间必须按照 "hh:mm:ss"（即 2 位的 "时:分:秒"）格式输出；不足 1s 的时间四舍五入到 s。

输入样例

123 4577973

输出样例

12:42:59

题意

给出起始时间 C1 与终止时间 C2，单位均为 CLK_TCK（1s = 100CLK_TCK），求 C1 和 C2 相距的时间。其中结果按四舍五入精确到 s，并用时分秒的格式输出。

思路

步骤 1：先求出 C2 − C1，而由于 1s 等价于 100CLK_TCK，因此换算成 "s" 单位时要将 C2 − C1 除以 100。又由于题目要求四舍五入，因此需要根据 C2 − C1 的末两位来判断是四舍还是五入，其中当 C2 − C1 的末两位不少于 50 时，说明 C2 − C1 除以 100 后需要进位。

为了步骤 2 讲述方便，这里设 ans 为 (C2 − C1) / 100 四舍五入的结果。

步骤 2：由于 1h=3600s，因此 ans / 3600 即为小时数。于是，ans % 3600 是去除小时数后剩余的部分，这个部分除以 60 即为分钟数，模上 60 即为秒数。

注意点

① 四舍五入可以用 math.h 头文件下的 round 函数，但是由于涉及浮点数会使写法变得复杂，因此不妨直接通过判断 C2 − C1 的后两位来判断是四舍还是五入，以避免浮点数运算。

② 时分秒的输出要保证不足两位时高位用 0 补充。

参考代码

```
#include <cstdio>
int main() {
    int c1, c2;
    scanf("%d%d", &c1, &c2);
    int ans = c2 - c1;  //按题目要求作差
    if(ans % 100 >= 50) {  //四舍五入操作
        ans = ans / 100 + 1;
    } else {
        ans = ans / 100;
    }
    printf("%02d:%02d:%02d\n", ans / 3600, ans % 3600 / 60, ans % 60);
    return 0;
}
```

B1046. 划拳 (15)

Time Limit: 400 ms   Memory Limit: 65 536 KB

题目描述

划拳是中国酒文化中一个有趣的组成部分。酒桌上两人划拳的方法为：每人口中喊出一个数字，同时用手比划出一个数字。如果谁比划出的数字正好等于两人喊出的数字之和，谁

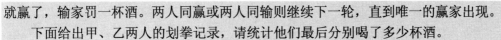
就赢了，输家罚一杯酒。两人同赢或两人同输则继续下一轮，直到唯一的赢家出现。

下面给出甲、乙两人的划拳记录，请统计他们最后分别喝了多少杯酒。

输入格式

第一行先给出一个正整数 N（≤100）；随后 N 行每行给出一轮划拳的记录，格式为：

甲喊　甲划　乙喊　乙划

其中"喊"是喊出的数字，"划"是划出的数字，均为不超过 100 的正整数（两只手一起划）。

输出格式

在一行中先后输出甲、乙两人喝酒的杯数，其间以一个空格分隔。

输入样例

```
5
8 10 9 12
5 10 5 10
3 8 5 12
12 18 1 13
4 16 12 15
```

输出样例

```
1 2
```

思路

以全局变量 failA 和 failB 分别记录甲乙两人输的次数，初值均为 0。输入甲乙喊的数字 a_1 和 b_1 以及甲乙划的数字 a_2 和 b_2，如果 $a_1+b_1==a_2$ 且 $a_1+b_1!=b_2$，则甲赢，令 failB 加 1；如果 $a_1+b_1!=a_2$ 且 $a_1+b_1==b_2$，则乙赢，令 failA 加 1。

注意点

如果两个人都猜中，则不计输赢，在判断条件中要体现这一点。

参考代码

```cpp
#include <cstdio>
int main() {
    int n, failA = 0, failB = 0;    //甲乙输的次数
    scanf("%d", &n);    //记录条数
    for(int i = 0; i < n; i++) {
        int a1, a2, b1, b2;
        scanf("%d%d%d%d", &a1, &a2, &b1, &b2);    //甲喊、甲划、乙喊、乙划
        if(a1 + b1 == a2 && a1 + b1 != b2) {    //甲猜中乙没有猜中
            failB++;    //乙输
        } else if(a1 + b1 != a2 && a1 + b1 == b2) {    //甲没有猜中乙猜中
            failA++;    //甲输
        }
    }
    printf("%d %d\n", failA, failB);    //输出结果
```

```
        return 0;
    }
```

B1008. 数组元素循环右移问题 (20)

Time Limit: 400 ms   Memory Limit: 65 536 KB

题目描述

一个数组 A 中存有 N（N>0）个整数，在不允许使用另外数组的前提下，将每个整数循环向右移 M（M≥0）个位置，即将 A 中的数据由（$A_0 A_1 \cdots A_{N-1}$）变换为（$A_{N-M} \cdots A_{N-1} A_0 A_1 \cdots A_{N-M-1}$）（最后 M 个数循环移至最前面的 M 个位置）。如果需要考虑程序移动数据的次数尽量少，则应如何设计移动的方法？

输入格式

每个输入包含一个测试用例，第一行输入 N (1≤N≤100)、M（M≥0）；第二行输入 N 个整数，之间用空格分隔。

输出格式

在一行中输出循环右移 M 位以后的整数序列，之间用空格分隔，序列结尾不能有多余空格。

输入样例

6 2
1 2 3 4 5 6

输出样例

5 6 1 2 3 4

思路

题目中虽然给出了很多限制，例如不允许使用另外的数组、又要考虑移动数据的次数最少，但实际上却只测试循环右移之后得到的结果而不管过程。对于这种题目，考生其实可以不用管题目中那些限制，直接输出答案即可。

首先需要注意题目并没有给定 M 的最大值，因此不能直接认为 M < N，而需要在读入 N 和 M 后令 M = M % N，这样就可以保证 M < N，使后面的操作更简便。这样做的依据是：对一个长度为 N 的序列，右移 N 位之后的序列和当前序列是相同的。

在得到新的 M 后，可以直接输出序列从 N – M 号元素到 N – 1 号元素，再输出 0 号元素到 N – M – 1 号元素即可。

注意点

① 处理最后一个数字之后不输出空格可以使用 count 变量记录已经输出数的个数，只要 count 没有达到 N，就输出空格。

② 由于 M 有可能为 0，因此可以直接输出整个数组。某些写法如果没有考虑这种情况，则会导致两组数据"运行超时"。

③ 同样要注意最后一个数后不能输出空格，否则会返回"格式错误"。

④ 做题认真严谨的读者也许想要按照题目要求来对原数组进行操作，本书在 5.2 节中给出了做法，且这个做法的移动次数是最少的。

参考代码

```
#include <cstdio>
int main() {
    int a[110];
    int n, m, count = 0;  //count 记录已经输出数的个数
    scanf("%d%d", &n, &m);
    m = m % n;  //修正 m
    for(int i = 0; i < n; i++) {
        scanf("%d", &a[i]);
    }
    for(int i = n - m; i < n; i++) {  //输出 n - m 号到 n - 1 号
        printf("%d", a[i]);
        count++;  //已输出数的个数加 1
        if(count < n) printf(" ");  //如果已经输出数的个数小于n，则输出空格
    }
    for(int i = 0; i < n - m; i++) {  //输出 0 号到 n - m - 1 号
        printf("%d", a[i]);
        count++;
        if(count < n) printf(" ");
    }
    return 0;
}
```

B1012. 数字分类 (20)

Time Limit: 50 ms　　Memory Limit: 65 536 KB

题目描述

给定一系列正整数，请按要求对数字进行分类，并输出以下五类数字：

A1 = 能被 5 整除的数字中所有偶数的和；

A2 = 将被 5 除后余 1 的数字按给出顺序进行交错求和，即计算 n1 − n2 + n3 − n4…；

A3 = 被 5 除后余 2 的数字的个数；

A4 = 被 5 除后余 3 的数字的平均数，精确到小数点后一位；

A5 = 被 5 除后余 4 的数字中最大数字。

输入格式

每个输入包含一个测试用例。每个测试用例先给出一个不超过 1000 的正整数 N，随后给出 N 个不超过 1000 的待分类的正整数。数字间以空格分隔。

输出格式

对给定的 N 个正整数，按题目要求计算 A1~A5 并在一行中顺序输出。数字间以空格分隔，但行末不得有多余空格。

若其中某一类数字不存在，则在相应位置输出"N"。

输入样例 1

13 1 2 3 4 5 6 7 8 9 10 20 16 18

输出样例 1

30 11 2 9.7 9

输入样例 2

8 1 2 4 5 6 7 9 16

输出样例 2

N 11 2 N 9

思路

数组 count[5] 用以存放五类数字的个数，初值为 0；

数组 ans[5] 用以存放五类数字的输出结果，初值为 0。

对读入的数字，判断其属于哪类，令对应的 count 数组的值加 1，并处理 ans 数组的值。

注意点

① A1 类的 count 需要放到判断其是否为偶数的 if 语句中。

② 最后一个输出后面不能有空格，在本题中，这个问题会比较容易被忽视。

参考代码

```cpp
#include <cstdio>
int main() {
    int count[5] = {0};
    int ans[5] = {0};
    int n, temp;
    scanf("%d", &n);
    for(int i = 0; i < n; i++) {
        scanf("%d", &temp);  //读入数字
        if(temp % 5 == 0) {  //A1 类
            if(temp % 2 == 0) {
                ans[0] += temp;
                count[0]++;
            }
        } else if(temp % 5 == 1) {  //A2 类
            if(count[1] % 2 == 0) {
                ans[1] += temp;
            } else {
                ans[1] -= temp;
            }
            count[1]++;
        } else if(temp % 5 == 2) {  //A3 类
            count[2]++;
        } else if(temp % 5 == 3) {  //A4 类
            ans[3] += temp;
            count[3]++;
```

```
    } else {   //A5 类
        if(temp > ans[4]) {
            ans[4] = temp;
        }
        count[4]++;
    }
}
if(count[0] == 0) printf("N ");
else printf("%d ", ans[0]);
if(count[1] == 0) printf("N ");
else printf("%d ", ans[1]);
if(count[2] == 0) printf("N ");
else printf("%d ", count[2]);
if(count[3] == 0) printf("N ");
else printf("%.1f ", (double)ans[3] / count[3]);
if(count[4] == 0) printf("N");   //最后一个的输出不能有空格
else printf("%d", ans[4]);
return 0;
}
```

B1018. 锤子剪刀布 (20)

Time Limit: 100 ms   Memory Limit: 65 536 KB

题目描述

大家应该都会玩"锤子剪刀布"的游戏：两人同时给出手势，胜负规则如图 3-1 所示。

图 3-1 "锤子剪刀布"游戏示意图

现给出两人的交锋记录，请统计双方的胜、平、负次数，并给出双方分别出什么手势的胜算最大。

输入格式

第一行给出正整数 N（$\leq 10^5$），即双方交锋的次数。随后 N 行，每行给出一次交锋的信息，即甲、乙双方同时给出的手势。C 代表"锤子"、J 代表"剪刀"、B 代表"布"，第一个字母代表甲方，第二个字母代表乙方，中间有一个空格。

输出格式

第一、二行分别给出甲、乙的胜、平、负次数，数字间以一个空格分隔。第三行给出两个字母，分别代表甲、乙获胜次数最多的手势，中间有一个空格。如果解不唯一，则输出按字典序最小的解。

输入样例

```
10
C J
J B
C B
B B
B C
C C
C B
J B
B C
J J
```

输出样例

```
5 3 2
2 3 5
B B
```

思路

步骤 1：考虑到最后需要输出字典序最小的解，不妨将三种手势先按字典序排序，即 B、C、J。可以发现，这个顺序又恰好是循环相克顺序，即 B 胜 C、C 胜 J、J 胜 B，因此不妨将 B、C、J 对应为 0、1、2，作为一维数组 mp 的三个元素：mp[0] = 'B'、mp[1] = 'C'、mp[2] = 'J'，同时写一个函数 change(char c) 来将手势对应到数字。

步骤 2：对每组读入的甲乙手势 c1 和 c2，先将其通过 change 函数转换为数字 k1 和 k2，然后判断该局输赢。由于设置的顺序恰好就是循环相克顺序，因此 k1 胜 k2 的条件是 (k1 + 1) % 3 == k2，而 k1 平 k2 的条件是 k1 == k2，k1 输 k2 的条件是 (k2 + 1) % 3 == k1。

在得到该局输赢后，对甲、乙的胜、平、负次数进行操作，并对赢得该局的一方的手势次数加 1。

步骤 3：比较得到胜利次数最多的手势，输出需要的信息。

注意点

① 由于 scanf 使用 %c 时会将换行符 \n 读入，因此需要在合适的地方用 getchar 吸收空格，否则会导致读入与题意不符——程序输入数据后闪退，基本上就是这个问题导致的。

② 本题如果直接用大量 if…else 语句也可以，但是写法不够简洁，因此要考虑将字母转换为数字的思路，则会简单许多。

③ 甲赢的时候同时要记乙负，乙赢的时候同时要记甲负，这是成对出现的。

参考代码

```
#include <cstdio>
int change(char c) {   //B 为 0，C 为 1，J 为 2，恰好是循环相克顺序，且字典序递增
    if(c == 'B') return 0;
    if(c == 'C') return 1;
    if(c == 'J') return 2;
}
int main() {
    char mp[3] = {'B', 'C', 'J'};   //mp[0] = 'B', mp[1] = 'C', mp[2] = 'J'
    int n;
    scanf("%d", &n);
    int times_A[3] = {0}, times_B[3] = {0};   //分别记录甲、乙的胜、平、负次数
    //按 BCJ 顺序分别记录甲乙 3 种手势的获胜次数
    int hand_A[3] = {0}, hand_B[3] = {0};
    char c1, c2;
    int k1, k2;
    for(int i = 0; i < n; i++) {
        getchar();
        scanf("%c %c", &c1, &c2);   //甲、乙的手势
        k1 = change(c1);   //转换为数字
        k2 = change(c2);
        if((k1 + 1) % 3 == k2) {   //如果甲赢
            times_A[0]++;   //甲赢次数加 1
            times_B[2]++;   //乙负次数加 1
            hand_A[k1]++;   //甲靠 k1 赢的次数加 1
        } else if(k1 == k2) {   //如果平局
            times_A[1]++;   //甲平局次数加 1
            times_B[1]++;   //乙平局次数加 1
        } else {   //如果乙赢
            times_A[2]++;   //甲负次数加 1
            times_B[0]++;   //乙赢次数加 1
            hand_B[k2]++;   //乙靠 k2 赢的次数加 1
        }
    }
    printf("%d %d %d\n", times_A[0], times_A[1], times_A[2]);
    printf("%d %d %d\n", times_B[0], times_B[1], times_B[2]);
    int id1 = 0, id2 = 0;
    for(int i = 0; i < 3; i++) {   //找出甲乙获胜次数最多的手势
        if(hand_A[i] > hand_A[id1]) id1 = i;
        if(hand_B[i] > hand_B[id2]) id2 = i;
```

```
    }
    printf("%c %c\n", mp[id1], mp[id2]);   //转变回BCJ
    return 0;
}
```

A1042. Shuffling Machine (20)
Time Limit: 400 ms   Memory Limit: 65 536 KB

题目描述

Shuffling is a procedure used to randomize a deck of playing cards. Because standard shuffling techniques are seen as weak, and in order to avoid "inside jobs" where employees collaborate with gamblers by performing inadequate shuffles, many casinos employ automatic shuffling machines. Your task is to simulate a shuffling machine.

The machine shuffles a deck of 54 cards according to a given random order and repeats for a given number of times. It is assumed that the initial status of a card deck is in the following order:

S1, S2,···, S13, H1, H2,···, H13, C1, C2,···, C13, D1, D2,···, D13, J1, J2

where "S" stands for "Spade", "H" for "Heart", "C" for "Club", "D" for "Diamond", and "J" for "Joker". A given order is a permutation of distinct integers in [1, 54]. If the number at the i-th position is j, it means to move the card from position i to position j. For example, suppose we only have 5 cards: S3, H5, C1, D13 and J2. Given a shuffling order {4, 2, 5, 3, 1}, the result will be: J2, H5, D13, S3, C1. If we are to repeat the shuffling again, the result will be: C1, H5, S3, J2, D13.

输入格式

Each input file contains one test case. For each case, the first line contains a positive integer K (≤20) which is the number of repeat times. Then the next line contains the given order. All the numbers in a line are separated by a space.

输出格式

For each test case, print the shuffling results in one line. All the cards are separated by a space, and there must be no extra space at the end of the line.

（原题即为英文题）

输入样例

2
36 52 37 38 3 39 40 53 54 41 11 12 13 42 43 44 2 4 23 24 25 26 27 6 7 8 48 49 50 51 9 10 14 15 16 5 17 18 19 1 20 21 22 28 29 30 31 32 33 34 35 45 46 47

输出样例

S7 C11 C10 C12 S1 H7 H8 H9 D8 D9 S11 S12 S13 D10 D11 D12 S3 S4 S6 S10 H1 H2 C13 D2 D3 D4 H6 H3 D13 J1 J2 C1 C2 C3 C4 D1 S5 H5 H11 H12 C6 C7 C8 C9 S2 S8 S9 H10 D5 D6 D7 H4 H13 C5

题意

有54张牌，编号为1~54，初始按编号从小到大排列。另外，这些牌按初始排列给定花色，即从左至右分别为13张S、13张H、13张C、13张D、2张J，如下所示：

S1, S2,···, S13, H1, H2,···, H13, C1, C2,···, C13, D1, D2,···, D13, J1, J2

接下来执行一种操作，这种操作将牌的位置改变为指定位置。例如有 5 张牌 S3, H5, C1, D13, J2，然后给定操作序列 {4, 2, 5, 3, 1}，因此把 S3 放到 4 号位、把 H5 放到 2 号位、C1 放到 5 号位、D13 放到 3 号位、J2 放到 1 号位，于是就变成了 J2, H5, D13, S3, C1。

现在需要将这种操作执行 K 次，求最后的排列结果。例如上面的例子中，如果执行第二次操作，那么序列 J2, H5, D13, S3, C1 就会变成 C1, H5, S3, J2, D13。

思路

步骤 1：由于题目给出的操作直接明确了每个位置上的牌在操作后的位置，因此不妨设置两个数组 start[] 与 end[]，分别用来存放执行操作前的牌序与执行操作后的牌序（即 start[i] 表示操作前第 i 个位置的牌的编号）。这样在每一次操作中就可以把数组 start[] 中的每一个位置的牌号存放到数组 end[] 的对应转换位置中，然后用数组 end[] 覆盖数组 start[] 来给下一次操作使用。这样当执行 K 轮操作后，数组 start[] 中即存放了最终的牌序。

步骤 2：由于输出需要用花色表示，且每种花色有 13 张牌，因此不妨使用 char 型数组 mp[] = {S, H, C, D, J} 来建立编号与花色的关系。例如，假设当前牌号为 x，那么 mp[(x − 1) / 13] 即为这张牌对应的花色（即 1 ~ 13 号为'S'，14 ~ 26 号为'H'等），而 (x − 1) % 13 + 1 即为它在所属花色下的编号。

注意点

① 最好在纸上自己推导一下编号和花色的对应关系，特别要注意牌的编号减 1 的原因。
② 注意输出格式的控制，不允许在一行的末尾多出空格，否则会返回"格式错误"。

参考代码

```cpp
#include <cstdio>
const int N = 54;
char mp[5] = {'S', 'H', 'C', 'D', 'J'};  //牌的编号与花色的对应关系
int start[N+1],end[N+1],next[N+1];  //next 数组存放每个位置上的牌在操作后的位置

int main() {
    int K;
    scanf("%d", &K);
    for(int i = 1; i <= N; i++) {
        start[i] = i;  //初始化牌的编号
    }
    for(int i = 1; i <= N; i++) {
        scanf("%d", &next[i]);  //输入每个位置上的牌在操作后的位置
    }
    for(int step = 0; step < K; step++) {  //执行 K 次操作
        for(int i = 1; i <= N; i++) {
            end[next[i]]=start[i];  //把第 i 个位置的牌的编号存于位置 next[i]
        }
        for(int i = 1; i <= N; i++) {
            start[i] = end[i];  //把 end 数组赋值给 start 数组以供下次操作使用
```

```
        }
    }
    for(int i = 1; i <= N; i++) {
        if(i != 1) printf(" ");   //控制输出格式
        start[i]--;
        printf("%c%d", mp[start[i] / 13] , start[i] % 13 + 1);   //输出结果
    }
    return 0;
}
```

A1046. Shortest Distance (20)
Time Limit: 100 ms   Memory Limit: 65 536KB

题目描述

The task is really simple: given N exits on a highway which forms a simple cycle, you are supposed to tell the shortest distance between any pair of exits.

输入格式

Each input file contains one test case. For each case, the first line contains an integer N (in [3, 10^5]), followed by N integer distances $D_1 D_2 \cdots D_N$, where D_i is the distance between the i-th and the (i+1)-st exits, and D_N is between the N-th and the 1st exits. All the numbers in a line are separated by a space. The second line gives a positive integer M ($\leq 10^4$), with M lines follow, each contains a pair of exit numbers, provided that the exits are numbered from 1 to N. It is guaranteed that the total round trip distance is no more than 10^7.

输出格式

For each test case, print your results in M lines, each contains the shortest distance between the corresponding given pair of exits.

（原题即为英文题）

输入样例

```
5 1 2 4 14 9
3
1 3
2 5
4 1
```

输出样例

```
3
10
7
```

题意

有 N 个结点围成一个圈，相邻两个点之间的距离已知，且每次只能移动到相邻点。然后给出 M 个询问，每个询问给出两个数字 A 和 B 即结点编号(1≤A,B≤N)，求从 A 号结点到 B 号结点的最短距离。

样例解释

如图 3-2 所示，共有 5 个结点，分别标号为 1、2、3、4、5，相邻两点的距离在图上给出。总共三个询问：

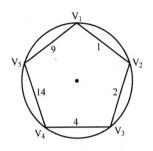

1 3：从 1 号点到 3 号点的最短距离为 3，路径为 1→2→3；

2 5：从 2 号点到 5 号点的最短距离为 10，路径为 2→1→5；

4 1：从 4 号点到 1 号点的最短距离为 7，路径为 4→3→2→1。

图 3-2 样例示意图

思路

步骤 1：以 dis[i] 表示 1 号结点按顺时针方向到达 "i 号结点顺时针方向的下一个结点" 的距离($1 \leq i \leq N$)，sum 表示一圈的总距离。于是对每个查询 left→right，其结果就是 dis(left, right) 与 sum – dis(left, right) 中的较小值。

步骤 2：dis 数组和 sum 在读入时就可以进行累加得到。这样对每个查询 left→right，dis(left,right) 其实就是 dis[right – 1] – dis[left – 1]。这样可以做到查询复杂度为 O(1)。

注意点

① 查询的两个点的编号可能会有 left > right 的情况。这种情况下，需要交换 left 和 right。

② 此题如果没有经过预处理 dis 数组和 sum 的做法会很容易超时。这是因为在极端情况下，每次查询都需要遍历整个数组，即有 10^5 次操作，而共有 10^4 个查询，所以极端情况会有 10^9 次操作，这在 100ms 的时限内是不能承受的。

③ 之所以不把 dis[i] 设置为 1 号结点按顺时针方向到达 i 号结点的距离，是因为 N 号结点到达 1 号结点的距离无法被这个数组所保存。

参考代码

```
#include <cstdio>
#include <algorithm>
using namespace std;

const int MAXN = 100005;
int dis[MAXN], A[MAXN];    //dis 数组含义已说明，A[i]存放 i 号与 i+1 号顶点的距离
int main() {
    int sum = 0, query, n, left, right;
    scanf("%d", &n);
    for(int i = 1; i <= n; i++) {
        scanf("%d", &A[i]);
        sum += A[i];    //累加 sum
        dis[i] = sum;    //预处理 dis 数组
    }
    scanf("%d", &query);
    for(int i = 0; i < query; i++) {    //query 个查询
```

```
    scanf("%d%d", &left, &right);  //left->right
    if(left > right) swap(left, right);  //left > right 时交换
    int temp = dis[right - 1] - dis[left - 1];
    printf("%d\n", min(temp, sum - temp));
}
return 0;
}
```

A1065. A+B and C (64bit) (20)

Time Limit: 100 ms   Memory Limit: 65 536KB

题目描述

Given three integers A, B and C in $[-2^{63}, 2^{63}]$, you are supposed to tell whether A+B > C.

输入格式

The first line of the input gives the positive number of test cases, T ($\leqslant 10$). Then T test cases follow, each consists of a single line containing three integers A, B and C, separated by single spaces.

输出格式

For each test case, output in one line "Case #X: true" if A+B>C, or "Case #X: false" otherwise, where X is the case number (starting from 1).

（原题即为英文题）

输入样例

```
3
1 2 3
2 3 4
9223372036854775807 -9223372036854775808 0
```

输出样例

```
Case #1: false
Case #2: true
Case #3: false
```

题意

给出三个整数 A, B, C，如果 A + B > C，则输出 true；否则，输出 false。

思路

由于 long long 的范围是 $[-2^{63}, 2^{63})$，因此题目中给出的两个整数相加有可能会溢出（正溢出或负溢出），直接进行大小判断会造成错误。在计算机组成原理中会指出，如果两个正数之和等于负数或是两个负数之和等于正数，那么就是溢出。对于溢出后的具体范围，可以进行如下分析：

① 当 $A + B \geqslant 2^{63}$ 时，显然有 $A + B > C$ 成立，但 $A + B$ 会因超过 long long 的正向最大值而发生正溢出。由于题目给定的 A 和 B 最大均为 $2^{63} - 1$，故 $A + B$ 最大为 $2^{64} - 2$，因此使用 long long 存储正溢出后的值的区间为 $[-2^{63}, -2]$（由 $(2^{64} - 2) \% (2^{64}) = -2$ 可得右边界）。所以，

当 A > 0，B > 0，A + B < 0 时为正溢出，输出 true。

② 当 A + B < -2^{63} 时，显然有 A + B < C 成立，但 A + B 会因超过 long long 的负向最小值而发生负溢出。由于题目给定的 A 和 B 最小均为 -2^{63}，故 A + B 最小为 -2^{64}，因此使用 long long 存储负溢出后的值的区间为 $[0, 2^{63})$（由 $(-2^{64})\% 2^{64} = 0$ 可得左边界）。所以，当 A < 0，B < 0，A + B ≥ 0 时为负溢出，输出 false。

③ 在没有溢出的情况下，当 A + B > C 时，输出 true；当 A + B ≤ C 时，输出 false。

注意点

① 经测试，数据中并没有 A 或 B 取到 2^{63} 的情况，因此题目中的数据范围可能是写错了，应该是 $[-2^{63}, 2^{63})$ 才更符合数据，否则就要用带负数的大整数运算了（因为 long long 存储 2^{63} 时会自动变成 -2^{63}，无法区分左右边界）。

② A + B 必须存放到 long long 型变量中才可与 C 进行比较，而不可以在 if 的条件中直接相加与 C 比较，否则会造成后两组数据错误。

参考代码

```cpp
#include <cstdio>
int main() {
    int T, tcase = 1;
    scanf("%d", &T);
    while(T--) {
        long long a, b, c;
        scanf("%lld%lld%lld", &a, &b, &c);
        long long res = a + b;        //res 存放 a + b 的结果
        bool flag;
        if(a > 0 && b > 0 && res < 0) flag = true;        //正溢出为 true
        else if(a < 0 && b < 0 && res >= 0) flag = false; //负溢出为 false
        else if(res > c) flag = true;        //无溢出时，A + B > C 时为 true
        else flag = false;                   //无溢出时，A + B <= C 时为 false
        if(flag == true) {
            printf("Case #%d: true\n", tcase++);
        } else {
            printf("Case #%d: false\n", tcase++);
        }
    }
    return 0;
}
```

B1010. 一元多项式求导 (25)
Time Limit: 400 ms　　Memory Limit: 65 536 KB

题目描述

设计函数，求一元多项式的导数。

输入格式

以指数递降方式输入多项式非零项系数和指数（绝对值均为不超过 1000 的整数）。数字间以空格分隔。

输出格式

以与输入相同的格式输出导数多项式非零项的系数和指数。数字间以空格分隔，但结尾不能有多余空格。

输入样例

3 4 –5 2 6 1 –2 0

输出样例

12 3 –10 1 6 0

样例解释

题目给出的多项式为 $f(X) = 3X^4 – 5X^2 + 6X – 2$，求导之后为 $g(X) = 12X^3 – 10X + 6$。

思路

开一个数组 a[]，用来存放对应指数的系数，例如 a[e] 就是指数为 e 的项的系数。

然后使用 while…EOF 的格式来读入系数和指数，具体见配套用书 2.10.2 节。

从低次项至高次项进行枚举（不能反过来），通过求导公式修改数组 a 的元素，同时计数不为零的导数项的个数。

最后从高次项到低次项进行枚举，输出非零项的系数和指数。

注意点

① 经测试，该题的指数都是非负整数，不存在负指数的情况。

② 对零次项的求导需要特判其直接为 0。

③ 在求导后，当前系数必须清空为 0，否则可能后面无法被覆盖。

④ 求导部分必须从低次项枚举到高次项，否则结果为出错。关于这点，不妨自己动手模拟一下从高次到低次进行枚举的过程。

⑤ 如果求导之后没有任何非零项，需要输出 0 0，这是本题的一个"陷阱"。

参考代码

```
#include <cstdio>
int main() {
    int a[1010] = {0};
    int k, e, count = 0;  //k为系数，e为指数，count计数不为零的导数项个数
    while(scanf("%d%d", &k, &e) != EOF) {  //输入系数和指数直到文件末尾
        a[e] = k;
    }
    a[0] = 0;  //零次项求导之后直接为0
    for(int i = 1; i <= 1000; i++) {  //从一次项开始枚举
        a[i - 1] = a[i] * i;  //求导公式
        a[i] = 0;  //此句不可省
        if(a[i - 1] != 0) count++;  //count计数不为零的导数项个数
```

```
    }
    if(count == 0) printf("0 0");  //特判
    else{
        for(int i = 1000; i >= 0; i--) {  //指数从高到低输出
            if(a[i] != 0) {
                printf("%d %d", a[i], i);
                count--;
                if(count != 0) printf(" ");
            }
        }
    }
    return 0;
}
```

A1002. A+B for Polynomials (25)

Time Limit: 400 ms   Memory Limit: 65 536 KB

题目描述

This time, you are supposed to find A+B where A and B are two polynomials.

输入格式

Each input file contains one test case. Each case occupies 2 lines, and each line contains the information of a polynomial: K N1 a_{N1} N2 a_{N2} ··· NK a_{NK}, where K is the number of nonzero terms in the polynomial, Ni and a_{Ni} (i=1, 2,···, K) are the exponents and coefficients, respectively. It is given that $1 \leqslant K \leqslant 10$, $0 \leqslant N_K < ··· < N_2 < N_1 \leqslant 1000$.

输出格式

For each test case you should output the sum of A and B in one line, with the same format as the input. Notice that there must be NO extra space at the end of each line. Please be accurate to 1 decimal place.

输入样例

2 1 2.4 0 3.2
2 2 1.5 1 0.5

输出样例

3 2 1.5 1 2.9 0 3.2

题意

给出两行，每行表示一个多项式：第一个数表示该多项式中系数非零项的项数，后面每两个数表示一项，这两个数分别表示该项的幂次和系数。试求两个多项式的和，并以与前面相同的格式输出结果。

样例解释

第一个 2 是指多项式有两个系数非零项，1 2.4 表示一次项的系数为 2.4，0 3.2 表示零次项的系数（即常数项）为 3.2，即有 F1(x) = 2.4x + 3.2。

同样可以写出第二行所表示的多项式 $F2(x) = 1.5x^2 + 0.5x$。

那么 $F1(x) + F2(x) = 1.5x^2 + 2.9x + 3.2$。

然后从高次到低次输出多项式的系数非零项的项数和各自的系数：3 2 1.5 1 2.9 0 3.2。

思路

步骤 1：令 double 型数组 p[max_n] 表示多项式，其中 p[n] 表示幂次为 n 的项的系数，初值为 0。令 int 型变量 count 表示系数非零项的个数，初值为 0。

步骤 2：先按输入格式读入第一个多项式，再读入第二个多项式，并把对应系数直接加到第一个多项式上。

步骤 3：计算非零系数项的个数 count 并输出，然后按格式输出该多项式。

注意点

① 输出要按照幂次从大到小的顺序，格式上需要保留一位小数。

② 题目的输入和输出都是系数非零项。

③ 有些读者会选择在读入的过程中就使用 count 计数，这里要注意正负抵消的问题：两个多项式的某一个相同幂次的项刚好为相反数，相加之后就为 0 了。因此采用下面这个写法的要注意 count 必须在两项相加之后再判断是否自减。

```
scanf("%d", &k);
count += k;
for(i = 0; i < k; i++){
    scanf("%d%lf", &n, &a);
    p[n] += a;
}
scanf("%d", &k);
count += k;
for(i=0;i<k;i++){
    scanf("%d%lf", &n, &a);
    p[n] += a;                  //(1)
    if(p[n] != 0) count--;      //(2)
}
```

这里不妨试试下面这组数据，结果应该是 3 4 0.5 3 −2.1 0 3.6。

```
4 4 0.5 2 5.6 1 -2.7 0 3.6
3 3 -2.1 2 -5.6 1 2.7
```

④ count 初值为 0 然后在第二个多项式累加时进行 count 自增的做法是不可取的，因为第一个多项式的系数非零项在第二个多项式中该项系数为零，这样无法被处理到。

⑤ 在输出每一个非零系数项时，必须注意幂次为 1000 是可以取得到的，所以循环的最大值至少要取 1000 而不是 999，并且 p 数组的大小至少是 1001，循环中不能出现 i < 1000 这种。

⑥ 出现"格式错误"是因为在输出的末尾多了一个空格，只需注意空格的输出即可。

参考代码

```
#include <cstdio>
const int max_n = 1111;
```

```
double p[max_n] = {};
int main() {
    int k, n, count = 0;
    double a;
    scanf("%d", &k);
    for(int i = 0; i < k; i++) {
        scanf("%d %lf", &n, &a);
        p[n] += a;
    }
    scanf("%d", &k);
    for(int i = 0; i < k; i++) {
        scanf("%d %lf", &n, &a);
        p[n] += a;
    }
    for(int i = 0; i < max_n; i++) {
        if(p[i] != 0) {
            count++;
        }
    }
    printf("%d", count);
    for(int i = max_n - 1; i >= 0; i--) {
        if(p[i] != 0) printf(" %d %.1f", i, p[i]);
    }
    return 0;
}
```

A1009. Product of Polynomials (25)

Time Limit: 400 ms   Memory Limit: 65 536 KB

题目描述

This time, you are supposed to find A*B where A and B are two polynomials.

输入格式

Each input file contains one test case. Each case occupies 2 lines, and each line contains the information of a polynomial: K N1 a_{N1} N2 a_{N2} ··· NK a_{NK}, where K is the number of nonzero terms in the polynomial, Ni and a_{Ni} (i=1, 2, ···, K) are the exponents and coefficients, respectively. It is given that $1 \leqslant K \leqslant 10, 0 \leqslant NK < ··· < N2 < N1 \leqslant 1000$.

输出格式

For each test case you should output the product of A and B in one line, with the same format as the input. Notice that there must be NO extra space at the end of each line. Please be accurate up to 1 decimal place.

输入样例

2 1 2.4 0 3.2
2 2 1.5 1 0.5

输出样例

3 3 3.6 2 6.0 1 1.6

题意

给出两个多项式的系数，求这两个多项式的乘积。

样例解释

已知第一个多项式为 $f(x) = 2.4x + 3.2$，第二个多项式 $g(x) = 1.5x^2 + 0.5x$，

$$F(x)*G(x) = 3.6x^3 + 6x^2 + 1.6x$$

思路

先获得第一个多项式的系数，然后在输入第二个系数时循环与第一个多项式的系数相乘，并将结果加到对应指数的系数上，最后得到要输出的所有非零系数的项。

注意点

① 答案的系数数组要至少开到 2001，因为两个最高幂次为 1000 的多项式相乘，最高幂次可以达到 2000。

② 没有必要开两个数组存放两个多项式然后读完系数之后再处理，只需要第二个多项式的系数边读入边处理。

③ 系数是从大到小输出。

④ 只需要输出非零系数的项。

参考代码

```
#include <cstdio>
struct Poly {
    int exp;//指数
    double cof;//系数
} poly[1001];//第一个多项式

double ans[2001];//存放结果
int main() {
    int n, m, number = 0;
    scanf("%d", &n);//第一个多项式中非零系数的项数
    for(int i = 0; i < n; i++) {
        scanf("%d %lf",&poly[i].exp,&poly[i].cof);//第一个多项式的指数和系数
    }
    scanf("%d", &m);//第二个多项式中非零系数的项数
    for(int i = 0; i < m; i++) {
        int exp;
        double cof;
        scanf("%d %lf", &exp, &cof);//第二个多项式的指数和系数
```

```
        for(int j = 0; j < n; j++) {//与第一个多项式中的每一项相乘
            ans[exp + poly[j].exp] += (cof * poly[j].cof);
        }
    }
    for(int i = 0; i <= 2000; i++) {
        if(ans[i] != 0.0) number++;//累计非零系数的项数
    }
    printf("%d", number);
    for(int i = 2000; i >= 0; i--) {//输出
        if(ans[i] != 0.0) {
            printf(" %d %.1f", i, ans[i]);
        }
    }
    return 0;
}
```

本节二维码

3.2　查找元素

本节目录		
B1041	考试座位号	15
B1004	成绩排名	20
B1028	人口普查	20
B1032	挖掘机技术哪家强	20
A1011	World Cup Betting	20
A1006	Sign In and Sign Out	25
A1036	Boys VS Girls	25

B1041. 考试座位号 (15)

Time Limit: 400 ms　　Memory Limit: 65 536 KB

题目描述

　　每个 PAT 考生在参加考试时都会被分配两个座位号：一个是试机座位；另一个是考试座位。正常情况下，考生在入场时先得到试机座位号，入座进入试机状态后，系统会显示该考生的考试座位号，考试时考生需要换到考试座位就座。但有些考生迟到了，试机已经结束，他们只能拿着领到的试机座位号求助于你，从后台查出他们的考试座位号码。

输入格式

　　第一行给出一个正整数 N（≤1000）；随后 N 行，每行给出一个考生的信息："准考证号

试机座位号 考试座位号"。其中准考证号由 14 位数字组成，座位从 1~N 编号。输入保证每个人的准考证号都不同，并且任何时候都不会把两个人分配到同一个座位上。

在考生信息之后，给出一个正整数 M（≤N），随后一行中给出 M 个待查询的试机座位号，以空格分隔。

输出格式

对应每个需要查询的试机座位号，在一行中输出对应考生的准考证号和考试座位号，中间用 1 个空格分隔。

输入样例

```
4
10120150912233 2 4
10120150912119 4 1
10120150912126 1 3
10120150912002 3 2
2
3 4
```

输出样例

```
10120150912002 2
10120150912119 1
```

思路

由于需要用试机座位号来查询考生,因此不妨令结构体 Student 记录单个考生的准考证号和考试座位号，然后直接把试机座位号作为数组的下标，这样就能通过试机座位号直接获取到相应考生的准考证号和考试座位号了。

注意点

准考证号由 14 位数字组成，因此可以使用 long long 来存放它。

参考代码

```cpp
#include <cstdio>
const int maxn = 1010;
struct Student {
    long long id;      //准考证号
    int examSeat;      //考试座位号
}testSeat[maxn];       //以试机座位号作为下标来记录考生
int main() {
    int n, m, seat, examSeat;
    long long id;
    scanf("%d", &n);      //考生人数
    for(int i = 0; i < n; i++) {
        scanf("%lld %d %d",&id,&seat,&examSeat);//准考证号、试机座位号、考试座位号
        testSeat[seat].id = id;      //试机座位号为 seat 的考生的准考证号
        testSeat[seat].examSeat = examSeat;      //试机座位号为 seat 的考生的考试号
```

```
    }
    scanf("%d", &m);        //查询个数
    for(int i = 0; i < m; i++) {
        scanf("%d", &seat);        //欲查询的试机座位号，以此为下标直接查找考生
        printf("%lld %d\n", testSeat[seat].id, testSeat[seat].examSeat);
    }
    return 0;
}
```

B1004. 成绩排名 (20)

Time Limit: 400 ms   Memory Limit: 65 536 KB

题目描述

读入 n 名学生的姓名、学号、成绩，分别输出成绩最高和成绩最低的学生的姓名和学号。

输入格式

每个测试输入包含一个测试用例，格式为

第一行：正整数 n

第二行：第 1 个学生的姓名 学号 成绩

第三行：第 2 个学生的姓名 学号 成绩

…

第 n+1 行：第 n 个学生的姓名 学号 成绩

其中姓名和学号均为不超过 10 个字符的字符串，成绩为 0 ~ 100 的一个整数，这里保证在一组测试用例中没有两个学生的成绩是相同的。

输出格式

对每个测试用例输出两行，第一行是成绩最高学生的姓名和学号，第二行是成绩最低学生的姓名和学号，字符串间有一空格。

输入样例

```
3
Joe Math990112 89
Mike CS991301 100
Mary EE990830 95
```

输出样例

```
Mike CS991301
Joe Math990112
```

思路

步骤 1：令结构体 Student 型记录单个学生的姓名、学号、分数，记 Student 型变量 temp 存放临时输入的数据、ans_max 存放最高分数的学生、ans_min 存放最低分数的学生。

步骤 2：在读入数据前初始化 ans_max 和 ans_min 的初值，分别设为–1 和 101，方便进行更新。

每读入一个学生的信息，就将其分数与 ans_max、ans_min 的分数比较，如果其高于或低于对应的分数，则将该学生信息覆盖至 ans_max 与 ans_min。这样最后得到的 nas_max 与

ans_min 即为所需的答案。

注意点

① 字符数组 name 和 id 的大小必须至少是 11 而不能设为 10，否则第一个数据和最后一个数据会得到"答案错误"。这是因为字符数组的最后一位需要预留给'\0'，所以数组大小必须比题目要求的大小至少大 1 位。

② 如果采用存储所有数据然后排序的方法，结构体数组的大小至少需要 101，不然最后一组数据会"运行超时"。

参考代码

```
#include <cstdio>
struct Student {
    char name[15];
    char id[15];
    int score;
}temp, ans_max, ans_min;
//temp 存放临时数据、ans_max 为最高分数的学生、ans_min 为最低分数的学生

int main() {
    int n;
    scanf("%d", &n);
    ans_max.score = -1;   //最高初始分数设为-1
    ans_min.score = 101;  //最低初始分数设为101
    for(int i = 0; i < n; i++) {
        scanf("%s%s%d", temp.name, temp.id, &temp.score);  //读取学生信息
        if(temp.score>ans_max.score) ans_max=temp;  //该学生分数更高，更新
        if(temp.score<ans_min.score) ans_min=temp;  //该学生分数更低，更新
    }
    printf("%s %s\n", ans_max.name, ans_max.id);
    printf("%s %s\n", ans_min.name, ans_min.id);
    return 0;
}
```

B1028. 人口普查(20)

Time Limit: 200 ms   Memory Limit: 65 536 KB

题目描述

某城镇进行人口普查，得到了全体居民的生日。请写个程序，找出镇上最年长和最年轻的人。

这里确保每个输入的日期都是合法的,但不一定是合理的——假设已知镇上没有超过 200 岁的老人，而假设今天是 2014 年 9 月 6 日，所以超过 200 岁的生日和未出生的生日都是不合理的，应该被过滤掉。

输入格式

在第一行给出正整数 N，取值在$(0, 10^5)$；随后 N 行，每行给出一个人的姓名（由不超过五个英文字母组成的字符串）以及按"yyyy/mm/dd"（即年/月/日）格式给出的生日。题目保证最年长和最年轻的人没有并列。

输出格式

在一行中顺序输出有效生日的个数、最年长人和最年轻人的姓名，其间以空格分隔。

输入样例

```
5
John 2001/05/12
Tom 1814/09/06
Ann 2121/01/30
James 1814/09/05
Steve 1967/11/20
```

输出样例

```
3 Tom John
```

题意

给出 N 个人的出生日期，其中大于等于 1814 年 9 月 6 日且小于等于 2014 年 9 月 6 日的出生日期是合法的。问有多少人的出生日期是合法的，并输出这些合法日期中最年长的人（时间最小）与最年轻的人（时间最大）。

思路

先定义结构体类型 person 来存放人的姓名、出生日期，由于题目中涉及下面 4 个信息，因此需要设定四个变量来存放它们：

① 最年长的人，需要根据输入不断修正，因此不妨设置 person 型结构体变量 oldest 来存放它，初始化其出生日期为 2014 年 9 月 6 日。

② 最年轻的人，需要根据输入不断修正，因此不妨设置 person 型结构体变量 youngest 来存放它，初始化其出生日期为 1814 年 9 月 6 日。

③ 合法日期的左边界 1814 年 9 月 6 日在程序中固定不变，因此不妨设置 person 型结构体变量 left 来存放它，初始化其日期为 1814 年 9 月 6 日。

④ 合法日期的右边界 2014 年 9 月 6 日在程序中固定不变，因此不妨设置 person 型结构体变量 right 来存放它，初始化其日期为 2014 年 9 月 6 日。

程序的基本思路是：在读入日期时判断该日期是否在合法日期的区间内，如果在，就使其更新最年长的人的出生日期和最年轻的人的出生日期。由于判断日期是否在合法日期区间内、更新最年长和最年轻的信息都将涉及日期的比较操作，因此不妨写两个比较函数 LessEqu(person a, person b)与 MoreEqu(person a, person b)，用来比较 a 与 b 的日期，其中，当 a 的日期小于等于 b 的日期时 LessEqu 返回 true，而当 a 的日期大于等于 b 的日期时 MoreEqu 返回 true。

注意点

① 有可能存在所有人的日期都不在合法区间内的情况，这时必须特判输出 0，否则会因后面多输出空格而返回"格式错误"。

② 在使用新读入的日期来更新最大日期和最小日期时,有可能同时更新最大日期和最小日期,因此不能使用 if…else 的写法来选择其中一个更新。

③ 日期比较函数只写一个的写法会导致边界日期的处理出现问题。

参考代码

```c
#include <cstdio>
struct person {
    char name[10];  //姓名
    int yy, mm, dd;  //日期
}oldest, youngest, left, right, temp;
//oldest 与 youngest 存放最年长与最年轻的人, left 与 right 存放合法日期的左右边界

bool LessEqu(person a, person b) {  //如果 a 的日期小于等于 b, 返回 true
    if(a.yy != b.yy) return a.yy <= b.yy;
    else if(a.mm != b.mm) return a.mm <= b.mm;
    else return a.dd <= b.dd;
}
bool MoreEqu(person a, person b) {  //如果 a 的日期大于等于 b, 返回 true
    if(a.yy != b.yy) return a.yy >= b.yy;
    else if(a.mm != b.mm) return a.mm >= b.mm;
    else return a.dd >= b.dd;
}
//youngest 与 left 为 1814 年 9 月 6 日, oldest 与 right 为 2014 年 9 月 6 日
void init() {
    youngest.yy = left.yy = 1814;
    oldest.yy = right.yy = 2014;
    youngest.mm = oldest.mm = left.mm = right.mm = 9;
    youngest.dd = oldest.dd = left.dd = right.dd = 6;
}
int main() {
    init();  //初始化 youngest、oldest、left、right
    int n, num = 0;  //num 存放合法日期的人数
    scanf("%d", &n);
    for(int i = 0; i < n; i++) {
        scanf("%s %d/%d/%d", temp.name, &temp.yy, &temp.mm, &temp.dd);
        if(MoreEqu(temp, left) && LessEqu(temp, right)) {  //日期合法
            num++;
            if(LessEqu(temp, oldest)) oldest = temp;  //更新 oldest
            if(MoreEqu(temp, youngest)) youngest = temp;  //更新 youngest
        }
```

```
    }
    if(num == 0) printf("0\n");  //所有人的日期都不合法，只输出 0
    else printf("%d %s %s\n", num, oldest.name, youngest.name);
    return 0;
}
```

B1032. 挖掘机技术哪家强(20)

Time Limit: 200 ms   Memory Limit: 65 536 KB

题目描述

为了用事实说明挖掘机技术到底哪家强，PAT 组织了一场挖掘机技能大赛。现请根据比赛结果统计出技术最强的那个学校。

输入格式

在第一行给出不超过 10^5 的正整数 N，即参赛人数。随后 N 行，每行给出一位参赛者的信息和成绩，包括其所代表的学校的编号（从 1 开始连续编号）及其比赛成绩（百分制），中间以空格分隔。

输出格式

在一行中给出总得分最高的学校的编号及其总分，中间以空格分隔。题目保证答案唯一，没有并列。

输入样例

```
6
3 65
2 80
1 100
2 70
3 40
3 0
```

输出样例

```
2 150
```

样例解释

1 号学校的总分为 100 分，2 号学校的总分为 80 + 70 = 150 分，3 号学校的总分为 65 + 40 + 0 = 105 分，因此最高分数为 2 号学校的 150 分。

思路

步骤 1：以数组 school[maxn]记录每个学校的总分，初值为 0。对每一个读入的学校 schID 与其对应的分数 score，令 school[schID] += score。

步骤 2：以变量 k 记录最高总分的学校编号，以变量 MAX 记录其总分。由于学校是连续编号的，因此枚举编号 1~N，不断更新 k 和 MAX 即可。

注意点

本题也可以将所有学校的分数进行排序，然后取最高分数。不过这样的做法代码没有直接做简洁，所以还是建议直接枚举得到最大值。

参考代码

```
#include <cstdio>
const int maxn = 100010;
int school[maxn] = {0};            //记录每个学校的总分
int main() {
    int n, schID, score;
    scanf("%d", &n);
    for(int i = 0; i < n; i++) {
        scanf("%d%d", &schID, &score);  //学校 ID、分数
        school[schID] += score;         //学校 schID 的总分增加 score
    }
    int k = 1, MAX = -1;           //最高总分的学校 ID 以及其总分
    for(int i = 1; i <= n; i++) {   //从所有学校中选出总分最高的一个
        if(school[i] > MAX) {
            MAX = school[i];
            k = i;
        }
    }
    printf("%d %d\n", k, MAX);      //输出最高总分的学校 ID 及其总分
    return 0;
}
```

A1011. World Cup Betting (20)

Time Limit: 400 ms   Memory Limit: 65 536 KB

题目描述

With the 2010 FIFA World Cup running, football fans the world over were becoming increasingly excited as the best players from the best teams doing battles for the World Cup trophy in South Africa. Similarly, football betting fans were putting their money where their mouths were, by laying all manner of World Cup bets.

Chinese Football Lottery provided a "Triple Winning" game. The rule of winning was simple: first select any three of the games. Then for each selected game, bet on one of the three possible results——namely W for win, T for tie, and L for lose. There was an odd assigned to each result. The winner's odd would be the product of the three odds times 65%.

For example, 3 games' odds are given as the following:

W   T   L
1.1 2.5 1.7
1.2 3.0 1.6
4.1 1.2 1.1

To obtain the maximum profit, one must buy W for the 3rd game, T for the 2nd game, and T for the 1st game. If each bet takes 2 yuans, then the maximum profit would be

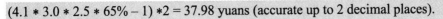

(4.1 * 3.0 * 2.5 * 65% − 1) *2 = 37.98 yuans (accurate up to 2 decimal places).

输入格式

Each input file contains one test case. Each case contains the betting information of 3 games. Each game occupies a line with three distinct odds corresponding to W, T and L.

输出格式

For each test case, print in one line the best bet of each game, and the maximum profit accurate up to 2 decimal places. The characters and the number must be separated by one space.

（原题即为英文题）

输入样例

1.1 2.5 1.7
1.2 3.0 1.6
4.1 1.2 1.1

输出样例

T T W 37.98

题意

给出三场比赛的赔率，正确率为 65%，每次投注为 2 元，问最大期望收入，并输出最大收入时的比赛结果。

更通俗的题意如下：

给出三行数据，代表三场比赛。每行有三个浮点型数，从左至右分别代表 W(Win)、T(Tie)、L(Lost)。现在需要从每行的 W、T、L 中选择最大的数，并输出三行各自选择的是哪一个。之后，不妨设三行各自的最大的数为 a、b、c，计算最大收益即 $(a * b * c * 0.65 − 1) * 2$ 并输出。

样例解释

1.1 2.5(T 最大) 1.7
1.2 3.0(T 最大) 1.6
4.1(W 最大) 1.2 1.1

这里可以看出比赛结果分别为 T T W，最大收益为 $(2.5 * 3 * 4.1 * 0.65 − 1) * 2$。

思路

令 ans 记录最大收益，初值为 1.0。

每读入一行，就找到该行最大的数字，并输出其下标对应的输赢情况(W/T/L)，同时令 ans 累乘该最大值。最后输出 $(ans * 0.65 − 1) * 2$ 即可。

这里有一个小技巧：用一个 char S[] = {'W', 'T', 'L'} 数组来表示比赛结果，即 s[0] = 'W'、s[1] = 'T'、s[2] = 'L'，这要比用 if else 来输出 W/T/L 的方法更简便。

注意点

注意收益公式为 $(max\_1 * max\_2 * max\_3 * 0.65 − 1) * 2$，其中 max_i 为第 i 行三个数字中的最大值。

参考代码

```
#include <cstdio>
char S[3] = {'W', 'T', 'L'};    //s[0] = 'W'、s[1] = 'T'、s[2] = 'L'
```

```
int main() {
    double ans = 1.0, tmp, a;
    int idx; //记录每行最大数字的下标
    for(int i = 0; i < 3; i++) {
        tmp = 0.0;
        for(int j = 0; j < 3; j++) { //寻找该行最大的数字存于 tmp
            scanf("%lf", &a);
            if(a > tmp) {
                tmp = a;
                idx = j;
            }
        }
        ans *= tmp;    //按公式累乘
        printf("%c ", S[idx]);    //输出对应的比赛结果
    }
    printf("%.2f", (ans * 0.65 - 1) * 2);    //输出最大收益
    return 0;
}
```

A1006. Sign In and Sign Out (25)

Time Limit: 400 ms   Memory Limit: 65 536 KB

题目描述

At the beginning of every day, the first person who signs in the computer room will unlock the door, and the last one who signs out will lock the door. Given the records of signing in's and out's, you are supposed to find the ones who have unlocked and locked the door on that day.

输入格式

Each input file contains one test case. Each case contains the records for one day. The case starts with a positive integer M, which is the total number of records, followed by M lines, each in the format:

ID_number Sign_in_time Sign_out_time

where times are given in the format HH:MM:SS, and ID number is a string with no more than 15 characters.

输出格式

For each test case, output in one line the ID numbers of the persons who have unlocked and locked the door on that day. The two ID numbers must be separated by one space.

Note: It is guaranteed that the records are consistent. That is, the sign in time must be earlier than the sign out time for each person, and there are no two persons sign in or out at the same moment.

（原题即为英文题）

输入样例

```
3
CS301111 15:30:28 17:00:10
SC3021234 08:00:00 11:25:25
CS301133 21:45:00 21:58:40
```

输出样例

```
SC3021234 CS301133
```

题意

每天第一个到机房的人要把门打开，最后一个离开的人要把门关好。现有一堆杂乱的机房签到、签离记录，请根据记录找出当天开门和关门的人。（没有人同时签到或者同时签离）

样例解释

CS301111 15:30:28 17:00:10

SC3021234 08:00:00 11:25:25

CS301133 21:45:00 21:58:40

对比签到时间，发现 SC3021234 最早到；对比签离时间，发现 CS301133 这个人最迟离开。

思路

步骤 1：开一个 pNode 型的结构体，里面存放姓名，时，分，秒。写一个比较函数 great，其参数为两个 pNode 型的结构体变量，该函数用来比较两个变量中时间的大小，如果时间 a>时间 b，则返回 true；否则返回 false。

步骤 2：令 pNode 型结构体 temp, ans1, ans2，其中 ans1 和 ans2 分别存放最早签到和最晚签离的信息。

于是，就可以在读入时就使用 great 函数对 temp 与 ans1 或者 temp 与 ans2 进行时间比较，这里 temp 可以先读入签到时间，当 temp 与 ans1 比较完之后再读入签离时间以判断 temp 和 ans2 的大小。当所有数据都比较完毕后，ans1 和 ans2 中存放的姓名即为答案。

注意点

① 时间××:××:×× 的读入可以按 scanf("%d:%d:%d", &hh, &mm, &ss) 的方法读入。

② ID number 至多 15 字符，因此存放 ID number 的数组至少要开 16。

③ 比较好理解的写法是全部读入，然后排序之后取最值，但是复杂度比较大（虽然也能过），在练习时还是尽量采用更优的算法。

参考代码

```cpp
#include <iostream>
#include <cstdio>
#include <cstring>

using namespace std;

struct pNode{
    char id[20];
    int hh, mm, ss;//ans1 存放最早签到时间, ans2 存放最晚签离时间
```

```
}temp, ans1, ans2;

bool great(pNode node1, pNode node2){//node1 的时间大于 node2 的时间则返回 true
    if(node1.hh != node2.hh) return node1.hh > node2.hh;
    if(node1.mm != node2.mm) return node1.mm > node2.mm;
    return node1.ss > node2.ss;
}

int main(){
    int n;
    scanf("%d", &n);
    ans1.hh = 24, ans1.mm = 60, ans1.ss = 60;//把初始签到时间设成最大
    ans2.hh = 0,  ans2.mm = 0,  ans2.ss = 0;//把初始签离时间设成最小
    for(int i = 0; i < n; i++){
        //先读入签到时间
        scanf("%s %d:%d:%d", temp.id, &temp.hh, &temp.mm, &temp.ss);
        if(great(temp, ans1) == false) ans1 = temp;//ans1 取更小的签到时间
        //temp 再作为签离时间读入
        scanf("%d:%d:%d", &temp.hh, &temp.mm, &temp.ss);
        if(great(temp, ans2) == true) ans2 = temp;//ans2 取更大的签离时间
    }
    printf("%s %s\n",ans1.id, ans2.id);
    return 0;
}
```

A1036. Boys vs Girls (25)

Time Limit: 400 ms   Memory Limit: 65 536 KB

题目描述

This time you are asked to tell the difference between the lowest grade of all the male students and the highest grade of all the female students.

输入格式

Each input file contains one test case. Each case contains a positive integer N, followed by N lines of student information. Each line contains a student's name, gender, ID and grade, separated by a space, where name and ID are strings of no more than 10 characters with no space, gender is either F (female) or M (male), and grade is an integer between 0 and 100. It is guaranteed that all the grades are distinct.

输出格式

For each test case, output in 3 lines. The first line gives the name and ID of the female student with the highest grade, and the second line gives that of the male student with the lowest grade. The third line gives the difference grade$_F$-grade$_M$. If one such kind of student is missing, output "Absent" in the corresponding line, and output "NA" in the third line instead.

（原题即为英文题）

输入样例 1

```
3
Joe M Math990112 89
Mike M CS991301 100
Mary F EE990830 95
```

输出样例 1

```
Mary EE990830
Joe Math990112
6
```

输入样例 2

```
1
Jean M AA980920 60
```

输出样例 2

```
Absent
Jean AA980920
NA
```

题意

给出 N 个同学的信息，输出女生中最高分数获得者的信息与男生中最低分数获得者的信息，并输出它们的差。如果不存在女生或者男生，则在对应获得者信息处输出 Absent，同时分数差处输出 NA。

样例解释

① 女生中最高分数获得者是 Mary，分数为 95；男生中最低分数获得者是 Joe，分数为 89。因此他们的分数差为 95 – 89 = 6 分。

② 不存在女生，因此女生信息处输出 Absent；男生中最低分数获得者是 Jean，分数为 60。最后分数差处输出 NA。

思路

步骤 1：令结构体类型 person 存放姓名、ID、分数，并设 person 型结构体变量 M 表示男生最低分数获得者（其分数初始化为 101）、F 表示女生最高分数获得者（其分数初始化为–1）。

步骤 2：在读入学生信息时，根据其性别来判断：

- 如果是男生，且分数低于当前变量 M 所记录的分数，则用他的信息覆盖 M。
- 如果是女生，且分数高于当前变量 F 所记录的分数，则用她的信息覆盖 F。

步骤 3：输出部分：分别判断结构体变量 F 与 M 的分数是否为–1 与 101，若是，则说明不存在对应女生或男生的信息，输出 Absent。之后，如果最高分数女生和最低分数男生的信息都存在，则输出他们的分数差；而只要最高分数女生与最低分数男生的信息中有一个不存在，则输出 NA。

注意点

① 姓名和 ID 必须使用大小超过 10 的 char 数组保存，如果只设置大小为 10，则会有数

据点返回"答案错误"。

② 如果男生不存在，则在最低分数男生的位置输出 Absent；如果女生不存在，则在最高分数女生的位置输出 Absent。而只要女生和男生中有一个不存在，则在分数差处输出 NA。

参考代码

```cpp
#include <cstdio>
struct person {
    char name[15];  //姓名
    char id[15];  //ID
    int score;  //分数
}M, F, temp;  //M 为男生最低分数的信息，F 为女生最高分数的信息
void init() {
    M.score = 101;  //初始化男生最低分数为较大值 101
    F.score = -1;  //初始化女生最高分数为较小值-1
}
int main() {
    init();  //初始化
    int n;
    char gender;
    scanf("%d", &n);
    for(int i = 0; i < n; i++) {
        scanf("%s %c %s %d", temp.name, &gender, temp.id, &temp.score);
        if(gender == 'M' && temp.score < M.score) {
            M = temp;  //男生，且分数低于当前 M 的分数，则更新 M
        } else if(gender == 'F' && temp.score > F.score) {
            F = temp;  //女生，且分数高于当前 F 的分数，则更新 F
        }
    }
    if(F.score == -1) printf("Absent\n");  //没有女生
    else printf("%s %s\n", F.name, F.id);
    if(M.score == 101) printf("Absent\n");  //没有男生
    else printf("%s %s\n", M.name, M.id);
    if(F.score == -1 || M.score == 101) printf("NA\n");  //没有女生或男生
    else printf("%d\n", F.score - M.score);
    return 0;
}
```

本节二维码

3.3　图形输出

B1036. 跟奥巴马一起编程 (15)

Time Limit: 400 ms　　Memory Limit: 65 536 KB

题目描述

　　美国总统奥巴马不仅呼吁所有人都学习编程，甚至亲自编写代码，成为美国历史上首位编写计算机代码的总统。2014 年底，为庆祝"计算机科学教育周"正式启动，奥巴马编写了一段计算机代码——在屏幕上画一个正方形。现在你也跟他一起画吧！

输入格式

　　输入在一行中给出正方形边长 N（3≤N≤20）和组成正方形边的某种字符 C，间隔一个空格。

输出格式

　　输出由给定字符 C 画出的正方形。但是注意到行间距比列间距大，所以为了让结果看上去更像正方形，输出的行数实际上是列数的 50%（四舍五入取整）。

输入样例

10 a

输出样例

```
aaaaaaaaaa
a        a
a        a
a        a
aaaaaaaaaa
```

思路

　　由于行数是列数的一半（四舍五入），因此当列数 col 是奇数时，行数 row 就是 col / 2 + 1；当列数 col 是偶数时，行数 row 就是 col / 2。

　　通过分析样例的输出可以发现，它由三部分组成，即第 1 行、第 2 ~ row–1 行、第 row 行。显然，第 1 行与第 row 行都是输出 n 个 a，使用一个 for 循环就能搞定。对第 2 ~ row–1 行的每一行来说，需要先输出一个 a，然后输出 col–2 个空格，最后再输出一个 a。

注意点

　　整数除以 2 进行四舍五入的操作可以通过判断它是否是奇数来解决，以避免浮点数的介入。

参考代码

```
#include <cstdio>
int main() {
```

```
    int row, col;     //行、列
    char c;
    scanf("%d %c", &col, &c);     //输入列数、欲使用的字符
    if(col % 2 == 1) row = col / 2 + 1;     //col 为奇数，向上取整
    else row = col / 2;     //col 为偶数
    //第 1 行
    for(int i = 0; i < col; i++) {
        printf("%c", c);     //col 个字符
    }
    printf("\n");
    //第 2~row-1 行
    for(int i = 2; i < row; i++) {
        printf("%c", c);     //每行的第一个 a
        for(int j = 0; j < col - 2; j++) {
            printf(" ");     //col-2 个空格
        }
        printf("%c\n", c);     //每行的最后一个 a
    }
    //第 row 行
    for(int i = 0; i < col; i++) {
        printf("%c", c);     //col 个字符
    }
    return 0;
}
```

B1027. 打印沙漏 (20)

Time Limit: 200 ms   Memory Limit: 65 536 KB

题目描述

本题要求通过程序把给定的符号打印成沙漏的形状。例如给定 17 个 "*"，要求按下列格式打印

```
*****
 ***
  *
 ***
*****
```

所谓 "沙漏形状"，是指每行输出奇数个符号；各行符号中心对齐；相邻两行符号数差 2；符号数先从大到小顺序递减到 1，再从小到大顺序递增；首尾符号数相等。

给定任意 N 个符号，不一定能正好组成一个沙漏。要求打印出的沙漏能用掉尽可能多的符号。

输入格式

在一行给出一个正整数 N（≤1000）和一个符号，中间以空格分隔。

输出格式

首先打印出由给定符号组成的最大的沙漏形状，最后在一行中输出剩下没用掉的符号数。

输入样例

19 *

输出样例

```
*****
 ***
  *
 ***
*****
2
```

思路

步骤 1：首先应该注意到，沙漏可以视为一个倒三角和一个正三角的组合，其中三角尖是共用的，因此可以采用先输出上面的倒三角、再输出下面的正三角的方法。于是本题着重需要获取的是下面三个数据：

① 三角形的底边拥有的字符数。

② 每行非空格字符输出之前需要输出的空格数。

③ 需要剩下多少个题目给定的字符不输出。

步骤 2：

① 三角形的底边拥有的字符数：设这个数为 x，于是倒三角和正三角中的字符数各有 $1+3+5+\cdots+x=\dfrac{(1+x)\times\frac{1+x}{2}}{2}$ 个，因此总共需要输出的非空格字符数就有 $\dfrac{(1+x)\times\frac{1+x}{2}}{2}\times2-1=(1+x)\times\dfrac{1+x}{2}-1$ 个。根据题目要求，使用的总字符数不得超过输入的数字 n，因此解不等式 $(1+x)\times\dfrac{1+x}{2}-1\leq n$ 可得解 $x\leq\sqrt{2(1+n)}-1$。由于 x 是整数，因此可得 $x=\left\lfloor\sqrt{2(1+n)}\right\rfloor-1$，其中 $\lfloor a\rfloor$ 表示对 a 向下取整。又由于 x 是奇数，因此如果得到的 x 是一个偶数，则需要再减 1。

② 每行非空格字符输出之前需要输出的空格数：设某行需要输出 i 个非空格字符，则它的左侧需要输出的空格数为 $\dfrac{x-i}{2}$，其中 x 是三角形的底边拥有的字符数。

③ 需要剩下多少个题目给定的字符不输出：在①中已经得到了总共输出的非空格字符数，即 $(1+x)\times\dfrac{1+x}{2}-1$，因此多余的字符个数即为 n 减去这个数。

注意点

① 根据公式算得的 x（即三角形的底边拥有的字符数）可能是偶数，因此在这种情况下必须减 1。例如当输入 4 *时，应当输出：

```
*
3
```

② sqrt 函数的参数必须是浮点数，因此需要把系数 2 写成 2.0，或者在参数内部乘以 1.0。

③ 向下取整可以直接使用 int 型强制转换，也可以使用 math.h 头文件下的 floor 函数。

参考代码

```cpp
#include <cstdio>
#include <cmath>
int main() {
    int n;
    char c;
    scanf("%d %c", &n, &c);
    int bottom = (int)sqrt(2.0 * (n + 1)) - 1;   //三角形底边拥有的字符数
    if(bottom % 2 == 0) bottom--;   //偶数时减1，令其为奇数
    int used = (bottom + 1)*(bottom + 1)/2 - 1;   //总共输出的非空格字符数
    //输出倒三角
    for(int i = bottom; i >= 1; i -= 2) {   //i为当前行的非空格字符数
        for(int j = 0; j < (bottom - i) / 2; j++) {
            printf(" ");   //空格个数为(bottom - i) / 2
        }
        for(int j = 0; j < i; j++) {
            printf("%c", c);
        }
        printf("\n");
    }
    //输出正三角
    for(int i = 3; i <= bottom; i += 2) {   //i为当前行的非空格字符数
        for(int j = 0; j < (bottom - i) / 2; j++) {
            printf(" ");   //空格个数为(bottom - i) / 2
        }
        for(int j = 0; j < i; j++) {
            printf("%c", c);
        }
        printf("\n");
    }
    printf("%d\n", n - used);   //输出剩下字符的个数
    return 0;
}
```

A1031. Hello World for U (20)

Time Limit: 400 ms   Memory Limit: 65 536 KB

题目描述

Given any string of N ($\geq$5) characters, you are asked to form the characters into the shape of U. For example, "helloworld" can be printed as:

```
h  d
e  l
l  r
lowo
```

That is, the characters must be printed in the original order, starting top-down from the left vertical line with n_1 characters, then left to right along the bottom line with n_2 characters, and finally bottom-up along the vertical line with n_3 characters. And more, we would like U to be as squared as possible——that is, it must be satisfied that $n_1 = n_3 = \max \{ k| \ k \leqslant n_2 \ \text{for all} \ 3 \leqslant n_2 \leqslant N \}$ with $n_1 + n_2 + n_3 - 2 = N$.

输入格式

Each input file contains one test case. Each case contains one string with no less than 5 and no more than 80 characters in a line. The string contains no white space.

输出格式

For each test case, print the input string in the shape of U as specified in the description.

（原题即为英文题）

输入样例

helloworld!

输出样例

```
h    !
e    d
l    l
lowor
```

题意

将给定字符串按 U 形进行输出。其中 n_1 为左侧竖线包含的字符数，n_2 为底部横线包含的字符数，n_3 为右侧竖线包含的字符数，且 n_1、n_2、n_3 均包含拐角处相交的字符，于是有 $n_1 + n_2 + n_3 = N + 2$ 恒成立。此外，对 n_1、n_2、n_3 有如下的限制性条件：

① $n_1 == n_3$，即左侧竖线包含的字符数等于右侧竖线包含的字符数。

② $n_2 \geqslant n_1$，即底部横线包含的字符数总是不少于左、右单侧竖线包含的字符数。

③ 在满足上面两个条件的前提下，使 n_1 尽可能大。

思路

步骤 1：先解释"题意"中的限制性条件。

原题中对条件的描述是"$n_1 = n_3 = \max \{ k| \ k \leqslant n_2 \ \text{for all} \ 3 \leqslant n_2 \leqslant N \}$ with $n_1 + n_2 + n_3 - 2 = N$"，但是这个描述看着让人有些不明所以，特别是"$\max \{ k| \ k \leqslant n_2 \ \text{for all} \ 3 \leqslant n_2 \leqslant N \}$"的具体含义。实际上为了使其含义更清晰，可以把这个描述缩减成："$n_1 = n_3 = k \ (k \leqslant n_2)$"，其中对 k 取 max 可以理解成对 n1 与 n3 取 max。也就是说，这个条件等价于说法：U 形图形的两侧字符数 n1 与 n3 总是不超过底部字符数 n2，且在这个条件下尽可能使两侧字符数 n1 达到最大。此时可以讨论两种情况：

① 当 n1 与 n3 较大时，由 $n_1 + n_2 + n_3 - 2 = N$ 可知 n2 较小，这样 $k \leqslant n2$（也即 $n1 \leqslant n2$）的条件就无法满足，不存在可行输出。

② 当 n1 与 n3 较小时，由 $n_1 + n_2 + n_3 - 2 = N$ 可知 n2 较大，这样 k≤n2（也即 n1≤n2）的条件就可以满足，存在可行输出。

由此可知，k（也即 n1 与 n3）存在一个上界。为了方便理解，现将 N = 5～10 的情况罗列如下。

```
                                                            1        1
                              1  1      1  1      1  1      1  1      1  1
   1  1      1  1      1  1    1  1      1  1      1  1      1  1      1  1
   1 1 1     1 1 1 1   1 1 1   1 1 1 1   1 1 1 1 1 1        1 1 1 1
   N = 5     N = 6     N = 7   N = 8     N = 9             N = 10
 n1 = n3 = 2  n1 = n3 = 2  n1 = n3 = 3  n1 = n3 = 3  n1 = n3 = 3  n1 = n3 = 4
   n2 = 3      n2 = 4      n2 = 3      n2 = 4      n2 = 5      n2 = 4
```

不难发现，即在 N 不断增长的过程中，总是先保持两侧的字符数不变，而先去增加底部的字符数，直到能够形成一个完美 U 形（即 $n_1 == n_2 == n_3$）时才增加两侧的字符数。

步骤 2：于是可以找到规律，即两侧的字符数 n_1、n_3 总是取（N + 2）/ 3（此处为向下取整），n_2 则可以通过 $n_1 + n_2 + n_3 = N + 2$ 由 n_1、n_3 直接得到。

在输出时，为了更容易理解，应采用先将字符存到二维字符数组中再输出整个数组的方法，而不是直接控制输出来达到目的。而给二维字符数组赋值的方式很简单，只需要先按列将 n_1 个字符赋值到二维数组中，再横向将 $n_2 - 1$ 个字符赋值到二维数组中，最后从下往上将 $n_3 - 1$ 个字符赋值到二维数组中即可。

考虑到有些读者希望不通过赋值到二维数组的方式来输出，后面也给出了这种方法的代码，但不再过多解释（只要处理好每一行需要输出哪些字符即可）。

注意点

① 使用二维数组的方式输出时，要注意二维数组的两维大小至少是(N + 2) / 3，也即 82 / 3，这是因为图形本身是以 n_1 为行数、以 n_2 为列数，而 n_1 与 n_2 的大小限制即为(N + 2) / 3。

② 要注意边界条件，即当 N == 5 的情况的正常输出，即如果给定字符串"ABCDE"，则应该输出如下图形：

```
A E
BCD
```

③ 获取 n_1、n_2、n_3 还有一种方法。从上面的分析中可以发现，当 n2 较小时是不存在可行输出的。因此不妨将 n2 从小到大枚举，在枚举过程中计算 n_1 与 n_3 的值，直到恰好存在可行输出时结束，而存在可行输出的条件是 $n_1 \leq n_2$（这在上面已经讨论过）。由于 n_2 是从小到大进行枚举的，因此 n1 与 n3 是从大到小变化的，这样当恰好存在可行输出时一定是所有 n1 与 n3 的上界。

```
int n1, n2, n3;
for(n2 = 0; n2 <= N; n2++) {
    if((N+2-n2)%2 == 0) {  //如果 N + 2 - n2 是奇数，那么一定无法分配 n1 与 n3
        n1 = n3 = (N + 2 - n2) / 2;
        if(n2 >= n1) break;
    }
}
```

参考代码

（1）二维数组方式

```cpp
#include <cstdio>
#include <cstring>
int main() {
    char str[100], ans[40][40];
    gets(str);
    int N = strlen(str);   //获取长度
    int n1 = (N + 2) / 3, n3 = n1, n2 = N + 2 - n1 - n3;   //公式
    for(int i = 1; i <= n1; i++) {
        for(int j = 1; j <= n2; j++) {
            ans[i][j] = ' ';   //初始化，将ans数组全部赋为空格
        }
    }
    int pos = 0;   //pos从0开始使用str数组
    for(int i = 1; i <= n1; i++) {
        ans[i][1] = str[pos++];   //从上往下赋值左侧n1个字符
    }
    for(int j = 2; j <= n2; j++) {
        ans[n1][j] = str[pos++];   //从左往右赋值底部n2 - 1个字符（挖去最左端）
    }
    for(int i = n3 - 1; i >= 1; i--) {
        ans[i][n2] = str[pos++];   //从下往上赋值右侧n3 - 1个字符（挖去最下端）
    }
    for(int i = 1; i <= n1; i++) {
        for(int j = 1; j <= n2; j++) {
            printf("%c", ans[i][j]);   //输出整个二维数组
        }
        printf("\n");
    }
    return 0;
}
```

（2）直接输出方式

```cpp
#include <cstdio>
#include <cstring>
int main() {
    char str[100];
    gets(str);
    int N = strlen(str);   //获取长度
    int n1 = (N + 2) / 3, n3 = n1, n2 = N + 2 - n1 - n3;   //公式
```

```
for(int i = 0; i < n1 - 1; i++) {  //输出前 n1 - 1 行
    printf("%c", str[i]);  //先输出当前行的左侧字符
    for(int j = 0; j < n2 - 2; j++) {
        printf(" ");  //输出 n2 - 2 个空格
    }
    printf("%c\n", str[N - i - 1]);  //输出当前行的右侧字符
}
for(int i = 0; i < n2; i++) {
    printf("%c", str[n1 + i - 1]);  //输出底部的 n 个字符
}
return 0;
}
```

本节二维码

3.4　日期处理

本节在 PAT 上没有对应的练习题，请使用配套用书上的训练题。

本节二维码

3.5　进制转换

本节目录		
B1022	D 进制的 A+B	20
B1037	在霍格沃茨找零钱	20
A1019	General Palindromic Number	20
A1027	Colors in Mars	20
A1058	A+B in Hogwarts	20

B1022. D 进制的 A+B (20)

Time Limit: 100 ms   Memory Limit: 65 536 KB

题目描述

输入两个非负十进制整数 A 和 B($\leq 2^{30}-1$)，输出 A+B 的 D ($1 < D \leq 10$)进制数。

输入格式

在一行中依次给出三个整数 A、B 和 D。

输出格式

输出 A+B 的 D 进制数。

输入样例

123 456 8

输出样例

1103

思路

先计算 A+B（此时为十进制），然后把结果转换为 D 进制，而十进制转换为 D 进制可以直接使用配套用书中的"除基取余法"来实现。

注意点

① 由于 A+B 的范围恰好在 int 范围内，转换为二进制之后可以得到最大位数 31，因此用来存放 D 进制的 A+B 的数组大小需要至少为 31（不过数据里似乎没有出现这种极端情况）。

② 如果进制转换时使用的是 while 语句而不是 do…while 语句，那么要注意当 A+B 为 0 时需要特判输出 0。

③ 输出 A+B 存放的数组需要从高位到低位进行输出。

参考代码

```
#include <cstdio>
int main() {
    int a, b, d;
    scanf("%d%d%d", &a, &b, &d);
    int sum = a + b;
    int ans[31], num = 0;  //ans 存放 D 进制的每一位
    do {  //进制转换
        ans[num++] = sum % d;
        sum /= d;
    } while(sum != 0);
    for(int i = num - 1; i >= 0; i--) {  //从高位到低位进行输出
        printf("%d", ans[i]);
    }
    return 0;
}
```

B1037. 在霍格沃茨找零钱 (20)

Time Limit: 400 ms   Memory Limit: 65 536 KB

题目描述

如果你是哈利·波特迷，你会知道魔法世界有它自己的货币系统——就如海格告诉哈利的，"17 个银西可(Sickle)兑一个加隆(Galleon)，29 个纳特(Knut)兑一个西可，很容易"。现在，给定哈利应付的价钱 P 和他实付的钱 A，试编写一个程序来计算他应该被找的零钱。

输入格式

在一行中分别给出 P 和 A，格式为 "Galleon.Sickle.Knut"，其间用一个空格分隔。这里 Galleon 是 $[0, 10^7]$ 区间内的整数，Sickle 是 $[0, 17)$ 区间内的整数，Knut 是 $[0, 29)$ 区间内的整数。

输出格式

在一行中用与输入同样的格式输出哈利应该被找的零钱。如果他没带够钱，那么输出的应该是负数。

输入样例 1

10.16.27 14.1.28

输出样例 1

3.2.1

输入样例 2

14.1.28 10.16.27

输出样例 2

−3.2.1

样例解释

样例 1

就 Knut 来说，需要找钱 28 − 27 = 1；就 Sickle 来说，1 − 16 不够减，于是兑换 1 个 Galleon 为 17 个 Sickle，这样 Sickle 就变成 1 + 17 = 18 个，需要找钱 18 − 16 = 2；就 Galleon 来说，由于之前被兑换了 1 个，因此只剩下 13 个，需要找钱 13 − 10 = 3。

样例 2

在样例 1 的基础上加个负号即可。

思路

根据题意可知，1 个 Galleon 可以兑换 17×29 个 Knut，1 个 Sickle 可以兑换 29 个 Knut，因此直接把货币全部转换成 Knut 来计算。于是第二个减去第一个即可得到要找的钱，假设为 K。由于此时单位是 Knut，因此若要转换为原来的格式，就有 $K / (17 \times 29)$ 个 Galleon，$K \% (17 \times 29) / 29$ 个 Sickle，$K \% 29$ 个 Knut。

注意点

获得 Knut 为单位的找零的钱 K 后要将它取绝对值，不能直接把负数直接代入后面的运算。

参考代码

```
#include <cstdio>
const int Galleon = 17 * 29;    //1个Galleon兑换17*29个Knut
const int Sickle = 29;    //1个Sickle兑换29个Knut
int main() {
    int a1, b1, c1;
    int a2, b2, c2;
    scanf("%d.%d.%d %d.%d.%d", &a1, &b1, &c1, &a2, &b2, &c2);
    int price = a1 * Galleon + b1 * Sickle + c1;    //价格，兑换成Knut单位
    int money = a2 * Galleon + b2 * Sickle + c2;    //付款，兑换成Knut单位
    int change = money - price;    //找零的钱
```

```
    if(change < 0) {      //如果是负数
        printf("-");      //输出符号
        change = -change;      //取绝对值
    }
    //转换成原先的格式
    printf("%d.%d.%d\n", change / Galleon, change % Galleon / Sickle, change
% Sickle);
    return 0;
}
```

A1019. General Palindromic Number (20)

Time Limit: 400 ms   Memory Limit: 65 536 KB

题目描述

A number that will be the same when it is written forwards or backwards is known as a Palindromic Number. For example, 1234321 is a palindromic number. All single digit numbers are palindromic numbers.

Although palindromic numbers are most often considered in the decimal system, the concept of palindromicity can be applied to the natural numbers in any numeral system. Consider a number $N > 0$ in base $b \geq 2$, where it is written in standard notation with $k+1$ digits a_i as the sum of $(a_i b^i)$ for i from 0 to k. Here, as usual, $0 \leq a_i < b$ for all i and a_k is non-zero. Then N is palindromic if and only if $a_i = a_{k-i}$ for all i. Zero is written 0 in any base and is also palindromic by definition.

Given any non-negative decimal integer N and a base b, you are supposed to tell if N is a palindromic number in base b.

输入格式

Each input file contains one test case. Each case consists of two non-negative numbers N and b, where $0 \leq N \leq 10^9$ is the decimal number and $2 \leq b \leq 10^9$ is the base. The numbers are separated by a space.

输出格式

For each test case, first print in one line "Yes" if N is a palindromic number in base b, or "No" if not. Then in the next line, print N as the number in base b in the form "$a_k\ a_{k-1} \cdots a_0$". Notice that there must be no extra space at the end of output.

（原题即为英文题）

输入样例 1

27 2

输出样例 1

Yes

1 1 0 1 1

输入样例 2

121 5

输出样例 2

No
4 4 1

题意

给出两个整数 n、b，问十进制整数 n 在 b 进制下是否是回文数，若是，则输出 Yes；否则，输出 No。在此之后输出 n 在 b 进制下的表示。

样例解释

样例 1

27 在二进制下的表示为 11011，是回文数，因此输出 Yes。

样例 2

121 在五进制下的表示为 441，不是回文数，因此输出 No。

思路

步骤 1：将整数 n 转换为 b 进制，进制转换可以使用在配套用书中讲解的模板来实现。

```
int z[40], num = 0;
do {
    z[num++] = y % Q;
    y= y /Q;
} while(y != 0);
```

步骤 2：判断 b 进制下的 n 是否为回文数，即比较位置 i 与其对称位置 num − 1 − i 的数字是否相同，只要有一对位置不相同，就说明不是回文数。

```
bool Judge(int z[], int num) {        //判断数组 z 所存的数是否为回文数，num 为位数
    for(int i = 0; i <= num / 2; i++) {
      . if(z[i] != z[num - 1 - i]) { //如果位置 i 与其对称位置 num-1-i 不相同
            return false;
        }
    }
    return true;      //所有对称位置都相同
}
```

注意点

注意边界数据 0 的输出。

```
0 2
//output
Yes
0
```

参考代码

```
#include <cstdio>
bool Judge(int z[], int num) {        //判断数组 z 所存的数是否为回文数，num 为位数
    for(int i = 0; i <= num / 2; i++) {
        if(z[i] != z[num - 1 - i]) { //如果位置 i 与其对称位置 num-1-i 不相同
```

```
            return false;
        }
    }
    return true;      //所有对称位置都相同
}
int main() {
    int n, b, z[40], num = 0;    //数组 z 存放转换结果，num 为其位数
    scanf("%d%d", &n, &b);       //输入题目给定的 n 与 b
    do {                         //将 n 转换为 b 进制，结果存在数组 z 中
        z[num++] = n % b;        //除基取余
        n /= b;
    }while(n != 0);              //当 n 变为 0 时退出循环
    bool flag = Judge(z, num);   //判断数组 z 保存的数是否回文
    if(flag == true) printf("Yes\n");    //回文
    else printf("No\n");                 //不回文
    for(int i = num - 1; i >= 0; i--) {     //输出数组 z
        printf("%d", z[i]);
        if(i != 0) printf(" ");
    }
    return 0;
}
```

A1027. Colors in Mars (20)

Time Limit: 400 ms   Memory Limit: 65 536 KB

题目描述

People in Mars represent the colors in their computers in a similar way as the Earth people. That is, a color is represented by a 6-digit number, where the first 2 digits are for Red, the middle 2 digits for Green, and the last 2 digits for Blue. The only difference is that they use radix 13 (0 ~ 9 and A ~ C) instead of 16. Now given a color in three decimal numbers (each between 0 and 168), you are supposed to output their Mars RGB values.

输入格式

Each input file contains one test case which occupies a line containing the three decimal color values.

输出格式

For each test case you should output the Mars RGB value in the following format: first output "#", then followed by a 6-digit number where all the English characters must be upper-cased. If a single color is only 1-digit long, you must print a "0" to the left.

（原题即为英文题）

输入样例

15 43 71

输出样例

#123456

题意

给定三个[0, 168]范围内的十进制整数，将它们转换为十三进制后按顺序输出。

样例解释

15 化为十三进制为 12（$15 = 1 \times 13^1 + 2 \times 13^0$）；

43 化为十三进制为 34（$43 = 3 \times 13^1 + 4 \times 13^0$）；

71 化为十三进制为 56（$71 = 5 \times 13^1 + 6 \times 13^0$）。

思路

由于题目的数据范围为[0, 168]，因此给定的整数 x 在十三进制下一定可以表示为 x = a * 13^1 + b * 13^0（因为 $168 < 13^2$），于是只要想办法求出 a 跟 b 即可。

事实上，对上面的等式两边同时整除 13，可以得到$\lfloor x/13 = a \rfloor$；对上面的等式两边同时对 13 取模，可以得到 x%13 = b。这样就得到了 a 与 b，接下来只需要输出 ab 即可。但是题目要求十三进制下的 10、11、12 分别用 A、B、C 代替，因此不妨开一个 char 型数组 radix[13]来表示这种关系，即 radix[0] = '0'、radix[1] = '1'、…、radix[9] = '9'、radix[10] = 'A'、radix[11] = 'B'、radix[12] = 'C'。

注意点

本题也可以采用正常的进制转换写法，然后输出转换的结果（同时要根据位数来确实是否需要输出多余的 0）。

参考代码

```
#include <cstdio>
char radix[13] = {  //建立 0~13 与'0'~'9'、'A'、'B'、'C'的关系
    '0', '1', '2', '3', '4', '5', '6', '7', '8', '9', 'A', 'B', 'C'
};
int main() {
    int r, g, b;
    scanf("%d%d%d", &r, &g, &b);      //输入三个整数
    printf("#");
    //输出 radix[a]与 radix[b]
    printf("%c%c", radix[r / 13], radix[r % 13]);
    printf("%c%c", radix[g / 13], radix[g % 13]);
    printf("%c%c", radix[b / 13], radix[b % 13]);
    return 0;
}
```

A1058. A+B in Hogwarts (20)

Time Limit: 50 ms   Memory Limit: 65 536 KB

题目描述

If you are a fan of Harry Potter, you would know the world of magic has its own currency system—as Hagrid explained it to Harry, "Seventeen silver Sickles to a Galleon and twenty-nine Knuts to a Sickle, it's easy enough." Your job is to write a program to compute A+B where A and B are given in the standard form of "Galleon.Sickle.Knut" (Galleon is an integer in $[0, 10^7]$, Sickle is an integer in $[0, 17)$, and Knut is an integer in $[0, 29)$).

输入格式

Each input file contains one test case which occupies a line with A and B in the standard form, separated by one space.

输出格式

For each test case you should output the sum of A and B in one line, with the same format as the input.

（原题即为英文题）

输入样例

3.2.1 10.16.27

输出样例

14.1.28

题意

如果你是哈利·波特迷，你会知道魔法世界有它自己的货币系统——就如海格告诉哈利的："17 个银西可(Sickle)兑一个加隆(Galleon)，29 个纳特(Knut)兑一个西可，很容易"。你的任务是编写一个程序来计算 A+B，其中 A 和 B 是按照 "Galleon.Sickle.Knut" 的标准格式给出的。

样例解释

先看最后一位：$1 + 27 = 28 < 29$，因此不需进位，该位结果为 28，进位为 0。

再看中间位：$2 + 16 + 0 = 18 > 17$（0 为最后一位的进位），因此需要进位，该位结果为 $18 \% 17 = 1$，进位为 $18 / 17 = 1$。

最后看首位：$3 + 10 + 1 = 14$（1 为中间位的进位），改为结果为 14。

思路

本题实际上定义了一种数字 $N(x_1, x_2, x_3)$，并且这种数字的加法为 $N_1(a_1, a_2, a_3) + N_2(b_1, b_2, b_3) = N(a_1 + b_1, a_2 + b_2, a_3 + b_3)$，但是规定 $N(x_1, x_2, x_3)$ 的 x_3 是二十九进制的（即当 x_3 达到 29 时，需要对 29 取模，然后向高位进位，下同）、x_2 是十七进制的。题目给出了两个这样的数，要求输出它们的和。

设置 int 型变量 carry 存放每一位相加后的进位，于是就可以按 2 号位、1 号位、0 号位的顺序依次算出各位的结果，每位（假设原始数据存放于数组 a[] 与数组 b[]，结果存放于数组 c[]）的计算公式为 c[i] = (a[i] + b[i] + carry) % mod，进位公式为 carry = (a[i] + b[i] + carry) / mod，其中 0 号位由于没有进制限制，因此不需要取模或整除运算。

注意点

① 注意 0 号位（最高位）没有进制限制，不需要进位。

② 输入时可采用 scanf("%d.%d.%d",&a,&b,&c)) 的形式，但有些写法的中间计算过程中可

能溢出，需要用 long long 来存储。

③ 给出一组可能出错的数据：

```
88.16.28 88.16.28
//output
177.16.27
```

参考代码

```c
#include <cstdio>
int main() {
    int a[3], b[3], c[3];
    scanf("%d.%d.%d %d.%d.%d", &a[0], &a[1], &a[2], &b[0], &b[1], &b[2]);
    int carry = 0;      //进位
    c[2] = (a[2] + b[2]) % 29;      //获得 2 号位的结果
    carry = (a[2] + b[2]) / 29;      //进位
    c[1] = (a[1] + b[1] + carry) % 17;      //获得 1 号位的结果（加上进位）
    carry = (a[1] + b[1] + carry) / 17;      //进位
    c[0] = a[0] + b[0] + carry;      //获得 0 号位的结果
    printf("%d.%d.%d", c[0], c[1], c[2]);
    return 0;
}
```

本节二维码

3.6 字符串处理

B1006. 换个格式输出整数 (15)

Time Limit: 400 ms　　Memory Limit: 65 536 KB

题目描述

请用字母 B 来表示"百"、字母 S 表示"十"，用"12…n"来表示个位数字 n（<10），换个格式来输出任一个不超过三位的正整数。例如 234 应该被输出为 BBSSS1234，因为它有两个"百"、三个"十"以及个位的 4。

输入格式

每个测试输入包含一个测试用例，给出正整数 n（<1000）。

输出格式

每个测试用例的输出占一行，用规定的格式输出 n。

输入样例 1

234

输出样例 1

BBSSS1234

输入样例 2

23

输出样例 2

SS123

思路

步骤 1：考虑到需要从高位到低位进行枚举，因此不妨先将 n 的每一位存到数组中。

令 int 型 ans 数组存放 n 的每一位，num 表示 n 的位数。

步骤 2：对 ans 数组从高位到低位枚举：

如果是百位，则输出该位数字的个数的'B'。

如果是十位，则输出该位数字的个数的'S'。

如果是个位，则输出从 1 到该位数字。

参考代码

```
#include <cstdio>
int main() {
    int n;
    scanf("%d", &n);
    int num = 0, ans[5];  //num 存放 n 的位数
    while(n != 0) {  //将 n 的每一位存放到 ans 数组中
        ans[num] = n % 10;
        num++;
        n = n / 10;
    }
    for(int i = num - 1; i >= 0; i--) {  //从高位到低位枚举
        if(i == 2) {  //如果是百位
```

```
        for(int j = 0; j < ans[i]; j++){
            printf("B");   //输出 ans[i]个 B
        }
    } else if(i == 1) {   //如果是十位
        for(int j = 0; j < ans[i]; j++){
            printf("S");   //输出 ans[i]个 S
        }
    } else {   //如果是个位
        for(int j = 1; j <= ans[i]; j++){
            printf("%d", j);   //输出 12…ans[i]
        }
    }
}
return 0;
}
```

B1021. 个位数统计 (15)

Time Limit: 100 ms   Memory Limit: 65 536 KB

题目描述

给定一个 k 位整数 $N = d_{k-1}*10^{k-1} + \cdots + d_1*10^1 + d_0$ $(0 \leq d_i \leq 9, i=0,\cdots, k-1, d_{k-1}>0)$，请编写程序统计每种不同的个位数字出现的次数。例如，给定 N = 100311，则有两个 0，三个 1，和一个 3。

输入格式

每个输入包含一个测试用例，即一个不超过 1000 位的正整数 N。

输出格式

对 N 中每一种不同的个位数字，以 D:M 的格式在一行中输出该位数字 D 及其在 N 中出现的次数 M。要求按 D 的升序输出。

输入样例

100311

输出样例

0:2
1:3
3:1

思路

步骤 1：以字符数组的形式输入题目给定的正整数 N，并由 strlen 函数得到 N 的长度。以 count[] 数组记录数字 0~9 的出现次数，初值均为 0。

步骤 2：枚举字符数组的每一位，将该位对应的数字的 count 数组值加 1。

最后从 0~9 输出 count 值不为 0 的那些数。

注意点

如何将字符型的数字转换为整数型的数字：众所周知，char 型变量在计算机是按 ASCII 码存储的。设 char 型变量 c 是'0' ~ '9'的一个字符，那么它所对应的数字就是 c–'0'（即把'0'对应到 0, '1'对应到 1 等），这可以从 ASCII 码的角度很好地理解，因为如果 0 的 ASCII 码是 x，那么 1 的 ASCII 码就是 x+1，2 的 ASCII 码就是 x+2，以此类推，即只要计算 char 型变量 c 与字符型'0'的 ASCII 码之间的距离（即为对应的数字）。

另外，从这里可以得到另一个想法：如何将大写字母转换为小写字母，例如，如何将字符型'R'转换为字符型'r'——只需令'R'–'A'+'a'。

参考代码

```cpp
#include <cstdio>
#include <cstring>
int main() {
    char str[1010];
    gets(str);
    int len = strlen(str);

    int count[10] = {0};  //记录数字 0 ~ 9 的出现次数，初值均为 0
    for(int i = 0; i < len; i++) {
        count[str[i] - '0']++;  //将 str[i]对应的数字的 count 值加 1
    }

    for(int i = 0; i < 10; i++) {  //枚举 0 ~ 9
        if(count[i] != 0){
            printf("%d:%d\n", i, count[i]);
        }
    }
    return 0;
}
```

B1031. 查验身份证(15)

Time Limit: 200 ms　　Memory Limit: 65 536 KB

题目描述

一个合法的身份证号码由 17 位地区、日期编号和顺序编号加一位校验码组成。校验码的计算规则如下：

先对前 17 位数字加权求和，权重分配为：{7, 9, 10, 5, 8, 4, 2, 1, 6, 3, 7, 9, 10, 5, 8, 4, 2}；然后将计算的和对 11 取模得到值 Z；最后按照以下关系对应 Z 值与校验码 M 的值：

Z: 0 1 2 3 4 5 6 7 8 9 10

M: 1 0 X 9 8 7 6 5 4 3 2

现在给定一些身份证号码，请验证校验码的有效性，并输出有问题的号码。

输入格式

第一行给出正整数 N（≤100）是输入的身份证号码的个数。随后 N 行，每行给出一个 18 位身份证号码。

输出格式

按照输入的顺序每行输出一个有问题的身份证号码。这里并不检验前 17 位是否合理，只检查前 17 位是否全为数字且最后一位校验码是否准确。如果所有号码都正常，则输出"All passed"。

输入样例 1

```
4
320124198808240056
12010X198901011234
110108196711301866
37070419881216001X
```

输出样例 1

```
12010X198901011234
110108196711301866
37070419881216001X
```

输入样例 2

```
2
320124198808240056
110108196711301862
```

输出样例 2

```
All passed
```

思路

步骤 1：设置 bool 型变量 flag 表示是否所有身份证号都正确，初始为 true。

步骤 2：按字符数组的形式读入身份证号。对前 17 位，如果其中不存在非整数，则计算它们的加权和，将加权和模 11 可以得到校验码。如果校验码与第 18 位不同，则说明身份证号错误；反之，则说明该身份证号是正确的。

注意点

① 只要前 17 位中存在非整数，就应当认为该身份证号有误，而不应该继续计算校验和。
② 使用数组来存储权重和校验码对应关系，可以使代码变得简洁。

参考代码

```cpp
#include <cstdio>
#include <cstring>
//权重, w[0] = 7, w[1] = 9, …
int w[20] = {7, 9, 10, 5, 8, 4, 2, 1, 6, 3, 7, 9, 10, 5, 8, 4, 2};
//校验码, change[0] = '1', change[1] = '0', …
char change[15] = {'1', '0', 'X', '9', '8', '7', '6', '5', '4', '3', '2'};
int main() {
```

```
    int n;
    scanf("%d", &n);
    bool flag = true;    //记录是否所有身份证都是正确的, 若均正确, 则 flag = true
    char str[20];
    for(int i = 0; i < n; i++) {
        scanf("%s", str);
        int j, last = 0;    //last 记录前 17 位的加权和
        for(j = 0; j < 17; j++) {
            if(!(str[j] >= '0' && str[j] <= '9')) break;    //非数字
            last = last + (str[j] - '0') * w[j];
        }
        if(j < 17) {        //有非数字的存在
            flag = false;    //存在身份证号错误
            printf("%s\n", str);
        } else {
            if(change[last % 11] != str[17]) {  //校验码不等于身份证号最后一位
                flag = false;            //存在身份证号错误
                printf("%s\n", str);
            }
        }
    }
    if(flag == true) {            //所有身份证号均正确, 输出 All passed
        printf("All passed\n");
    }
    return 0;
}
```

B1002. 写出这个数 (20)

Time Limit: 400 ms　Memory Limit: 65 536 KB

题目描述

读入一个自然数 n，计算其各位数字之和，用汉语拼音写出和的每一位数字。

输入格式

每个测试输入包含 1 个测试用例，即给出自然数 n 的值。这里保证 n 小于 10^{100}。

输出格式

在一行内输出 n 的各位数字之和的每一位，拼音数字间有 1 个空格，但一行中最后一个拼音数字后没有空格。

输入样例

1234567890987654321123456789

输出样例

yi san wu

思路

步骤 1：以字符数组的形式读入给出的自然数 n，并使用 strlen 函数获取 n 的长度。由于 n 小于 10^{100}，因此字符数组的大小需要大于 100（不能取 100 是因为'\0'也需要占用一位）。之后枚举字符数组的每一位，将字符对应的数字进行累加。

步骤 2：通过步骤 1 得到了 n 的每一位累加后的数 sum，为了方便将 sum 从高位到低位输出，将 sum 的每一位存到数组 ans[]中。

步骤 3：定义二维字符数组 change[][]，将数字 0～9 对应到字符串"ling""yi"…"jiu"。

从高位到低位枚举数组 ans[]，输出每一位对应的字符串。

注意点

① 将数字 0～9 转换为其拼音的方法除了用二维字符数组之外，也可以用 if 语句或 switch 语句判断 0～9 来输出，不过写起来会比较麻烦，不够简洁。

② 如果没有特别处理，那么最后一个拼音后面会多一个空格，此时会返回"格式错误"，解决方法参见下面参考代码中的输出部分。

参考代码

```c
#include <cstdio>
#include <cstring>
int main() {
    char str[110];
    gets(str);
    int len = strlen(str);
    int sum = 0;   //sum 存放所有数位之和
    for(int i = 0; i < len; i++) {
        sum += str[i] - '0';   //将每一位累加
    }

    int num = 0, ans[10];   //num 表示 sum 的位数
    while(sum != 0) {
        //将 sum 中每一位存到数组中，sum 的低位存到 ans[]的低位
        ans[num] = sum % 10;
        num++;
        sum /= 10;
    }

    char change[10][5] = {
        "ling", "yi", "er", "san", "si", "wu", "liu", "qi", "ba", "jiu"
    };   //定义二维字符数组，即 change[0] = "ling", change[1] = "yi"…
    for(int i = num - 1; i >= 0; i--) {   //从高位开始输出
        printf("%s", change[ans[i]]);   //ans[i]即为从高位开始的第 i 个数字
        if(i!=0) printf(" ");   //如果 i 没有到 0(即不是最后一次循环)，则输出空格
```

```
        else printf("\n");   //如果是最后一次循环，则输出换行
    }
    return 0;
}
```

B1009. 说反话 (20)

Time Limit: 400 ms   Memory Limit: 65 536 KB

题目描述

给定一句英语，请编写一段程序，将句中所有单词的顺序颠倒输出。

输入格式

测试输入包含一个测试用例，在一行内给出总长度不超过 80 的字符串。字符串由若干单词和若干空格组成，其中单词是由英文字母（大小写有区分）组成的字符串，单词之间用 1 个空格分开，输入保证句子末尾没有多余的空格。

输出格式

每个测试用例的输出占一行，输出倒序后的句子。

输入样例

Hello World Here I Come

输出样例

Come I Here World Hello

思路

使用 gets 函数读入一整行，从左至右枚举每一个字符，以空格为分隔符对单词进行划分并按顺序存到二维字符数组中，最后按单词输入顺序的逆序来输出所有单词。

注意点

① 最后一个单词之后输出空格会导致"格式错误"。

② 由于 PAT 是单点测试，因此产生了下面这种更简洁的方法，即使用 EOF 来判断单词是否已经输入完毕。

```
#include <cstdio>
int main() {
    int num = 0;   //单词的个数
    char ans[90][90];
    while(scanf("%s",ans[num])!=EOF){//当 scanf 返回值不为-1 时反复读取单词
        num++;   //单词个数加 1
    }
    for(int i = num - 1; i >= 0; i--) {   //倒着输出单词
        printf("%s", ans[i]);
        if(i > 0) printf(" ");
    }
    return 0;
}
```

要注意的是，在黑框中手动输入时，系统并不知道什么时候到达了所谓的"文件末尾"，因此需要按<Ctrl + Z>组合键再按<Enter>键的方式来告诉系统已经到了 EOF，这样系统才会结束 while。

参考代码

```
#include <cstdio>
#include <cstring>
int main() {
    char str[90];
    gets(str);
    int len = strlen(str), r = 0, h = 0;  //r 为行,h 为列
    char ans[90][90];  //ans[0]~ans[r]存放单词
    for(int i = 0; i < len; i++) {
        if(str[i] != ' ') {  //如果不是空格，则存放至 ans[r][h]，并令 h++
            ans[r][h++] = str[i];
        }else{  //如果是空格，说明一个单词结束，行 r 增加 1，列 h 恢复至 0
            r++;
            h = 0;
            ans[r][h] = '\0';  //末尾是结束符\0
        }
    }
    for(int i = r; i >= 0; i--) {  //倒着输出单词即可
        printf("%s", ans[i]);
        if(i > 0) printf(" ");
    }
    return 0;
}
```

B1014/A1061. 福尔摩斯的约会 (20)

Time Limit: 50 ms   Memory Limit: 65 536 KB

题目描述

大侦探福尔摩斯接到一张奇怪的字条："我们约会吧！ 3485djDkxh4hhGE 2984akDfkkkkggEdsb s&hgsfdk d&Hyscvnm"。大侦探很快就明白了，字条上奇怪的乱码实际上就是约会的时间"星期四 14:04"，因为前面两字符串中第 1 对相同的大写英文字母（大小写有区分）是第 4 个字母'D'，代表星期四；第 2 对相同的字符是'E'，那是第 5 个英文字母，代表一天里的第 14 个钟头（于是一天的 0~23 点由数字 0~9 以及大写字母 A~N 表示）；后面两字符串第 1 对相同的英文字母's'出现在第 4 个位置（从 0 开始计数）上，代表第 4 分钟。现给定两对字符串，请帮助福尔摩斯解码得到约会的时间。

输入格式

输入在 4 行中分别给出 4 个非空、不包含空格、且长度不超过 60 的字符串。

输出格式

在一行中输出约会的时间，格式为"DAY HH:MM"，其中"DAY"是某星期的 3 字符缩写，即 MON 表示星期一，TUE 表示星期二，WED 表示星期三，THU 表示星期四，FRI 表示星期五，SAT 表示星期六，SUN 表示星期日。题目输入保证每个测试存在唯一解。

输入样例

3485djDkxh4hhGE

2984akDfkkkkggEdsb

s&hgsfdk

d&Hyscvnm

输出样例

THU 14:04

题意

给出 4 个字符串，其中前两个字符串包含两个信息：DAY 和 HH，后两个包含一个信息：MM。

下面给出这个信息的识别信息和转换关系：

DAY：前两个字符串的第一对相同位置的 A~G 的大写字母。

转换关系：大写字母是从 A 开始的第几个，就是星期几。

HH：寻找信息 DAY 的位置之后的第一对相同位置的 0~9 或 A~N 的字符。

转换关系：0~9 对应 0~9，A~N 对应 10~23。

MM：后两个字符串的第一对相同位置的 A~Z 或 a~z 的英文字母。

转换关系：该字符所在的位置(从 0 开始)。

最后按 DAY HH:MM 的格式输出。

思路

步骤 1：扫描前两个字符串，寻找第一对相同位置的 A ~ G 的大写字母。找到之后，求出其与字符'A'的距离，就可以推断出是星期几。

步骤 2：在步骤 1 的位置基础上，继续往后寻找，直到碰到第一对相同位置的 0~9 或 A ~ N 的字符，将其分别转换到 0~9 与 10~23。

步骤 3：扫描后两个字符串，寻找第一对相同位置的 A~Z 或 a~z 的英文字母，获取其位置。

注意点

① 步骤 1 和步骤 2 中不能出现 A ~ Z，而是需要限定完整，即 A ~ G 或者 A ~ N，否则会"答案错误"。

② 题目中"第 2 对相同的字符"这一描述有点模糊，其实是在第一个信息的位置之后的下一对满足条件的字符，而不是重新从头扫描碰到的第 2 对满足条件的字符。否则样例的理解会出现问题，即一开始的'8'也会被算进去，导致得到第 2 对满足条件的字符会是 D 而不是 E。

③ 可能犯的语法问题：二维数组 week 的第二维大小不能为 3，二维数组初始化之后要记得加个分号，不然会编译错误。

④ 若"运行超时"，则不要用 cin 和 cout，改用 scanf 跟 printf。

参考代码

```cpp
#include <cstdio>
#include <cstring>
int main() {
    char week[7][5] = {
        "MON", "TUE", "WED", "THU", "FRI", "SAT", "SUN"
    };
    char str1[70], str2[70], str3[70], str4[70];
    gets(str1);
    gets(str2);
    gets(str3);
    gets(str4);
    int len1 = strlen(str1);
    int len2 = strlen(str2);
    int len3 = strlen(str3);
    int len4 = strlen(str4);
    int i;
    //寻找 str1 和 str2 中第一对相同位置的 A ~ G 的大写字母
    for(i = 0; i < len1 && i < len2; i++) {
        if(str1[i] == str2[i] && str1[i] >='A' && str1[i] <= 'G') {
            printf("%s ", week[str1[i] - 'A']);   //输出对应是星期几
            break;
        }
    }

    //在上面的基础上，往后寻找相同位置的 0 ~ 9 或 A ~ N 的字符
    for(i++; i < len1 && i < len2; i++) {
        if(str1[i] == str2[i]) {
            if(str1[i] >= '0' && str1[i] <= '9') {
                printf("%02d:", str1[i] - '0');  //输出 0 ~ 9
                break;
            } else if(str1[i] >= 'A' && str1[i] <= 'N') {
                printf("%02d:", str1[i] - 'A' + 10);  //输出 10 ~ 23
                break;
            }
        }
    }
    //寻找 str3 和 str4 中第一对相同位置的 A ~ Z 或 a ~ z 的英文字母
    for(i = 0; i < len3 && i < len4; i++) {
        if(str3[i] == str4[i]) {
            if((str3[i] >= 'A' && str3[i] <= 'Z') || (str3[i] >= 'a' && str3[i]
```

```
<= 'z')) {
                printf("%02d", i);  //输出当前位置
                break;
            }
        }
    }
    return 0;
}
```

B1024/A1073. 科学计数法 (20)

Time Limit: 100 ms   Memory Limit: 65 536 KB

题目描述

科学计数法是科学家用来表示很大或很小的数字的一种便捷方法，其满足正则表达式 [+−][1−9]"."[0−9]+E[+−][0−9]+，即数字的整数部分只有 1 位，小数部分至少有 1 位，该数字及其指数部分的正负号即使对正数也必定明确给出。

现以科学计数法的格式给出实数 A，请编写程序，按普通数字表示法输出 A，并保证所有有效位都被保留。

输入格式

每个输入包含 1 个测试用例，即一个以科学计数法表示的实数 A。该数字的存储长度不超过 9999Byte，且其指数的绝对值不超过 9999。

输出格式

对每个测试用例，在一行中按普通数字表示法输出 A，并保证所有有效位都被保留，包括末尾的 0。

输入样例 1

+1.23400E−03

输出样例 1

0.00123400

输入样例 2

−1.2E+10

输出样例 2

−12000000000

思路

主要思想是定位字母 E 的位置，然后就可以很容易识别左边小数的终止位置和右边指数的正负号和绝对值 exp。在定位字母 E 的位置 pos 后，按指数正负分两种情况讨论：

① 指数为负：应该注意到，这种情况一定是输出 $0.00 \cdots 0 \times \times \times$，其中小数点后连续的 0 的个数为 exp − 1，而后面 ××× 的部分即为字母 E 的前面所有数字。

② 指数为正：主要需要考虑小数点移动后的位置。可以知道，当 exp 非零时，小数点应该添加在原标号为 exp + 2 的数字后（下标从 0 开始）。但是也要注意一个问题，如果原小数点和 E 之间的数字个数(pos − 3)等于小数点右移位数 exp，则说明小数点恰好在整个数的最右边，是不需要输出小数点的。最后再考虑由于 exp 较大的时候需要额外输出 exp − (pos − 3)个

0 的步骤。

注意点

① 题目中提到了"该数字的存储长度不超过 9999Byte"，由于一个 char 变量需要 1Byte 来存储，因此 9999Byte 就说明这个数字的长度不超过 9999。

② 从完整性来考虑，指数为 0 的情况需要特判输出，不过本题似乎不需要考虑这种情况，数据中也没有指数为 0 的数据。

③ 给几个易错的数据供大家测试：

```
+3.1415E+004          //31415
-3.1415926E+4         //-31415.926
+3.1415926E-01        //0.31415926
-3.1415926E-0005      //-0.000031415926
```

参考代码

```cpp
#include <cstdio>
#include <cstring>
int main() {
    char str[10010];
    gets(str);
    int len = strlen(str);
    if(str[0] == '-') printf("-");   //如果是负数，输出负号

    int pos = 0;   //pos 存放字符串中 E 的位置
    while(str[pos] != 'E') {
        pos++;
    }

    int exp = 0;   //exp 存放指数(先不考虑正负)
    for(int i = pos + 2; i < len; i++) {
        exp = exp * 10 + (str[i] - '0');
    }
    if(exp == 0) {   //特判指数为 0 的情况
        for(int i = 1; i < pos; i++) {
            printf("%c", str[i]);
        }
    }

    if(str[pos + 1] == '-') {   //如果指数为负
        printf("0.");
        for(int i = 0; i < exp - 1; i++) {   //输出(exp - 1)个 0
            printf("0");
```

```
    }
    printf("%c", str[1]);  //输出除了小数点以外的数字
    for(int i = 3; i < pos; i++) {
        printf("%c", str[i]);
    }
} else {   //如果指数为正
    for(int i = 1; i < pos; i++) {   //输出小数点移动之后的数
        if(str[i] == '.') continue;   //略过原小数点
        printf("%c", str[i]);   //输出当前数位
        if(i == exp + 2 && pos - 3 != exp) {   //小数点加在位置(exp + 2)上
        //原小数点和 E 之间的数字个数(pos - 3)不能等于小数点右移位数 exp
            printf(".");
        }
    }
    //如果指数 exp 较大，输出多余的 0
    for(int i = 0; i < exp - (pos - 3); i++) {
        printf("0");
    }
}
    return 0;
}
```

B1048. 数字加密 (20)

Time Limit: 400 ms　　Memory Limit: 65 536 KB

题目描述

　　本题要求实现一种数字加密：首先固定一个加密用正整数 A，对任一正整数 B，将其每 1 位数字与 A 对应位上的数字进行以下运算：对奇数位，对应位的数字相加后对 13 取余——这里用 J 代表 10、Q 代表 11、K 代表 12；对偶数位，用 B 的数字减去 A 的数字，若结果为负数，则再加 10。这里令个位为第 1 位。

输入格式

　　在一行中依次输入 A 和 B，均为不超过 100 位的正整数，其间以空格分隔。

输出格式

　　在一行中输出加密后的结果。

输入样例

1234567 368782971

输出样例

3695Q8118

思路

　　对两个整数 A 和 B，采用字符串的方式读入，然后定义 char 数组 ans 来记录加密的结果。为了让最低位从 0 号开始（方便两个整数对齐），我们对两个字符串进行反转。反转完毕后，

字符串的最低位就是原整数的个位。

令 len 为 A 和 B 长度的较大值，然后从低位开始遍历字符串，由于字符串从 0 开始记录，因此如果当前位 i 是偶数，则对应于题目中的奇数，需要将 B[i] 和 A[i] 的和模上 13，然后根据是否超过 10 来给 ans[i] 赋数字或者字母；如果当前位 i 是奇数，则对应于题目中的偶数，需要将 B[i] 减去 A[i]（如果是负数则再加上 10），令 ans[i] 为这个数字对应的字符即可。注意：输出前需要把 ans 反转一下，因为此时字符串低位对应的是整数的低位。

注意点

① 如果字符串下标从 0 开始，注意反转字符串时，循环条件不能写成 i ≤ len / 2。当然也可以直接用 STL 里面的 reverse 函数直接反转。

② 本题数据中不会出现结果有前导 0 的情况，因此不需要特殊处理。

③ 如果字符串下标从 0 开始，那么要将题目中的奇数位和偶数位的处理反过来。

参考代码

```cpp
#include <cstdio>
#include <cstring>
const int maxn = 110;
char A[maxn], B[maxn], ans[maxn] = {0};
void reverse(char s[]) {    //反转字符串
    int len = strlen(s);
    for(int i = 0; i < len / 2; i++) {
        int temp = s[i];      //交换 s[i] 和 s[len-1-i]
        s[i] = s[len - 1 - i];
        s[len - 1 - i] = temp;
    }
}

int main() {
    scanf("%s %s", A, B);    //整数 A 和 B
    reverse(A);    //将 A 和 B 反转
    reverse(B);
    int lenA = strlen(A);    //A 和 B 对应的长度
    int lenB = strlen(B);
    int len = lenA > lenB ? lenA : lenB;    //A 和 B 的较大长度
    for(int i = 0; i < len; i++) {    //从低位开始
        int numA = i < lenA ? A[i] - '0' : 0;    //numA 对应 A[i]
        int numB = i < lenB ? B[i] - '0' : 0;    //numB 对应 B[i]
        if(i % 2 == 0) {    //当前位 i 是偶数
            int temp = (numB + numA) % 13;    //和再模上 13
            if(temp == 10) ans[i] = 'J';    //特判 10、11、12
            else if(temp == 11) ans[i] = 'Q';
            else if(temp == 12) ans[i] = 'K';
```

```
        else ans[i] = temp + '0';    //0~9
    } else {    //当前位 i 是奇数
        int temp = numB - numA;    //差
        if(temp < 0) temp += 10;    //如果小于 0，则加上 10
        ans[i] = temp + '0';    //赋对应的字符
    }
}
reverse(ans);    //反转结果字符串
puts(ans);    //输出结果
return 0;
}
```

A1001. A+B Format (20)

Time Limit: 400 ms   Memory Limit: 65 536 KB

题目描述

Calculate a + b and output the sum in standard format——that is, the digits must be separated into groups of three by commas (unless there are less than four digits).

输入格式

Each input file contains one test case. Each case contains a pair of integers a and b where –1000000≤a, b≤1000000. The numbers are separated by a space.

输出格式

For each test case, you should output the sum of a and b in one line. The sum must be written in the standard format.

（原题即为英文题）

输入样例

–1000000 9

输出样例

–999,991

题意

给出两个整数 a、b（不超过 10^9），求 a+b 的值，并按照×××,×××,×××,×××的格式输出。

样例解释

–1000000 + 9 = –999991

按照格式输出为–999,991。

思路

步骤 1：对输入的两个数字 a 与 b 进行累加，并赋值给 sum。之后判断累加后得到的 sum 是否为负数，如果是负数，则负号先行输出，并令 sum = –sum 来取正。

步骤 2：把 sum 的每一位存到数组中（例如 123 存到数组 num[]中就是 num[0] = 3、num[1] = 2、num[2] = 1，即 sum 的低位存储到 num[]的低位），之后从高位开始输出数组元素，每输出 3 个数字输出 1 个逗号，最后 3 个数字后面不输出。

注意点

① 把 sum 存放到数组时，如果使用 while 的写法，就要注意 0 这个数据需要特殊处理，否则 while 循环进不去，导致 len 会等于 0；如果使用 do…while 的写法，则可以不用考虑。

```
//使用 while 的写法
int len = 0;
    if(sum == 0) num[len++] = 0;
    while(sum) {
        num[len] = sum % 10;
        sum /= 10;
        ++len;
}
//使用 do…while 的写法
int len = 0;
do {
    num[len] = sum % 10;
    sum /= 10;
    ++len;
}while(sum);
```

② 最低位后面是不需要输出逗号的，所以需要在输出逗号时判断是否是最低位。

③ 此题还可以采用下面的写法，不妨拓宽下思路（省略步骤 1）：

在 printf 的格式化输出中，%3d 表示输出 3 位整数，不满 3 位的高位补空格；而%03 表示输出 3 位整数，不满 3 位的高位补 0。于是可以得到下面这个简洁的写法，不妨好好理解一下：

```
if(sum >= 1000000) printf("%d,%03d,%03d", sum/1000000, sum%1000000/1000, sum%1000);
else if(sum >= 1000) printf("%d,%03d", sum/1000, sum%1000);
else printf("%d", sum);
```

参考代码

```
#include <cstdio>
int num[10];
int main() {
    int a, b, sum;
    scanf("%d%d",&a, &b);
    sum = a + b;  //将 a+b 赋值给 sum
    if(sum < 0) {  //sum 为负数时，输出负号并取 sum 的相反数
        printf("-");
        sum = -sum;
    }
```

```
    int len = 0;  //len 存放 sum 的长度
    if(sum == 0) num[len++] = 0;  //sum 为 0 时特殊处理
    //将 sum 存入数组 num[] 中，其中 sum 的低位存放到 num[] 的低位
    while(sum) {
        //将 sum 的末位 sum%10 存放到 num[len]，然后 len++
        num[len++] = sum % 10;
        sum /= 10;  //去除 sum 的末位
    }
    for(int k = len - 1; k >= 0; k--) {  //从高位开始输出
        printf("%d", num[k]);
        if(k > 0 && k % 3 == 0) printf(",");  //每 3 位一个逗号，最后一位除外
    }
    return 0;
}
```

A1005. Spell It Right (20)

Time Limit: 400 ms　　Memory Limit: 65 536 KB

题目描述

Given a non-negative integer N, your task is to compute the sum of all the digits of N, and output every digit of the sum in English.

输入格式

Each input file contains one test case. Each case occupies one line which contains an N ($\leq 10^{100}$).

输出格式

For each test case, output in one line the digits of the sum in English words. There must be one space between two consecutive words, but no extra space at the end of a line.

（原题即为英文题）

输入样例

12345

输出样例

one five

题意

给出一个非负数 N，求出数位之和，并用英语表示这个总和的数位的每一位。

样例解释

就输入样例"12345"来说，其数位之和为 1+2+3+4+5=15，所以输出 one five。

思路

注意到 N$\leq 10^{100}$，而最大和为每位都是 9 的情况，即数位和最大会有 $100 \times 9 = 900$，而 900 只有三位，因此可以采用如下步骤直接模拟。

步骤 1：用二维数组 num[10][10] 存放 0 ~ 9 对应的英语单词，其中 num[0] = "zero"、num[1]

= "one"、num[2] = "two"，以此类推。

以 sum 存放 N 的数位之和，初值为 0。按字符串形式读入 N，然后将每一位对应的数字累加至 sum。

步骤 2：将 sum 的每一数位存入 digit 数组中，并从高位到低位通过 num[][]数组输出。

注意点

① 请仔细检查英文单词的拼写。

② 注意特殊数据 0，应该直接特判输出 0。

③ 对字符型的数组，在设置数组时，需要比题目给出的范围至少大 1。这是因为 char 数组是以'\0'结尾的，它也需要一位存储，所以本题的数组至少要开 102。之所以只开 101 不够，是因为题目的数据范围是 10^{100}，这样 1 之后会有 100 个 0，总共有 101 个数位，加上'\0'就是 102。

④ 这里输出的格式略微严格，如果出现"格式错误"，那么需要仔细检查是否控制好了空格的输出。在准确输出 sum 所有数位的英文单词后，不能在后面多输出一个空格。

⑤ 本题控制输出也可以用递归的方法，不用那么烦琐地从后往前输出，即在得到 sum 之后，直接调用下面的函数就可以方便控制输出了，并且 sum = 0 的情况不需要特判。对于这部分内容，如果没学过递归，读者可以先跳过，待阅读了配套用书 4.3 节的递归之后再看。

```
void dfs(int n) {
    if(n / 10 == 0) {
        printf("%s", num[n % 10]);
        return;
    }
    dfs(n / 10);
    printf(" %s", num[n % 10]);
}
```

⑥ 把 sum 写到 digit 数组里的简单办法是使用 sprintf 函数，即

```
sprintf(digit, "%d", sum);
```

语句的含义是将 sum 按%d 的格式写到数组 digit[]中去。如果使用这种写法，digit 必须是字符型数组。

参考代码

```
#include<cstdio>
#include<cstring>
char num[10][10] = {  //数字与单词的对应
"zero","one","two","three","four","five","six","seven","eight","nine"
};
char s[111];  //初始字符串
int digit[10];
int main() {
    gets(s);
    int len = strlen(s);
```

```
int sum = 0, numLen = 0;   //sum 为 s 的数位之和，numLen 计量 sum 的长度
for(int i = 0; i < len; i++) {
    sum += (s[i] - '0');   //累加 s 的数位，得到 sum
}
if(sum == 0) {   //如果 sum 为 0，特判输出 num[0]
    printf("%s", num[0]);
} else {   //如果 sum 不为零
    while(sum != 0) {   //将 sum 存放到 digit 数组中
        digit[numLen++] = sum % 10;
        sum /= 10;
    }
    for(int i = numLen - 1; i >= 0; i--) {   //从高位到低位输出 digit 数组
        printf("%s", num[digit[i]]);
        if(i != 0) printf(" ");   //最后一个单词之后不输出空格
    }
}
return 0;
}
```

A1035. Password (20)

Time Limit: 400 ms   Memory Limit: 65 536 KB

题目描述

To prepare for PAT, the judge sometimes has to generate random passwords for the users. The problem is that there are always some confusing passwords since it is hard to distinguish 1 (one) from l (L in lowercase), or 0 (zero) from O (o in uppercase). One solution is to replace 1 (one) by @, 0 (zero) by %, l by L, and O by o. Now it is your job to write a program to check the accounts generated by the judge, and to help the juge modify the confusing passwords.

输入格式

Each input file contains one test case. Each case contains a positive integer N (≤1000), followed by N lines of accounts. Each account consists of a user name and a password, both are strings of no more than 10 characters with no space.

输出格式

For each test case, first print the number M of accounts that have been modified, then print in the following M lines the modified accounts info, that is, the user names and the corresponding modified passwords. The accounts must be printed in the same order as they are read in. If no account is modified, print in one line "There are N accounts and no account is modified" where N is the total number of accounts. However, if N is one, you must print "There is 1 account and no account is modified" instead.

（原题即为英文题）

输入样例 1

3
Team000002 Rlsp0dfa
Team000003 perfectpwd
Team000001 R1spOdfa

输出样例 1

2
Team000002 RLsp%dfa
Team000001 R@spodfa

输入样例 2

1
team110 abcdefg332

输出样例 2

There is 1 account and no account is modified

输入样例 3

2
team110 abcdefg222
team220 abcdefg333

输出样例 3

There are 2 accounts and no account is modified

题意

给定 N 个用户的姓名（name）和密码（password），现在需要把密码中的'1'改为'@'、'0'改为'%'、'l'改为'L'、'O'改为'o'。求需要修改的密码个数以及对应用户的姓名和修改后的密码。如果不存在需要修改的密码，则根据单复数输出 There is(are)N account(s) and no account is modified。

样例解释

样例 1

Team000002 中需要把'l'修改为'L'、把'0'修改为'%'。

Team000003 没有需要修改的字符。

Team000001 中需要把'1'修改为'@'、把'O'修改为'o'。

样例 2

唯一的用户 team110 不需要修改密码，因此输出 There is 1 account and no account is modified（注意：此为单数形式）。

样例 3

team110 与 team220 两位用户均不需要修改密码，因此输出 There are 2 accounts and no account is modified（注意：此为复数形式）。

思路

步骤 1：建立结构体类型 node，存放每个用户的 name 和 password，同时用 bool 型变量 ischange 记录是否需要修改该用户的 password。

步骤 2：对每个用户的 password 都进行题意中要求的判定，如果判定后得知需要修改该

password，则修改之，并置该用户的 ischange 变量为 true——表示修改了该用户的 password，同时令总计数器 cnt 加 1。

步骤 3：根据 cnt 是否为零来输出。如果 cnt 为 0，说明没有 password 需要修改；如果 cnt 不为 0，说明有 cnt 个 password 需要修改，因此输出 cnt，并输出这些用户的 name 和修改后的 password。

注意点

① 小技巧：为了方便书写代码，可以单独把判断 password 是否需要修改的功能单独提取出来作为一个函数，并设置传入两个参数为：其中第一个参数表示判断是否需要修改 password 的用户（即 node 型结构体）；第二个参数表示需要修改 password 的用户总数 cnt。为了写法的简洁，上面两个参数可以都使用引用&，这样对用户 password 的修改与对 cnt 的修改都会作用到原参数。

② 当没有 password 需要修改时，需要注意通过 N 的单复数来进行输出：

- 当 N == 1 时，需要输出"There is N account and no account is modified"，这里需要强调的是，There 后面采用的是单数 is，且 account 后也没有加复数标志 s。

- 当 N > 1 时，需要输出"There are N accounts and no account is modified"，这里需要强调的是，There 后面采用的是复数 are，且 account 后需要加上 s（而"no account is modified"的写法是单复数通用的，不需要进行区分）。

参考代码

```cpp
#include <cstdio>
#include <cstring>
struct node {
    char name[20], password[20];
    bool ischange;  //ischange==true 表示 password 已修改
}T[1005];


//crypt 函数判断 t 的 password 是否需要修改，若需要，则对其进行修改并令计数器 cnt 加 1
void crypt(node& t, int& cnt) {  //参数使用了引用&，可以对传入参数进行修改
    int len = strlen(t.password);
    for(int i = 0; i < len; i++) {  //枚举 password 的每一位
        if(t.password[i] == '1') {  //若为'1'，则修改为'@'，并标记为已修改
            t.password[i] = '@';
            t.ischange = true;
        } else if(t.password[i] == '0') {  //若为'0'，则修改为'%'，并标记为已修改
            t.password[i] = '%';
            t.ischange = true;
        } else if(t.password[i] == 'l') {  //若为'l'，则修改为'L'，并标记为已修改
            t.password[i] = 'L';
            t.ischange = true;
        } else if(t.password[i] == 'O') {  //若为'O'，则修改为'o'，并标记为已修改
```

```
            t.password[i] = 'o';
            t.ischange = true;
        }
    }
    if(t.ischange) {   //如果 t 的 password 已修改，则令计数器 cnt 加 1
        cnt++;
    }
}

int main() {
    int n, cnt = 0;   //cnt 记录需要修改的 password 个数
    scanf("%d", &n);
    for(int i = 0; i < n; i++) {
        scanf("%s %s", T[i].name, T[i].password);
        T[i].ischange = false;   //初始化所有密码未修改
    }
    for(int i = 0; i < n; i++) {
        crypt(T[i], cnt);   //对 T[i] 的 password 判断是否需要修改
    }
    if(cnt == 0) {   //没有 password 需要修改
        if(n == 1) {
            printf("There is %d account and no account is modified", n);
        } else {   //注意 accout 的单复数以及 is/are 的使用
            printf("There are %d accounts and no account is modified", n);
        }
    }else {   //有 password 需要修改
        printf("%d\n", cnt);   //修改的 password 个数
        for(int i = 0; i < n; i++) {
            //如果 T[i] 的 password 需要修改，则输出 name 和 password
            if(T[i].ischange) {
                printf("%s %s\n", T[i].name, T[i].password);
            }
        }
    }
    return 0;
}
```

A1077. Kuchiguse (20)

Time Limit: 100 ms   Memory Limit: 65 536KB

题目描述

The Japanese language is notorious for its sentence ending particles. Personal preference of such particles can be considered as a reflection of the speaker's personality. Such a preference is called "Kuchiguse" and is often exaggerated artistically in Anime and Manga. For example, the artificial sentence ending particle "nyan~" is often used as a stereotype for characters with a cat-like personality:

        Itai nyan~ (It hurts, nyan~)

        Ninjin wa iyada nyan~ (I hate carrots, nyan~)

Now given a few lines spoken by the same character, can you find her Kuchiguse?

输入格式

Each input file contains one test case. For each case, the first line is an integer N (2≤N≤100). Following are N file lines of 0~256 (inclusive) characters in length, each representing a character's spoken line. The spoken lines are case sensitive.

输出格式

For each test case, print in one line the kuchiguse of the character, i.e., the longest common suffix of all N lines. If there is no such suffix, write "nai".

（原题即为英文题）

输入样例 1

```
3
Itai nyan~
Ninjin wa iyadanyan~
uhhh nyan~
```

输出样例 1

```
nyan~
```

输入样例 2

```
3
Itai!
Ninjinnwaiyada T_T
T_T
```

输出样例 2

```
nai
```

题意

给定 N 个字符串，求它们的公共后缀。如果不存在公共后缀，则输出 "nai"。

样例解释

样例 1

观察三个字符串，很容易发现它们都是以 "nyan~" 结尾的，因此输出 "nyan~"。

样例 2

三个字符串没有公共后缀（第一个字符串不是以 T_T 结尾），因此输出 "nai"。

思路

步骤 1：考虑到公共后缀需要从后往前枚举字符串，因此不妨先将所有字符串反转，这样就把问题转换成求 N 个字符串的公共前缀，思考起来会容易得多。其次，要确保对字符串的访问不越界，就需要事先求出所有字符串的最小长度 minLen，而这个数据可以在读入字符串的过程中获得。

步骤 2：由于 N 个字符串中最短长度的字符串为 minLen，因此不妨枚举所有字符串在[0, minLen)内的字符，判断相同位置的字符是否相同。如果相同，则累计公共前缀长度；否则，停止枚举。最后根据公共前缀长度来进行输出即可。

注意点

① 在读入 n 之后要使用 getchar 接收后面的换行符，否则会使 for 循环内的 gets 读入这个换行符，导致第一个字符串读取错误。

② 也可以用 algorithm 头文件下的 reverse 函数来反转字符串，用法参见配套用书 6.9.3 节的内容。当然，可以自己写一个反转字符串的函数，如下所示：

```
//反转字符串 str[]
for(int i = 0; i < len / 2; i++) {
    char temp = str[i];  //交换 str[i]与 str[len - i - 1]
    str[i] = str[len - i - 1];
    str[len - i - 1] = temp;
}
```

③ 由于字符串中可能有空格，因此不要用 scanf 来读入字符串，因为 scanf 的%s 格式是以空白符（包括空格）来进行截断的，这会造成字符串读入不完整。

参考代码

```
#include <cstdio>
#include <cstring>
int n, minLen = 256, ans = 0;
char s[100][256];  //至多 100 个字符串，每个字符串至多 256 个字符

int main() {
    scanf("%d", &n);  //n 是字符串个数
    getchar();  //接收换行符
    for(int i = 0; i < n; i++) {
        gets(s[i]);
        int len = strlen(s[i]);
        if(len < minLen) minLen = len;  //取最小长度
        for(int j = 0; j < len/2; j++) {  //反转字符串 s[i]，转化为求公共前缀
            char temp = s[i][j];  //交换 str[i]与 str[len - i - 1]
            s[i][j] = s[i][len - j - 1];
            s[i][len - j - 1] = temp;
        }
    }
    for(int i=0; i <minLen; i++) {  //判断所有字符串的第 i 个字符是否全部相等
```

```
        char c = s[0][i];   //取第一个字符串的第i个字符
        bool same = true;
        for(int j = 1; j < n; j++) {   //判断其余字符串的第i个字符是否等于c
            if(c != s[j][i]) {   //只要有一个不等，就停止枚举，说明公共前缀到此为止
                same = false;
                break;
            }
        }
        if(same) ans++;   //若所有字符串的第i位相等，则计数器ans加1
        else break;
    }
    if(ans) {
        for(int i = ans - 1; i >= 0; i--) {
            printf("%c", s[0][i]);
        }
    } else {
        printf("nai");   //不存在公共前缀
    }
    return 0;
}
```

A1082. Read Number in Chinese (25)

Time Limit: 400 ms   Memory Limit: 65 536 KB

题目描述

Given an integer with no more than 9 digits, you are supposed to read it in the traditional Chinese way. Output "Fu" first if it is negative. For example, –123456789 is read as "Fu yi Yi er Qian san Bai si Shi wu Wan liu Qian qi Bai ba Shi jiu". Note: zero ("ling") must be handled correctly according to the Chinese tradition. For example, 100800 is "yi Shi Wan ling ba Bai".

输入格式

Each input file contains one test case, which gives an integer with no more than 9 digits.

输出格式

For each test case, print in a line the Chinese way of reading the number. The characters are separated by a space and there must be no extra space at the end of the line.

输入样例 1

–123456789

输出样例 1

Fu yi Yi er Qian san Bai si Shi wu Wan liu Qian qi Bai ba Shi jiu

输入样例 2

100800

输出样例 2

yi Shi Wan ling ba Bai

题意

按中文发音规则输出一个绝对值在 9 位以内的整数。需要明确如下规则：

① 如果在数字的某节（例如个节、万节、亿节）中，某个非零位（该节的千位除外）的高位是零，那么需要在该非零位的发音前额外发音一个零。例如 8080 的发音为 "ba qian ling ba shi"，8008 的发音为 "ba qian ling ba"，10808 的发音为 "yi Wan ling ba Bai ling ba"。

② 每节的末尾要视情况输出万或者亿（个节除外）。

思路

步骤 1：整体思路是将数字按字符串方式处理，并设置下标 left 和 right 来处理数字的每一个节（个节、万节、亿节）的输出，即令 left 指向当前需要输出的位，而 right 指向与 left 同节的个位。

步骤 2：在需要输出的某个节中，需要解决的问题是如何处理额外发音的零。事实上，可以直接采用规则①中的表述来设计如下的算法：

设置 bool 型变量 flag 表示当前是否存在累积的零。当输出 left 指向的位之前，先判断该位是否为 0：如果为 0，则令 flag 为 true，表示存在累积的零；如果非 0，则根据 flag 的值来判断是否需要输出额外的零。在这之后，就可以输出该位本身以及该位对应的位号（十、百、千）。而当整一小节处理完毕后，再输出万或者亿。

注意点

① 边界数据 0 的输出应该为 "ling"。编者采用的处理方法是在步骤 2 判断当前位是否为 0 时增加判断当前位是否为首位，只有当前位不是首位且为 0 时才令 flag 为 true（详见代码）。当然，读者也可以采用在程序读入数据后直接特殊判断的方法进行输出。

② 让 left 和 right 指向一个节的首尾可以采用如下方法：初始先令 left = 0，即用 left 指向首位；而令 right = len − 1，即用 right 指向末位，其中 len 表示字符串长度。之后不断让 right 减 4，并控制 left + 4 不超过 right，就可以得到第一个节。由于 left 会在输出过程中自增至下一节的首位，因此只需要在当前节处理完毕后令 right 加 4，即可让 right 指向下一节的末位。

③ 如果万节所有位都为 0，那么就要注意不能输出多余的万。例如，800000008 的输出应该是 "ba Yi ling ba" 而不是 "ba Yi Wan ling ba"。

④ 提供几组数据供读者测试：

```
0            //ling
8            //ba
808080808    //ba Yi ling ba Bai ling ba Wan ling ba Bai ling ba
-880808080    //Fu ba Yi ba Qian ling ba Shi Wan ba Qian ling ba Shi
800000008    //ba Yi ling ba
800000000    //ba Yi
80000008     //ba Qian Wan ling ba
80008000     //ba Qian Wan ba Qian
80000000     //ba Qian Wan
```

参考代码

```cpp
#include <cstdio>
#include <cstring>
char num[10][5] = {  //num[0] = "ling", num[1] = "yi", …
    "ling", "yi", "er", "san", "si", "wu", "liu", "qi", "ba", "jiu"
};
char wei[5][5] = {"Shi", "Bai", "Qian", "Wan", "Yi"};  //wei[0] = "Shi", …
int main() {
    char str[15];
    gets(str);   //按字符串方式输入数字
    int len = strlen(str);   //字符串长度
    int left = 0, right = len - 1;   //left 与 right 分别指向字符串首尾元素
    if(str[0] == '-') {   //如果是负数，则输出"Fu"，并把 left 右移 1 位
        printf("Fu");
        left++;
    }
    while(left + 4 <= right) {
        right -= 4;   //将 right 每次左移 4 位，直到 left 与 right 在同一节
    }
    while(left < len) {   //循环每次处理数字的一节（4 位或小于 4 位）
        bool flag = false;   //flag==false 表示没有累积的 0
        bool isPrint = false;   //isPrint==false 表示该节没有输出过其中的位
        while(left <= right) {   //从左至右处理数字中某节的每一位
            if(left > 0 && str[left] == '0') {   //如果当前位为 0
                flag = true;   //令标记 flag 为 true
            } else {   //如果当前位不为 0
                if(flag == true) {   //如果存在累积的 0
                    printf(" ling");
                    flag = false;
                }
                //只要不是首位（包括负号），后面的每一位前都要输出空格
                if(left > 0) printf(" ");
                printf("%s", num[str[left] - '0']);   //输出当前位数字
                isPrint = true;   //该节至少有一位被输出
                if(left != right) {   //某节中除了个位外，都需要输出十百千
                    printf(" %s", wei[right - left - 1]);
                }
            }
            left++;   //left 右移 1 位
        }
        if(isPrint==true && right!=len-1) {   //只要不是个位，就输出万或亿
```

```
            printf(" %s", wei[(len - 1 - right) / 4 + 2]);
        }
        right += 4;  //right 右移 4 位，输出下一节
    }
    return 0;
}
```

本节二维码

本章二维码

第4章 入门篇（2）——算法初步

4.1 排　　序

B1015/A1062. 德才论 (25)

Time Limit: 200 ms　　Memory Limit: 65 536 KB

题目描述

宋代史学家司马光在《资治通鉴》中有一段著名的"德才论"："是故才德全尽谓之圣人，才德兼亡谓之愚人，德胜才谓之君子，才胜德谓之小人。凡取人之术，苟不得圣人，君子而与之，与其得小人，不若得愚人"。

现给出一批考生的"德才"分数，请根据司马光的"德才论"给出录取排名。

输入格式

第 1 行给出 3 个正整数，分别为：N（$\leq 10^5$）——考生总数；L（≥ 60）——录取最低分数线，即德分和才分均不低于 L 的考生才有资格被考虑录取；H（<100）——优先录取线——德分和才分均不低于此线的被定义为"才德全尽"，此类考生按德才总分从高到低排序；才分不到但德分到线的一类考生属于"德胜才"，也按总分排序，但排在第 1 类考生之后；德才分均低于 H，但是德分不低于才分的考生属于"才德兼亡"但尚有"德胜才"者，按总分排序，但排在第 2 类考生之后；其他达到最低线 L 的考生也按总分排序，但排在第 3 类考生之后。

随后 N 行，每行给出一位考生的信息，包括准考证号、德分及才分，其中准考证号为 8 位整数，德才分为[0, 100]内的整数。数字间以空格分隔。

输出格式

第 1 行首先给出达到最低分数线的考生人数 M；随后 M 行，每行按照输入格式输出一位考生的信息，考生按输入中说明的规则从高到低排序。当某类考生中有多人总分相同时，按其德分降序排列；若德分也并列，则按准考证号的升序输出。

输入样例

```
14 60 80
10000001 64 90
10000002 90 60
10000011 85 80
10000003 85 80
10000004 80 85
10000005 82 77
10000006 83 76
10000007 90 78
10000008 75 79
10000009 59 90
10000010 88 45
10000012 80 100
10000013 90 99
10000014 66 60
```

输出样例

```
12
10000013 90 99
10000012 80 100
10000003 85 80
10000011 85 80
10000004 80 85
10000007 90 78
10000006 83 76
10000005 82 77
10000002 90 60
10000014 66 60
10000008 75 79
10000001 64 90
```

题意

给出 n 个考生的准考证号、德分、才分以及及格线 L、优秀线 H，然后对这 n 个考生进行分类：

① 如果德分和才分中有一个低于 L，则为不及格生，即为第 5 类，且设下面 4 类均及格。

② 如果德分和才分均不低于 H，则为第 1 类。

③ 如果德分不低于 H，才分低于 H，则为第 2 类。

④ 如果德分和才分均低于 H 但德分不低于才分，则为第 3 类。

⑤ 剩余为第 4 类。

对这 n 个考生按下面的规则排序：

① 先按类别从小到大排序。

② 类别相同的，按总分从大到小排序。

③ 总分相同的，按德分从大到小排序。

④ 德分相同的，按准考证号从小到大排序。

最后输出所有及格生的信息，顺序为排完序后的顺序。

思路

定义一个结构体，用以存储考生的准考证号、德分、才分、总分及类别。

```
struct Student {
    char id[10];           //准考证号
    int de, cai, sum;      //德分、才分及总分
    int flag;              //考生类别：第 1 类 ~ 第 5 类
}stu[100010];
```

先对读入的考生进行分类，同时计算出各自的总分，并计算及格人数。

使用 sort 进行排序，cmp 函数按题意中的规则书写。

```
bool cmp(Student a, Student b) {
    if(a.flag != b.flag) return a.flag < b.flag;     //类别小的在前
    else if(a.sum != b.sum) return a.sum > b.sum;//类别相同时，总分大的在前
    else if(a.de != b.de) return a.de > b.de;    //总分相同时，德分大的在前
    else return strcmp(a.id, b.id) < 0;   //德分相同时，准考证号小的在前
}
```

注意点

① 由于第 4 类包含的情况多，因此把第 4 类考生放在最后鉴别，这样可以减少代码量；否则，如果直接按 1 ~ 5 的类别顺序进行归类就会比较麻烦。

② 由于数据量比较大，因此使用 cin 跟 cout 容易出现"运行超时"错误，应使用 scanf 和 printf。

参考代码

```
#include <cstdio>
#include <cstring>
#include <algorithm>
using namespace std;
struct Student {
    char id[10];           //准考证号
    int de, cai, sum;      //德分、才分及总分
    int flag;              //考生类别：第 1 类 ~ 第 5 类
}stu[100010];
bool cmp(Student a, Student b) {
    if(a.flag != b.flag) return a.flag < b.flag;     //类别小的在前
    else if(a.sum != b.sum) return a.sum > b.sum;//类别相同时，总分大的在前
    else if(a.de != b.de) return a.de > b.de;     //总分相同时，德分大的在前
```

```
        else return strcmp(a.id, b.id) < 0;        //德分相同时，准考证号小的在前
    }
int main() {
    int n, L, H;
    scanf("%d%d%d", &n, &L, &H);
    int m = n;                                      //m 为及格人数
    for(int i = 0; i < n; i++) {
        scanf("%s%d%d", stu[i].id, &stu[i].de, &stu[i].cai);
        stu[i].sum = stu[i].de + stu[i].cai;        //计算总分
        if(stu[i].de < L || stu[i].cai < L) {       //先将不及格者设为第 5 类
            stu[i].flag = 5;
            m--;                                    //及格人数减 1
        }
        else if(stu[i].de >= H && stu[i].cai >= H) stu[i].flag = 1;
        else if(stu[i].de >= H && stu[i].cai < H) stu[i].flag = 2;
        else if(stu[i].de >= stu[i].cai) stu[i].flag = 3;
        else stu[i].flag = 4;        //第 4 类情况最多，因此放在最后
    }
    sort(stu, stu + n, cmp);         //排序
    printf("%d\n", m);
    for(int i = 0; i < m; i++) {
        printf("%s %d %d\n", stu[i].id, stu[i].de, stu[i].cai);
    }
    return 0;
}
```

A1012. The Best Rank (25)

Time Limit: 400 ms   Memory Limit: 65 536 KB

题目描述

To evaluate the performance of our first year CS majored students, we consider their grades of three courses only: C - C Programming Language, M - Mathematics (Calculus or Linear Algebra), and E - English. At the mean time, we encourage students by emphasizing on their best ranks——that is, among the four ranks with respect to the three courses and the average grade, we print the best rank for each student.

For example, The grades of C, M, E and A——Average of 4 students are given as the following:

StudentID	C	M	E	A
310101	98	85	88	90
310102	70	95	88	84
310103	82	87	94	88

310104　　91　91　91　91

Then the best ranks for all the students are *No.1* since the 1st one has done the best in C Programming Language, while the 2nd one in Mathematics, the 3rd one in English, and the last one in average.

输入格式

Each input file contains one test case. Each case starts with a line containing 2 numbers N and M ($\leq$2000), which are the total number of students, and the number of students who would check their ranks, respectively. Then N lines follow, each contains a student ID which is a string of 6 digits, followed by the three integer grades (in the range of [0, 100]) of that student in the order of C, M and E. Then there are M lines, each containing a student ID.

输出格式

For each of the M students, print in one line the best rank for him/her, and the symbol of the corresponding rank, separated by a space.

The priorities of the ranking methods are ordered as A > C > M > E. Hence if there are two or more ways for a student to obtain the same best rank, output the one with the highest priority.

If a student is not on the grading list, simply output "N/A".

（原题即为英文题）

输入样例

```
5 6
310101 98 85 88
310102 70 95 88
310103 82 87 94
310104 91 91 91
310105 85 90 90
310101
310102
310103
310104
310105
999999
```

输出样例

```
1 C
1 M
1 E
1 A
3 A
N/A
```

题意

现已知 n 个考生的 3 门课分数 C、M、E，而平均分数 A 可以由这 3 个分数得到。现在分别按这 4 个分数对 n 个考生从高到低排序，这样对每个考生来说，就会有 4 个排名且每个分数都会有一个排名。接下来会有 m 个查询，每个查询输入一个考生的 ID，输出该考生 4 个排名中最高的那个排名及对应是 A、C、M、E 中的哪一个。如果对不同课程有相同排名的情况，则按优先级 A > C > M > E 输出；如果查询的考生 ID 不存在，则输出 N/A。

样例解释

样例解释见表 4-1。

表 4-1　样例解释

StudentID	C	M	E	A	Highest Rank
310101	98(1)	85(5)	88(4)	90(2)	1 C
310102	70(5)	95(1)	88(4)	84(5)	1 M
310103	82(4)	87(4)	94(1)	88(3)	1 E
310104	91(2)	91(2)	91(2)	91(1)	1 A
310105	85(3)	90(3)	90(3)	88(3)	3 A

在表 4-1 中，括号内的数字为考生在对应科目下的排名，Highest Rank 为该生最高排名的信息。

思路

步骤 1：考虑到优先级为 A > C > M > E，不妨在设置数组时就按这个顺序分配序号为 0 ~ 3 的元素，即 0 对应 A、1 对应 C、2 对应 M 及 3 对应 E。

以结构体类型 Student 存放 6 位整数的 ID 和 4 个分数（grade[0] ~ grade[3] 分别代表 A、C、M、E）。

由于 ID 是 6 位的整数，因此不妨设置 Rank[1000000][4] 数组，其中 Rank[id][0] ~ Rank[id][3] 表示编号为 ID 的考生的 4 个分数各自在所有考生中的排名。

步骤 2：读入考生的 ID 和 3 个分数，同时计算平均分 A。

按顺序枚举 A、C、M、E，对每个分数，将所有考生排序，并在 Rank 数组中记录排名。

在查询时，对读入的查询 ID，先看其是否存在（可通过 Rank[id] 的初值做判定）。如果存在，选出 Rank[id][0] ~ Rank[id][3] 中数字最小（即排名最高）的那个即可。

时间复杂度为 O(nlogn)。

注意点

① 要注意优先级顺序是 A > C > M > E，所以为了方便枚举，在设置数组时尽量把 A 放在 C、M、E 前面。

② 排名时，相同分数算作排名相同，所以 91、90、88、88、84 的排名应该算作 1、2、3、3、5。在具体实现时，切记不要算作 1、2、3、3、4，否则中间 3 个测试点至少会错一个。

③ ID 是整数，不会是字符型。

④ 本题没有明示平均分是否需要取整以及取整方式，根据题目描述中的例子可以看出是四舍五入。但本题采用向下取整的方式也能通过，或者采用更简洁的方式——不取平均，直接存储三门课的总分。

参考代码

```
#include <iostream>
#include <cstdio>
```

```cpp
#include <cmath>
#include <algorithm>
using namespace std;

struct Student{
    int id; //存放 6 位整数的 ID
    int grade[4];    //存放 4 个分数
}stu[2010];

char course[4] = {'A', 'C', 'M', 'E'};   //按优先级顺序，方便输出
int Rank[10000000][4] = {0};   //Rank[id][0]~Rank[id][4]为 4 门课对应的排名
int now;       //cmp 函数中使用，表示当前按 now 号分数排序 stu 数组

bool cmp(Student a, Student b){ //stu 数组按 now 号分数递减排序
    return a.grade[now] > b.grade[now];
}

int main(){
    int n,m;
    scanf("%d%d", &n, &m);
    //读入分数，其中 grade[0]~grade[3]分别代表 A、C、M、E
    for(int i = 0; i < n; i++){
        scanf("%d%d%d%d", &stu[i].id, &stu[i].grade[1], &stu[i].grade[2],
&stu[i].grade[3]);
        stu[i].grade[0]  =  round((stu[i].grade[1]  +  stu[i].grade[2]  +
stu[i].grade[3]) / 3.0) + 0.5;
    }
    for(now = 0; now < 4; now++){    //枚举 A、C、M、E 4 个中的一个
        sort(stu, stu + n, cmp);     //对所有考生按该分数从大到小排序
        Rank[stu[0].id][now] = 1;    //排序完，将分数最高的设为 rank1
        for(int i = 1; i < n; i++){  //对于剩下的考生
            //若与前一位考生分数相同
            if(stu[i].grade[now] == stu[i - 1].grade[now]){
                Rank[stu[i].id][now] = Rank[stu[i - 1].id][now];//则他们排名相同
            }else{
                Rank[stu[i].id][now] = i + 1;    //否则，为其设置正确的排名
            }
        }
    }
    int query;   //查询的考生 ID
```

```
    for(int i = 0; i < m; i++){
        scanf("%d", &query);
        if(Rank[query][0] == 0){     //如果这个考生 ID 不存在，则输出"N/A"
            printf("N/A\n");
        }else{
            int k = 0;   //选出 Rank[query][0~3]中最小的(rank 值越小，排名越高)
            for(int j = 0; j < 4; j++){
                if(Rank[query][j] < Rank[query][k]){
                    k = j;
                }
            }
            printf("%d %c\n", Rank[query][k], course[k]);
        }
    }
    return 0;
}
```

A1016. Phone Bills (25)

Time Limit: 400 ms   Memory Limit: 65 536 KB

题目描述

A long-distance telephone company charges its customers by the following rules:

Making a long-distance call costs a certain amount per minute, depending on the time of day when the call is made. When a customer starts connecting a long-distance call, the time will be recorded, and so will be the time when the customer hangs up the phone. Every calendar month, a bill is sent to the customer for each minute called (at a rate determined by the time of day). Your job is to prepare the bills for each month, given a set of phone call records.

输入格式

Each input file contains one test case. Each case has two parts: the rate structure and the phone call records.

The rate structure consists of a line with 24 non-negative integers denoting the toll (cents/minute) from 00:00 - 01:00, the toll from 01:00 - 02:00, and so on for each hour in the day.

The next line contains a positive number N ($\leqslant$1000), followed by N lines of records. Each phone call record consists of the name of the customer (string of up to 20 characters without space), the time and date (mm:dd:hh:mm), and the word "on-line" or "off-line".

For each test case, all dates will be within a single month. Each "on-line" record is paired with the chronologically next record for the same customer provided it is an "off-line" record. Any "on-line" records that are not paired with an "off-line" record are ignored, as are "off-line" records not paired with an "on-line" record. It is guaranteed that at least one call is well paired in the input. You may assume that no two records for the same customer have the same time. Times are recorded using a 24-hour clock.

输出格式

For each test case, you must print a phone bill for each customer.

Bills must be printed in alphabetical order of customers' names. For each customer, first print in a line the name of the customer and the month of the bill in the format shown by the sample. Then for each time period of a call, print in one line the beginning and ending time and date (dd:hh:mm), the lasting time (in minute) and the charge of the call. The calls must be listed in chronological order. Finally, print the total charge for the month in the format shown by the sample.

（原题即为英文题）

输入样例

```
10 10 10 10 10 10 20 20 20 15 15 15 15 15 15 15 20 30 20 15 15 10 10 10
10
CYLL 01:01:06:01 on-line
CYLL 01:28:16:05 off-line
CYJJ 01:01:07:00 off-line
CYLL 01:01:08:03 off-line
CYJJ 01:01:05:59 on-line
aaa 01:01:01:03 on-line
aaa 01:02:00:01 on-line
CYLL 01:28:15:41 on-line
aaa 01:05:02:24 on-line
aaa 01:04:23:59 off-line
```

输出样例

```
CYJJ 01
01:05:59 01:07:00 61 $12.10
Total amount: $12.10
CYLL 01
01:06:01 01:08:03 122 $24.40
28:15:41 28:16:05 24 $3.85
Total amount: $28.25
aaa 01
02:00:01 04:23:59 4318 $638.80
Total amount: $638.80
```

题意

给出 24h 中每个小时区间内的资费（cents/minute），并给出 N 个通话记录点，每个通话记录点都记录了姓名、当前时刻（月：日：时：分）以及其属于通话开始（on-line）或是通话结束（off-line）。现在需要对每个人的有效通话记录进行资费计算，有效通话记录是指同一个用户能够配对的所有 on-line 和 off-line，而这样的配对需要满足：在按时间顺序排列后，两条配对的 on-line 和 off-line 对应时间内不允许出现其他 on-line 或者 off-line 的记录。

输出要求：按姓名的字典序从小到大的顺序输出存在有效通话记录的用户。对单个用户来说，需要输出他的姓名、账单月份（题目保证单个用户的所有记录都在同一个月产生）以及有效通话记录的时长和花费，最后输出他的总资费。注意：资费的输出需要进行单位换算，即把 cent 换算为 dollar，所以结果要除以 100。

样例解释

总共有三个用户，按字典序从小到大为 CYJJ、CYLL 及 aaa，各自的情况如下：

① CYJJ。只能找到一对配对的记录，即 01:05:59（on-line）与 01:07:00（off-line），恰好可以配对。因此时长为 61min，花费为 $(10 \times 1 + 20 \times 60) / 100.0 = 12.10$。

② CYLL。能找到两对配对的记录，即 01:06:01（on-line）与 01:08:03（off-line）、28:15:41（on-line）与 28:16:05（off-line），时长分别为 122min、24min，花费分别为 $(20 \times 59 + 20 \times 60 + 20 \times 3) / 100.0 = 24.40$、$(15 \times 19 + 20 \times 5) / 100.0 = 3.85$，总花费为 $24.40 + 3.85 = 28.25$。

③ aaa。只能找到一对配对的记录，即 02:00:01（on-line）与 04:23:59（off-line），时长为 4318min，花费为 638.80。记录 01:01:03（on-line）不被配对的原因是：按时间轴来看，01:01:03 的下一个时间是 02:00:01（on-line），两者同为 on-line，而题目要求配对的记录必须是时间轴上相邻的 on-line 和 off-line。

思路

整个算法分为三部分：对所有记录排序；对每个用户判断其是否存在有效通话记录；如果存在有效通话记录，则输出所有有效通话记录并计算资费。对应的步骤如下。

步骤 1：先以结构体类型 Record 存放单条记录的用户名、月、日、时、分以及通话状态（on-line 还是 off-line），然后根据题目需要对所有记录按下面的规则进行排序。

① 如果用户名不同，则按用户名字典序从小到大排序。

② 否则，如果月份不同，则按月份从小到大排序。

③ 否则，如果日期不同，则按日期从小到大排序。

④ 否则，如果小时不同，则按小时从小到大排序。

⑤ 否则，如果分钟不同，则按分钟从小到大排序。

按上面的规则可以写出 cmp 函数：

```
bool cmp(Record a, Record b) {
    int s = strcmp(a.name, b.name);
    if(s != 0) return s < 0;      //优先按姓名字典序从小到大排序
    else if(a.month!=b.month) return a.month<b.month; //按月份从小到大排序
    else if(a.dd != b.dd) return a.dd < b.dd;          //按日期从小到大排序
    else if(a.hh != b.hh) return a.hh < b.hh;          //按小时从小到大排序
    else return a.mm < b.mm;//按分钟从小到大排序
}
```

步骤 2：由于均已将所有记录先按姓名字典序排序，因此同一个用户的记录在数组中是连续且按时间顺序排列的。考虑到有效通话记录必须保证 on-line 和 off-line 在记录中先后出现，因此可以采用如下的方法确定该用户是否存在有效通话记录：设置 int 型变量 needPrint 表示该用户是否存在有效通话记录，初值为 0。遍历该用户的所有记录，如果在 needPrint 为 0 的情况下遇到 on-line 的记录，就把 needPrint 置为 1；如果在 needPrint 为 1 的情况下遇到 off-line 的记录，就把 needPrint 置为 2。这样当遍历结束时，如果 needPrint 为 2，则说明该用户存在有效通话记录。而为了步骤 3 的书写更方便，可以同时设置 int 型变量 next，表示下一个用户的首记录在数组中的下标，并在遍历过程中对其进行累加，这样当遍历结束时，就得到 next 作为下一个用户的标识了。

步骤 3：输出所有有效通话记录。步骤 2 中已经分析过，有效通话记录必须保证 on-line 和 off-line 在记录中先后出现，这在数组中的含义是 "on-line 的数组下标与 off-line 的数组下标只相差 1 时才能进行配对"。也就是说，只要反复寻找当前下标 i 与其下一个元素的下标 i + 1 满足前者为 on-line 而后者 off-line 的记录即可。这样，找到的下标 i 和 i + 1 就是配对的有效通话记录，将它们输出即可。

步骤 4：最后提一下时长的计算方法（计算资费的方法相同）。对已知的起始时间和终止时间，只需要不断将起始时间加 1，判断其是否到达终止时间即可。具体写法类似于下面这段代码：

```
while(start.day<end.day||start.hour<end.hour||start.minute<end.minute){
    start.minute++;
    if(start.minute == 60) {
        start.minute = 0;
        start.hour++;
    }
    if(start.hour == 24) {
        start.hour = 0;
        start.day++;
    }
}
```

当然，把时间转换为以 "分" 为单位然后作差的方法也是可以的。

注意点

① 配对必须保证 on-line 和 off-line 是时间上相邻的两条记录，因此对下面这样的记录，配对的只有 01:01:01:03 与 01:01:01:07 的两条记录。

```
01:01:01:01 on-line
01:01:01:02 on-line
01:01:01:03 on-line
01:01:01:07 off-line
01:01:01:08 off-line
01:01:01:09 off-line
```

② 题目保证整个输入至少有一对有效通话记录，但不保证每个用户都有有效通话记录，因此一些不存在有效通话记录的用户不能被输出。

③ 题目保证单组数据中的月份都相同。

④ 给出一组边界数据供读者测试：

```
10 10 10 10 10 10 20 20 20 15 15 15 15 15 15 15 20 30 20 15 15 10 10 10
5
aaa 01:01:01:03 on-line
```

```
aaa 01:02:00:01 on-line
CYLL 01:28:15:41 on-line
aaa 01:05:02:24 on-line
aaa 01:02:00:02 off-line


//output
aaa 01
02:00:01 02:00:02 1 $0.10
Total amount: $0.10
```

参考代码

```cpp
#include <cstdio>
#include <cstring>
#include <algorithm>
using namespace std;
const int maxn = 1010;
int toll[25];               //资费
struct Record {
    char name[25];          //姓名
    int month, dd, hh, mm;  //月份、日、时、分
    bool status;            //status==true 表示该记录为 on-line，否则为 off-line
} rec[maxn], temp;
bool cmp(Record a, Record b) {
    int s = strcmp(a.name, b.name);
    if(s != 0) return s < 0;     //优先按姓名字典序从小到大排序
    else if(a.month!=b.month) return a.month<b.month; //按月份从小到大排序
    else if(a.dd != b.dd) return a.dd < b.dd;       //按日期从小到大排序
    else if(a.hh != b.hh) return a.hh < b.hh;       //按小时从小到大排序
    else return a.mm < b.mm;//按分钟从小到大排序
}
void get_ans(int on, int off, int& time, int& money) {
    temp = rec[on];
    while(temp.dd < rec[off].dd || temp.hh < rec[off].hh || temp.mm < rec[off].mm) {
        time++;                 //该次记录总时间加 1min
        money += toll[temp.hh]; //话费增加 toll[temp.hh]
        temp.mm++;              //当前时间加 1min
        if(temp.mm >= 60) {     //当前分钟数到达 60
            temp.mm = 0;        //进入下一个小时
            temp.hh++;
```

```
        }
        if(temp.hh >= 24) {        //当前小时数到达 24
            temp.hh = 0;           //进入下一天
            temp.dd++;
        }
    }
}

int main() {
    for(int i = 0; i < 24; i++) {
        scanf("%d", &toll[i]);  //资费
    }
    int n;
    scanf("%d", &n);        //记录数
    char line[10];          //临时存放 on-line 或 off-line 的输入
    for(int i = 0; i < n; i++) {
        scanf("%s", rec[i].name);
        scanf("%d:%d:%d:%d", &rec[i].month, &rec[i].dd, &rec[i].hh,
&rec[i].mm);
        scanf("%s", line);
        if(strcmp(line, "on-line") == 0) {
            rec[i].status = true;     //如果是 on-line，则令 status 为 true
        } else {
            rec[i].status = false;  //如果是 off-line，则令 status 为 false
        }
    }
    sort(rec, rec + n, cmp);     //排序
    int on = 0, off, next;        //on 和 off 为配对的两条记录，next 为下一个用户
    while(on < n) {               //每次循环处理单个用户的所有记录
        int needPrint = 0;        //needPrint 表示该用户是否需要输出
        next = on;                //从当前位置开始寻找下一个用户
        while(next < n && strcmp(rec[next].name, rec[on].name) == 0) {
            if(needPrint == 0 && rec[next].status == true) {
                needPrint = 1;  //找到 on，置 needPrint 为 1
            } else if(needPrint == 1 && rec[next].status == false) {
                needPrint = 2;  //在 on 之后如果找到 off，置 needPrint 为 2
            }
            next++;          //next 自增，直到找到不同名字，即下一个用户
        }
        if(needPrint < 2) {        //没有找到配对的 on-off
            on = next;
```

```
        continue;
    }
    int AllMoney = 0;        //总共花费的钱
    printf("%s %02d\n", rec[on].name, rec[on].month);
    while(on < next) {        //寻找该用户的所有配对
        while(on < next - 1
            && !(rec[on].status==true&&rec[on + 1].status==false)) {
            on++;            //直到找到连续的 on-line 和 off-line
        }
        off = on + 1;        //off 必须是 on 的下一个
        if(off == next) {    //已经输出完毕所有配对的 on-line 和 off-line
            on = next;
            break;
        }
        printf("%02d:%02d:%02d ", rec[on].dd, rec[on].hh, rec[on].mm);
        printf("%02d:%02d:%02d ", rec[off].dd, rec[off].hh, rec[off].mm);
        int time = 0, money = 0;        //时间、单次记录花费的钱
        get_ans(on, off, time, money);   //计算 on 到 off 内的时间和金钱
        AllMoney += money;              //总金额加上该次记录的钱
        printf("%d $%.2f\n", time, money / 100.0);
        on = off + 1;        //完成一个配对，从 off+1 开始找下一对
    }
    printf("Total amount: $%.2f\n", AllMoney / 100.0);
}
return 0;
}
```

A1025. PAT Ranking (25)

Time Limit: 200 ms   Memory Limit: 65 536 KB

题目描述

Programming Ability Test (PAT) is organized by the College of Computer Science and Technology of Zhejiang University. Each test is supposed to run simultaneously in several places, and the ranklists will be merged immediately after the test. Now it is your job to write a program to correctly merge all the ranklists and generate the final rank.

输入格式

Each input file contains one test case. For each case, the first line contains a positive number N ($\leqslant$100), the number of test locations. Then N ranklists follow, each starts with a line containing a positive integer K ($\leqslant$300), the number of testees, and then K lines containing the registration number (a 13-digit number) and the total score of each testee. All the numbers in a line are separated by a space.

输出格式

For each test case, first print in one line the total number of testees. Then print the final ranklist in the following format:

registration_number final_rank location_number local_rank

The locations are numbered from 1 to N. The output must be sorted in nondecreasing order of the final ranks. The testees with the same score must have the same rank, and the output must be sorted in nondecreasing order of their registration numbers.

（原题即为英文题）

输入样例

```
2
5
1234567890001 95
1234567890005 100
1234567890003 95
1234567890002 77
1234567890004 85
4
1234567890013 65
1234567890011 25
1234567890014 100
1234567890012 85
```

输出样例

```
9
1234567890005 1 1 1
1234567890014 1 2 1
1234567890001 3 1 2
1234567890003 3 1 2
1234567890004 5 1 4
1234567890012 5 2 2
1234567890002 7 1 5
1234567890013 8 2 3
1234567890011 9 2 4
```

题意

有 n 个考场，每个考场有若干数量的考生。现在给出各个考场中考生的准考证号与分数，要求将所有考生按分数从高到低排序，并按顺序输出所有考生的准考证号、排名、考场号以及考场内排名。

思路

在结构体类型 Student 中存放题目要求的信息，包括准考证号、分数、考场号、考场内排名。根据题目要求，这里需要写一个排序函数 cmp，规则如下：

① 当分数不同时，按分数从大到小排序。

② 当分数相同时，按准考证号从小到大排序。

也即写一个类似于下面这段代码的 cmp 函数：

```
bool cmp(Student a, Student b) {
    if(a.score != b.score) return a.score > b.score;//先按分数从高到低排序
    else return strcmp(a.id, b.id) < 0;        //若分数相同，则按准考证号从小到大排序
}
```

算法本体则按下面三个步骤进行：

步骤 1：按考场读入各考生的信息，并对当前读入考场的所有考生进行排序。之后将该考场的所有考生的排名写入相应的结构体中。

步骤 2：对所有考生进行排序。

步骤 3：按顺序一边计算总排名，一边输出所有考生的信息。

注意点

对同一考场的考生单独排序的方法：定义 int 型变量 num，用来存放当前获取到的考生人数。每读入一个考生的信息，就让 num 自增。这样当读取完一个考场的考生信息（假设该考场有 k 个考生）后，这个考场的考生所对应的数组下标便为区间[num − k, num)。

参考代码

```
#include <cstdio>
#include <cstring>
#include <algorithm>
using namespace std;
struct Student {
    char id[15];            //准考证号
    int score;              //分数
    int location_number;    //考场号
    int local_rank;         //考场内排名
}stu[30010];
bool cmp(Student a, Student b) {
    if(a.score != b.score) return a.score > b.score;  //先按分数从高到低排序
    else return strcmp(a.id, b.id) < 0;        //若分数相同，则按准考证号从小到大排序
}
int main() {
    int n, k, num = 0;      //num 为总考生数
    scanf("%d", &n);        //n 为考场数
    for(int i = 1; i <= n; i++) {
        scanf("%d", &k);                        //该场内的人数
        for(int j = 0; j < k; j++) {
            scanf("%s %d", stu[num].id, &stu[num].score);
            stu[num].location_number = i;       //该考生的考场号为 i
```

```
            num++;                              //总考生数加1
        }
        sort(stu + num - k, stu + num, cmp);    //将该考场的考生排序
        stu[num - k].local_rank = 1;            //该考场第1名的local_rank记为1
        for(int j = num - k + 1; j < num; j++) {    //对该考场剩余的考生
            if(stu[j].score == stu[j - 1].score) {  //如果与前一位考生同分
                stu[j].local_rank = stu[j-1].local_rank;    //local_rank也相同
            } else {//如果与前一位考生不同, local_rank为该考生前的人数
                stu[j].local_rank = j + 1 - (num - k);
            }
        }
    }
    printf("%d\n", num);                        //输出总考生数
    sort(stu, stu + num, cmp);                  //将所有考生排序
    int r = 1;                                  //当前考生的排名
    for(int i = 0; i < num; i++) {
        if(i > 0 && stu[i].score != stu[i - 1].score) {
            r = i + 1;      //当前考生与上一个考生分数不同时，让r更新为人数+1
        }
        printf("%s ", stu[i].id);
        printf("%d %d %d\n", r, stu[i].location_number, stu[i].local_rank);
    }
    return 0;
}
```

A1028. List Sorting (25)

Time Limit: 200 ms　　Memory Limit: 65 536 KB

题目描述

Excel can sort records according to any column. Now you are supposed to imitate this function.

输入格式

Each input file contains one test case. For each case, the first line contains two integers N (≤100000) and C, where N is the number of records and C is the column that you are supposed to sort the records with. Then N lines follow, each contains a record of a student. A student's record consists of his or her distinct ID (a 6-digit number), name (a string with no more than 8 characters without space), and grade (an integer between 0 and 100, inclusive).

输出格式

For each test case, output the sorting result in N lines. That is, if C = 1 then the records must be sorted in increasing order according to ID's; if C = 2 then the records must be sorted in non-decreasing order according to names; and if C = 3 then the records must be sorted in non-decreasing order according to grades. If there are several students who have the same name or grade, they must be sorted according to their ID's in increasing order.

（原题即为英文题）

输入样例 1

```
3 1
000007 James 85
000010 Amy 90
000001 Zoe 60
```

输出样例 1

```
000001 Zoe 60
000007 James 85
000010 Amy 90
```

输入样例 2

```
4 2
000007 James 85
000010 Amy 90
000001 Zoe 60
000002 James 98
```

输出样例 2

```
000010 Amy 90
000002 James 98
000007 James 85
000001 Zoe 60
```

输入样例 3

```
4 3
000007 James 85
000010 Amy 90
000001 Zoe 60
000002 James 90
```

输出样例 3

```
000001 Zoe 60
000007 James 85
000002 James 90
000010 Amy 90
```

题意

给出 N 个考生的准考证号、姓名、分数，并输入参数 C，要求按 C 的不同取值进行排序：

① C＝1，则按准考证号从小到大排序。

② C＝2，则按姓名字典序从小到大排序；若姓名相同，则按准考证号从小到大排序。

③ C＝3，则按分数从小到大排序；若分数相同，则按准考证号从小到大排序。

思路

根据题意，需要以结构体类型 Student 存放准考证号、姓名及分数。

按三种排序规则写三个 cmp 函数，并根据读入 C 的不同，选择不同的排序函数。代码如下：

```cpp
bool cmp1(Student a, Student b) {
    return a.id < b.id;           //按准考证号从小到大排序
}
bool cmp2(Student a, Student b) {
    int s = strcmp(a.name, b.name);
    if(s != 0) return s < 0;      //按姓名字典序从小到大排序
    else return a.id < b.id;      //若姓名相同，则按准考证号从小到大排序
}
bool cmp3(Student a, Student b) {
    if(a.score != b.score) return a.score < b.score;    //按分数从小到大排序
    else return a.id < b.id;      //若分数相同，则按准考证号从小到大排序
}
```

注意点

① 使用 C++的 cin、cout 可能导致最后一组数据运行超时，请使用 C 语言的 scanf 与 printf。

② 如果使用 char 数组来存放准考证号，数组大小至少为 7；同理，需要大小至少为 9 的数组来存放姓名。

参考代码

```cpp
#include <cstdio>
#include <cstring>
#include <algorithm>
using namespace std;
const int maxn = 100010;
struct Student {
    int id;                  //准考证号
    char name[10];           //姓名
    int score;               //分数
}stu[maxn];
bool cmp1(Student a, Student b) {
    return a.id < b.id;          //按准考证号从小到大排序
}
bool cmp2(Student a, Student b) {
    int s = strcmp(a.name, b.name);
    if(s != 0) return s < 0;     //按姓名字典序从小到大排序
    else return a.id < b.id;     //若姓名相同，则按准考证号从小到大排序
}
```

```
bool cmp3(Student a, Student b) {
    if(a.score != b.score) return a.score < b.score;     //按分数从小到大排序
    else return a.id < b.id;     //若分数相同，则按准考证号从小到大排序
}
int main() {
    int n, c;
    scanf("%d%d", &n, &c);
    for(int i = 0; i < n; i++) {
        scanf("%d %s %d", &stu[i].id, stu[i].name, &stu[i].score);
    }
    if(c == 1) sort(stu, stu + n, cmp1);        //C == 1
    else if(c == 2) sort(stu, stu + n, cmp2);   //C == 2
    else sort(stu, stu + n, cmp3);              //C == 3
    for(int i = 0; i < n; i++) {
        printf("%06d %s %d\n", stu[i].id, stu[i].name, stu[i].score);
    }
    return 0;
}
```

A1055. The World's Richest (25)

Time Limit: 200 ms   Memory Limit: 65 536 KB

题目描述

Forbes magazine publishes every year its list of billionaires based on the annual ranking of the world's wealthiest people. Now you are supposed to simulate this job, but concentrate only on the people in a certain range of ages. That is, given the net worths of N people, you must find the M richest people in a given range of their ages.

输入格式

Each input file contains one test case. For each case, the first line contains 2 positive integers: N ($\leq 10^5$)—the total number of people, and K ($\leq 10^3$)—the number of queries. Then N lines follow, each contains the name (string of no more than 8 characters without space), age (integer in (0, 200]), and the net worth (integer in [-10^6, 10^6]) of a person. Finally there are K lines of queries, each contains three positive integers: M (≤ 100)—the maximum number of outputs, and [Amin, Amax] which are the range of ages. All the numbers in a line are separated by a space.

输出格式

For each query, first print in a line "Case #X:" where X is the query number starting from 1. Then output the M richest people with their ages in the range [Amin, Amax]. Each person's information occupies a line, in the following format:

Name Age Net_Worth

The outputs must be in non-increasing order of the net worths. In case there are equal worths, it must be in non-decreasing order of the ages. If both worths and ages are the same, then the output must be in non-decreasing alphabetical order of the names. It is guaranteed that there is no two persons share all the same of the three pieces of information. In case no one is found, output "None".

（原题即为英文题）

输入样例

```
12 4
Zoe_Bill 35 2333
Bob_Volk 24 5888
Anny_Cin 95 999999
Williams 30 -22
Cindy 76 76000
Alice 18 88888
Joe_Mike 32 3222
Michael 5 300000
Rosemary 40 5888
Dobby 24 5888
Billy 24 5888
Nobody 5 0
4 15 45
4 30 35
4 5 95
1 45 50
```

输出样例

```
Case #1:
Alice 18 88888
Billy 24 5888
Bob_Volk 24 5888
Dobby 24 5888
Case #2:
Joe_Mike 32 3222
Zoe_Bill 35 2333
Williams 30 -22
Case #3:
Anny_Cin 95 999999
Michael 5 300000
Alice 18 88888
Cindy 76 76000
Case #4:
None
```

题意

给出 N 个人的姓名、年龄及其拥有的财富值，然后进行 K 次查询。每次查询要求输出年龄范围在[AgeL, AgeR]的财富值从大到小的前 M 人的信息。如果财富值相同，则年龄小的优先；如果年龄也相同，则姓名的字典序小的优先。

思路

步骤 1：先将所有人按题目要求排序，cmp 函数的写法类似于下面的代码。

```
bool cmp(Person a, Person b) {
    if(a.worths!=b.worths) return a.worths > b.worths;//按财富值从大到小排序
    else if(a.age != b.age) return a.age < b.age;        //按年龄从小到大排序
    return strcmp(a.name, b.name) < 0;            //按姓名字典序从小到大排序
}
```

步骤 2：注意到 M 的范围仅在 100 以内，因此可以进行预处理，即将每个年龄中财富在前 100 名以内的人全都存到另一个数组中（因为某个年龄中财富值在 100 名以外的人永远不会被输出），后面查询的操作均在这个新数组中进行。这个预处理操作将显著降低查询的复杂度，使得 K 次查询不会超时。

步骤 3：根据题目要求进行 K 次查询，输出在给定的年龄区间[ageL, ageR]内的财富值前 M 人的信息。

注意点

如果不进行步骤 2 的预处理，那么 2 号测试点会超时。如果在查询时单独对某个年龄区间内的人排序，也会超时。

参考代码

```
#include <cstdio>
#include <cstring>
#include <algorithm>
using namespace std;
const int maxn = 100010;

int Age[maxn] = {0};          //某年龄的人数
struct Person {
    int age, worths;          //年龄、财富值
    char name[10];            //姓名
} ps[maxn], valid[maxn];      //所有人、在各自年龄中财富值在 100 名以内的人

bool cmp(Person a, Person b) {
if(a.worths!=b.worths) return a.worths > b.worths;//按财富值从大到小排序
    else if(a.age != b.age) return a.age < b.age;        //按年龄从小到大排序
    return strcmp(a.name, b.name) < 0;            //按姓名字典序从小到大排序
}
```

```
int main() {
    int n, k;
    scanf("%d%d", &n, &k);                    //总人数、查询次数
    for(int i = 0; i < n; i++) {
        scanf("%s%d%d", ps[i].name, &ps[i].age, &ps[i].worths);
    }
    sort(ps, ps + n, cmp);                    //排序
    int validNum = 0;                         //存放到 valid 数组中的人数
    for(int i = 0; i < n; i++) {
        if(Age[ps[i].age] < 100) {            //年龄 ps[i].age 的人数小于 100 人时
            Age[ps[i].age]++;                 //年龄 ps[i].age 的人数加 1
            valid[validNum++] = ps[i];        //将 ps[i]加入新数组中
        }
    }
    int m, ageL, ageR;
    for(int i = 1; i <= k; i++) {
        scanf("%d%d%d", &m, &ageL, &ageR);   //前 M 人、年龄区间[ageL, ageR]
        printf("Case #%d:\n", i);
        int printNum = 0;                     //已输出的人数
        for(int j = 0; j < validNum && printNum < m; j++) {
            if(valid[j].age >= ageL && valid[j].age <= ageR) {
                printf("%s %d %d\n", valid[j].name, valid[j].age,
valid[j].worths);
                printNum++;
            }
        }
        if(printNum == 0) {
            printf("None\n");
        }
    }
    return 0;
}
```

A1075. PAT Judge (25)

Time Limit: 200 ms   Memory Limit: 65 536 KB

题目描述

The ranklist of PAT is generated from the status list, which shows the scores of the submittions. This time you are supposed to generate the ranklist for PAT.

输入格式

Each input file contains one test case. For each case, the first line contains 3 positive integers,

N ($\leq 10^4$), the total number of users, K (≤ 5), the total number of problems, and M ($\leq 10^5$), the total number of submittions. It is then assumed that the user id's are 5-digit numbers from 00001 to N, and the problem id's are from 1 to K. The next line contains K positive integers p[i] (i=1,$\cdots$, K), where p[i] corresponds to the full mark of the i-th problem. Then M lines follow, each gives the information of a submittion in the following format:

user_id problem_id partial_score_obtained

where **partial_score_obtained** is either -1 if the submission cannot even pass the compiler, or is an integer in the range [0, p[**problem_id**]]. All the numbers in a line are separated by a space.

输出格式

For each test case, you are supposed to output the ranklist in the following format:

rank user_id total_score s[1] $\cdots$ s[K]

where **rank** is calculated according to the **total_score**, and all the users with the same **total_score** obtain the same **rank**; and **s[i]** is the partial score obtained for the i-th problem. If a user has never submitted a solution for a problem, then "-" must be printed at the corresponding position. If a user has submitted several solutions to solve one problem, then the highest score will be counted.

The ranklist must be printed in non-decreasing order of the ranks. For those who have the same rank, users must be sorted in nonincreasing order according to the number of perfectly solved problems. And if there is still a tie, then they must be printed in increasing order of their id's. For those who has never submitted any solution that can pass the compiler, or has never submitted any solution, they must NOT be shown on the ranklist. It is guaranteed that at least one user can be shown on the ranklist.

（原题即为英文题）

输入样例

```
7 4 20
20 25 25 30
00002 2 12
00007 4 17
00005 1 19
00007 2 25
00005 1 20
00002 2 2
00005 1 15
00001 1 18
00004 3 25
00002 2 25
00005 3 22
00006 4 -1
00001 2 18
00002 1 20
```

```
00004 1 15
00002 4 18
00001 3 4
00001 4 2
00005 2 -1
00004 2 0
```

输出样例

```
1 00002 63 20 25 - 18
2 00005 42 20 0 22 -
2 00007 42 - 25 - 17
2 00001 42 18 18 4 2
5 00004 40 15 0 25 -
```

题意

有 N 位考生，其准考证号为 00001 ~ N。共有 K 道题，编号为 1 ~ K，且每道题的分值给出。然后给出 M 次提交记录，每个提交记录显示了该次提交所属考生的准考证号、交题的题号及所得的分值，其中分值要么是–1（表示未通过编译），要么是 0 到该题满分区间的一个整数。现在要求对所有考生按下面的规则排序：

① 先按 K 道题所得总分从高到低排序。

② 若总分相同，则按完美解决（即获得题目满分）的题目数量从高到低排序。

③ 若完美解决的题目数量也相同，则按准考证号从小到大排序。

输出规则：

① 输出每位考生的排名、准考证号、总分、K 道题的各自得分，若总分相等，则排名相同。

② 如果某位考生全场都没有提交记录，或是没有能通过编译的提交，则该考生的信息不输出。

③ 对需要输出的考生，如果某道题没有能通过编译的提交，则将该题记为 0 分；如果某道题没有提交记录，则输出 "-"。

样例解释

需要注意几个点：

① 排名中，总分相等的排名相同，但是之后的排名应当算上这些相同排名的考生数，例如样例中的排名是 1 2 2 2 5 而不是 1 2 2 2 3。

② 样例中有三个总分为 42 分的考生，其中由于 00005 和 00007 的完美解题数均为 1，而 00001 的完美解题数为 0，因此 00001 被排在他们的最后面；这种情况下，准考证号 00005 比 00007 小，因此 00005 排在前面。

③ 00005 对第 2 题的提交记录是–1，即编译无法通过，但是在分数显示上应该为 0 分。

思路

根据题目的排序标准和输出要求，需要以结构体类型 Student 存放准考证号、每道题的得分、是否有能通过编译的提交（用来判断该考生是否需要输出）、总分以及完美解题数，代码如下：

```
struct Student {
    int id;                  //准考证号
    int score[6];            //每道题的得分
    bool flag;               //是否有能通过编译的提交
    int score_all;           //总分
    int solve;               //完美解题数
}stu[maxn];
```

根据排序标准，可以写出下面的 cmp 函数：

```
bool cmp(Student a, Student b) {              //排序函数
    if(a.flag != b.flag) return a.flag > b.flag;     //需要输出的考生排前面
    else if(a.score_all != b.score_all) return a.score_all > b.score_all;
    else if(a.solve != b.solve) return a.solve > b.solve;
    else return a.id < b.id;
}
```

步骤 1：为了能区分"全场都没有提交""没有能通过编译的提交"以及"有能通过编译的提交"三种情况，同时处理需要输出的考生的未通过编译的题记为 0 分的情况，不妨将每个考生的数组 score[]初始化为–1，来表示该题没有提交，且当该题出现无法通过编译的提交时，将得分记为 0 分，表示该题有过提交（以方便输出）。于是对每个提交记录，就可以得到如下处理方式（按顺序执行）：

① 如果当前提交能通过编译，则令该考生的 flag 为 true，表示有能通过编译的提交。
② 如果当前提交是该考生第一次对该题编译错误，则该题得分从–1 分修改为 0 分。
③ 如果当前提交是该考生第一次对该题获得满分，则完美解题数加 1。
④ 如果当前提交使该考生获得该题的更高分数，则将这个分数覆盖到已有记录上。

步骤 2：所有提交记录处理完毕后，把每个考生的总分计算出来，再进行排序。

步骤 3：最后一步输出需要输出的考生信息。其中，只要某题的得分为–1，则表示该题没有提交，需要输出"-"。由于"全场都没有提交，或是没有能通过编译的提交"的考生不需要输出，因此只需要判断考生的 flag 值即可判断是否需要输出。

注意点

题目的输出规则中隐含了一个极其重要的边界情况：某个考生的所有能通过编译的提交都获得了 0 分，这时考生的总分是 0 分，但是这条信息仍然要被输出。事实上这并不违背给定的输出规则，因为该考生不满足"全场都没有提交，或是没有能通过编译的提交"，应当被输出。例如下面这个例子中，00002 号考生的所有提交都是 0 分，总分也是 0 分，但是他需要被输出。

```
4 3 8
20 30 40
00001 1 15
00001 3 20
00002 2 0
00002 3 0
```

```
00003 1 20
00003 2 15
00004 1 -1
00004 3 -1
//output
1 00003 35 20 15 -
1 00001 35 15 - 20
3 00002 0 - 0 0
```

参考代码

```cpp
#include <cstdio>
#include <cstring>
#include <algorithm>
using namespace std;
const int maxn = 10010;
struct Student {
    int id;                 //准考证号
    int score[6];           //每道题的得分
    bool flag;              //是否有能通过编译的提交
    int score_all;          //总分
    int solve;              //完美解题数
}stu[maxn];
int n, k, m;
int full[6];                //每道题的满分
bool cmp(Student a, Student b) {          //排序函数
    if(a.score_all != b.score_all) return a. score_all > b. score_all;
    else if(a.solve != b.solve) return a.solve > b.solve;
    else return a.id < b.id;
}
void init() {           //初始化
    for(int i = 1; i <= n; i++) {
        stu[i].id = i;              //准考证号记为 i
        stu[i].score_all = 0;       //总分初始化为 0
        stu[i].solve = 0;           //完美解题数初始化为 0
        stu[i].flag = false;        //初始化为没有能通过编译的提交
        memset(stu[i].score, -1, sizeof(stu[i].score));       //题目得分记为-1
    }
}
int main() {
```

```
scanf("%d%d%d", &n, &k, &m);
init();
for(int i = 1; i <= k; i++) {
    scanf("%d", &full[i]);
}
int u_id, p_id, score_obtained;        //考生 ID、题目 ID 及所获分值
for(int i = 0; i < m; i++) {
    scanf("%d%d%d", &u_id, &p_id, &score_obtained);
    if(score_obtained != -1) {   //若不是编译错误，则该考生有能通过编译的提交
        stu[u_id].flag = true;
    }
    if(score_obtained == -1 && stu[u_id].score[p_id] == -1) {
        //某题第一次编译错误，分值记为 0 分，便于输出
        stu[u_id].score[p_id] = 0;
    }
    if(score_obtained==full[p_id]&&stu[u_id].score[p_id]<full[p_id]) {
        stu[u_id].solve++;         //某题第一次获得满分，则完美解题数加 1
    }
    if(score_obtained > stu[u_id].score[p_id]) {
        stu[u_id].score[p_id] = score_obtained; //某题获得更高分值，则覆盖
    }
}
for(int i = 1; i <= n; i++) {
    for(int j = 1; j <= k; j++) {
        if(stu[i].score[j] != -1) { //计算总分
            stu[i].score_all += stu[i].score[j];
        }
    }
}
sort(stu + 1, stu + n + 1, cmp);     //按要求排序
int r = 1;                           //当前排名
for(int i = 1; i <= n && stu[i].flag == true; i++) {
    if(i > 1 && stu[i].score_all != stu[i - 1].score_all) {
    //当前考生分数低于前一位考生分数，则排名为在该考生之前的总考生数
        r = i;
    }
    printf("%d %05d %d", r, stu[i].id, stu[i].score_all);
    for(int j = 1; j <= k; j++) {
        if(stu[i].score[j] == -1) {
            printf(" -");    //没有过提交
```

```
            } else {
                printf(" %d", stu[i].score[j]);
            }
        }
        printf("\n");
    }
    return 0;
}
```

A1083. List Grades (25)

Time Limit: 400 ms   Memory Limit: 65 536 KB

题目描述

Given a list of N student records with name, ID and grade. You are supposed to sort the records with respect to the grade in non-increasing order, and output those student records of which the grades are in a given interval.

输入格式

Each input file contains one test case. Each case is given in the following format:

N

name[1] ID[1] grade[1]

name[2] ID[2] grade[2]

…

name[N] ID[N] grade[N]

grade1 grade2

where name[i] and ID[i] are strings of no more than 10 characters with no space, grade[i] is an integer in [0, 100], grade1 and grade2 are the boundaries of the grade's interval. It is guaranteed that all the grades are *distinct*.

输出格式

For each test case you should output the student records of which the grades are in the given interval [grade1, grade2] and are in non-increasing order. Each student record occupies a line with the student's name and ID, separated by one space. If there is no student's grade in that interval, output "NONE" instead.

（原题即为英文题）

输入样例 1

```
4
Tom CS000001 59
Joe Math990112 89
Mike CS991301 100
Mary EE990830 95
60 100
```

输出样例 1

Mike CS991301

Mary EE990830

Joe Math990112

输入样例 2

2

Jean AA980920 60

Ann CS01 80

90 95

输出样例 2

NONE

题意

给出 N 位考生的姓名、准考证号及分数，将这些信息按分数从高到低排序，并输出分数在给定区间[left, right]内的考生信息。如果不存在满足条件的考生，则输出"NONE"。注意：应保证所有考生的分数均不相同。

思路

步骤 1：根据题意，结构体类型 Student 需要存放考生的姓名、准考证号和分数。由于所有考生的分数都不相同，因此 cmp 函数中只需要根据分数大小进行排序即可，代码如下：

```
bool cmp(Student a, Student b) {
    return a.grade > b.grade;    //按分数从大到小排序
}
```

步骤 2：对读入的数据排序。令 bool 型变量 flag 表示是否存在分数在给定区间内的考生，初值为 false。

枚举所有考生，如果其分数在给定的区间内，则将其姓名和准考证号输出，同时记 flag 为 true。最后根据 flag 是否为 false 来决定 NONE 的输出。

注意点

经测试，考生数量不会超过 50 人。

参考代码

```
#include <cstdio>
#include <cstring>
#include <algorithm>
using namespace std;
const int maxn = 50;
struct Student {
    char name[11];              //姓名
    char id[11];               //准考证号
    int grade;                 //分数
}stu[maxn];
bool cmp(Student a, Student b) {
```

```
        return a.grade > b.grade;     //按分数从大到小排序
    }
int main() {
    int n, left, right;
    scanf("%d", &n);
    for(int i = 0; i < n; i++) {
        scanf("%s %s %d", stu[i].name, stu[i].id, &stu[i].grade);
    }
    scanf("%d%d", &left, &right);          //区间左右端点
    sort(stu, stu + n, cmp);
    bool flag = false;                     //flag 记录是否存在[left, right]内的考生
    for(int i = 0; i < n; i++) {
        if(stu[i].grade >= left && stu[i].grade <= right) {
            printf("%s %s\n", stu[i].name, stu[i].id);
            flag = true;                   //存在[left, right]范围的考生
        }
    }
    if(flag == false) {                    //所有考生分数都不在[left, right]内
        printf("NONE\n");
    }
    return 0;
}
```

A1080. Graduate Admission (30)

Time Limit: 200 ms　　Memory Limit: 65 536 KB

题目描述

It is said that in 2013, there were about 100 graduate schools ready to proceed over 40,000 applications in Zhejiang Province. It would help a lot if you could write a program to automate the admission procedure.

Each applicant will have to provide two grades: the national entrance exam grade GE, and the interview grade GI. The final grade of an applicant is (GE + GI) / 2. The admission rules are:

•　The applicants are ranked according to their final grades, and will be admitted one by one from the top of the rank list.

•　If there is a tied final grade, the applicants will be ranked according to their national entrance exam grade GE. If still tied, their ranks must be the same.

•　Each applicant may have K choices and the admission will be done according to his/her choices: if according to the rank list, it is one's turn to be admitted; and if the quota of one's most preferred shcool is not exceeded, then one will be admitted to this school, or one's other choices will be considered one by one in order. If one gets rejected by all of preferred schools, then this unfortunate applicant will be rejected.

- If there is a tied rank, and if the corresponding applicants are applying to the same school, then that school must admit all the applicants with the same rank, *even if its quota will be exceeded.*

输入格式

Each input file contains one test case. Each case starts with a line containing three positive integers: N ($\leqslant$40,000), the total number of applicants; M ($\leqslant$100), the total number of graduate schools; and K ($\leqslant$5), the number of choices an applicant may have.

In the next line, separated by a space, there are M positive integers. The *i*-th integer is the quota of the *i*-th graduate school respectively.

Then N lines follow, each contains 2+K integers separated by a space. The first 2 integers are the applicant's GE and GI, respectively. The next K integers represent the preferred schools. For the sake of simplicity, we assume that the schools are numbered from 0 to M−1, and the applicants are numbered from 0 to N−1.

输出格式

For each test case you should output the admission results for all the graduate schools. The results of each school must occupy a line, which contains the applicants' numbers that school admits. The numbers must be in increasing order and be separated by a space. There must be no extra space at the end of each line. If no applicant is admitted by a school, you must output an empty line correspondingly.

（原题即为英文题）

输入样例

```
11 6 3
2 1 2 2 2 3
100 100 0 1 2
60 60 2 3 5
100 90 0 3 4
90 100 1 2 0
90 90 5 1 3
80 90 1 0 2
80 80 0 1 2
80 80 0 1 2
80 70 1 3 2
70 80 1 2 3
100 100 0 2 4
```

输出样例

```
0 10
3
5 6 7
2 8

1 4
```

题意

有 N 位考生，M 所学校，每位考生都有 K 个志愿学校，每个学校也有招生人数限制。现在给出所有考生的初试成绩 GE、面试成绩 GI 以及 K 个志愿学校的编号，要求模拟学校录取招生的过程，并输出每个学校录取的考生编号（按从小到大顺序）。下面是录取规则：

① 先按考生的总分(GE + GI) / 2 从高到低排序，总分相同的按 GE 从高到低排序。如果 GE 仍然相同，则按排名相同处理。

② 按排名先后来考虑每个考生最终录取的学校。对每个考生，按 K 个志愿的先后顺序考虑：如果当前志愿学校的已招生人数未达到该校的招生人数总额度，那么由该所学校录取他，并不再考虑该考生后面的志愿；如果当前志愿学校的已招生人数已达到招生人数总额度，但该校上一个录取考生的排名与该考生的排名相同，则可不受招生人数限制，由该学校破格录取他。除了上面两种情况，均视为该志愿学校无法录取该考生，转而考虑该考生的下一个志愿学校。如果该考生的所有志愿学校都无法录取该考生，则该考生彻底落榜。

样例解释

将所有考生排序后可以得到如下结果：

```
ID = 0, rank = 0, SCHOOL = 0 1 2
ID = 10, rank = 0, SCHOOL = 0 2 4
ID = 2, rank = 2, SCHOOL = 0 3 4
ID = 3, rank = 3, SCHOOL = 1 2 0
ID = 4, rank = 4, SCHOOL = 5 1 3
ID = 5, rank = 5, SCHOOL = 1 0 2
ID = 6, rank = 6, SCHOOL = 0 1 2
ID = 7, rank = 6, SCHOOL = 0 1 2
ID = 8, rank = 8, SCHOOL = 1 3 2
ID = 9, rank = 9, SCHOOL = 1 2 3
ID = 1, rank = 10, SCHOOL = 2 3 5
```

按顺序考虑他们的录取情况：

① ID 为 0 的考生，考虑 0 号学校，被录取。所有学校当前剩余录取人数为 1 1 2 2 2 3。

② ID 为 10 的考生，考虑 0 号学校，被录取。所有学校当前剩余录取人数为 0 1 2 2 2 3。

③ ID 为 2 的考生，由于 0 号学校已经没有名额，因此考虑 3 号学校，被录取。所有学校当前剩余录取人数为 0 1 2 1 2 3。

④ ID 为 3 的考生，考虑 1 号学校，被录取。所有学校当前剩余录取人数为 0 0 2 1 2 3。

⑤ ID 为 4 的考生，考虑 5 号学校，被录取。所有学校当前剩余录取人数为 0 0 2 1 2 2。

⑥ ID 为 5 的考生，由于 1 号和 0 号学校已经没有名额，因此考虑 2 号学校，被录取。所有学校当前剩余录取人数为 0 0 1 1 2 2。

⑦ ID 为 6 的考生，由于 0 号和 1 号学校已经没有名额，因此考虑 2 号学校，被录取。所有学校当前剩余录取人数为 0 0 0 1 2 2。

⑧ ID 为 7 的考生，由于 0 号、1 号和 2 号学校均已没有名额，但是 2 号学校的前一个录取的考生（ID 为 6）与他的排名相同，因此破格录取。所有学校当前剩余录取人数为 0 0 0 1 2 2。

⑨ ID 为 8 的考生，由于 1 号学校已经没有名额，因此考虑 3 号学校，被录取。所有学校当前剩余录取人数为 000022。

⑩ ID 为 9 的考生，由于 1 号、2 号、3 号学校均已经没有名额，因此被彻底淘汰。所有学校当前剩余录取人数为 000022。

⑪ ID 为 1 的考生，由于 2 号、3 号学校已经没有名额，因此考虑 5 号学校，被录取。所有学校当前剩余录取人数为 000021。

于是可以得到各学校的录取情况如下：

```
0 号学校：0 10
1 号学校：3
2 号学校：5 6 7
3 号学校：2 8
4 号学校：空
5 号学校：1 4
```

思路

步骤 1：根据题目中涉及的信息，需要定义结构体类型 Student，用以存放考生的初试成绩 GE、面试成绩 GI、成绩总和 sum（即 GE + GI，不必采用原定义中除以 2 的运算）、排名 r、考生编号 stuID 以及 K 个志愿学校的编号；另外，还需要定义结构体类型 School，用以存放学校的招生人数总额度 quota、当前实际招生人数 stuNum、招收的考生编号数组 id[] 以及该学校当前最后一个招收的考生编号 lastAdmit。代码如下：

```
struct Student {
    int GE, GI, sum;     //初试成绩、面试成绩、成绩总和
    int r, stuID;        //排名、考生编号
    int cho[6];          //K 个志愿学校的编号
}stu[40010];

struct School {
    int quota;           //招生人数总额度
    int stuNum;          //当前实际招生人数
    int id[40010];       //招收的考生编号
    int lastAdmit;       //记录最后一个招收的考生编号
}sch[110];
```

步骤 2：对读入的所有考生按照题目要求排序（cmp 函数类似于下面的代码），并在排序后按顺序计算出各考生的排名。

```
bool cmpStu(Student a,Student b) {
    if(a.sum != b.sum) return a.sum > b.sum;     //按总分从高到低排序
    else return a.GE > b.GE;                      //总分相同的，按 G_E 从高到低排序
}
```

步骤 3：对于每位考生的每个志愿学校，如果当前志愿学校的招生人数未达到该校招生人数总额度或该校上一个录取考生的排名与该考生的排名相同，则不受招生人数限制，破格

录取该考生。

步骤 4：对每个学校，将其录取考生按编号从小到大排序，并按学校的顺序输出录取考生的编号。

注意点

① 最后输出时，由于对考生进行了排序，因此会将考生顺序打乱。这时需要输出的是考生原先的编号，而不是排序后这些考生的下标，不然会出现输出结果不是按原编号从小到大的情况（例如样例的最后一个学校会输出 4 1 而不是 1 4）。

② 题目中对相同排名考生的处理情况有些模糊，很多读者会认为，只有相同排名考生的录取学校在志愿中的位置相同，才能被破格录取，而事实是，只要考生当前志愿学校的上一个录取的考生的排名与该考生的排名相同即可。

③ 要注意所有考生都无法被录取的边界情况，例如下面这组数据，输出应为 5 个空行。

```
5 5 3
0 0 0 5 5
100 100 0 1 2
100 99 1 2 0
99 100 2 1 0
99 99 1 0 2
98 98 2 0 1
```

参考代码

```cpp
#include <cstdio>
#include <algorithm>
using namespace std;

struct Student {
    int GE, GI, sum;      //初试成绩、面试成绩及成绩总和
    int r, stuID;         //排名、考生编号
    int cho[6];           //K 个选择学校的编号
}stu[40010];

struct School {
    int quota;            //招生人数总额度
    int stuNum;           //当前实际招生人数
    int id[40010];        //招收的学生编号
    int lastAdmit;        //记录最后一个招收的学生编号
}sch[110];

bool cmpStu(Student a,Student b) {
    if(a.sum != b.sum) return a.sum > b.sum;        //按总分从高到低排序
    else return a.GE > b.GE;                        //总分相同的，按 GE 从高到低排序
```

```cpp
}
bool cmpID(int a, int b) {
    return stu[a].stuID < stu[b].stuID;          //按考生编号从小到大排序
}


int main() {
    int n, m, k;
    scanf("%d%d%d", &n, &m, &k);          //考生人数、学校数及每人可申请的学校数
    for(int i = 0; i < m; i++) {          //初始化每个学校
        scanf("%d", &sch[i].quota);       //输入招生人数总额度
        sch[i].stuNum = 0;                //当前实际招生人数为 0
        sch[i].lastAdmit = -1;            //最后一个招收的学生编号为-1，表示不存在
    }
    for(int i = 0; i < n; i++) {              //初始化每个考生
        stu[i].stuID = i;                     //考生编号为 i
        scanf("%d%d", &stu[i].GE, &stu[i].GI);  //初试成绩及面试成绩
        stu[i].sum = stu[i].GE + stu[i].GI;   //总成绩
        for(int j = 0; j < k; j++) {
            scanf("%d", &stu[i].cho[j]);      //K 个可申请学校编号
        }
    }
    sort(stu, stu + n, cmpStu);               //给 n 位考生按成绩排序
    for(int i = 0; i < n; i++) {              //计算每个考生的排名
        if(i>0 && stu[i].sum==stu[i - 1].sum && stu[i].GE==stu[i - 1].GE) {
            stu[i].r = stu[i - 1].r;
        } else {
            stu[i].r = i;
        }
    }
    for(int i = 0; i < n; i++) {              //对每位考生 i，判断其被哪所学校录取
        for(int j = 0; j < k; j++) {          //枚举考生 i 的 k 个选择学校
            int choice = stu[i].cho[j];       //考生 i 的第 j 个选择学校编号
            int num = sch[choice].stuNum;     //选择学校的当前招生人数
            int last = sch[choice].lastAdmit; //选择学校最后一位录取考生编号
            //如果人数未满或该学校最后一个录的考生与当前考生的排名相同
            if(num < sch[choice].quota || (last != -1 && stu[i].r ==
stu[last].r)) {
                sch[choice].id[num] = i;      //录取该考生
                sch[choice].lastAdmit = i;    //该学校的最后一个录取考生变为 i
                sch[choice].stuNum++;         //当前招生人数加 1
```

```
            break;
        }
    }
}
for(int i = 0; i < m; i++) {      //对 m 所学校
    if(sch[i].stuNum > 0) {       //如果有招到学生
        //按 ID 从小到大排序
        sort(sch[i].id, sch[i].id + sch[i].stuNum, cmpID);
        for(int j = 0; j < sch[i].stuNum; j++) {
            printf("%d", stu[sch[i].id[j]].stuID);
            if(j < sch[i].stuNum - 1) {
                printf(" ");
            }
        }
    }
    printf("\n");
}
return 0;
}
```

A1095. Cars on Campus (30)

Time Limit: 220 ms   Memory Limit: 65 536 KB

题目描述

Zhejiang University has 6 campuses and a lot of gates. From each gate we can collect the in/out times and the plate numbers of the cars crossing the gate. Now with all the information available, you are supposed to tell, at any specific time point, the number of cars parking on campus, and at the end of the day find the cars that have parked for the longest time period.

输入格式

Each input file contains one test case. Each case starts with two positive integers N ($\leqslant$10000), the number of records, and K ($\leqslant$80000) the number of queries. Then N lines follow, each gives a record in the following format:

plate_number hh:mm:ss status

where **plate_number** is a string of 7 English capital letters or 1-digit numbers; **hh:mm:ss** represents the time point in a day by hour:minute:second, with the earliest time being 00:00:00 and the latest 23:59:59; and **status** is either **in** or **out**.

Note that all times will be within a single day. Each "in" record is paired with the chronologically next record for the same car provided it is an "out" record. Any "in" records that are not paired with an "out" record are ignored, as are "out" records not paired with an "in" record. It is guaranteed that at least one car is well paired in the input, and no car is both "in" and "out" at the same moment. Times are recorded using a 24-hour clock.

Then K lines of queries follow, each gives a time point in the format **hh:mm:ss**. Note: the queries are given in **ascending** order of the times.

输出格式

For each query, output in a line the total number of cars parking on campus. The last line of output is supposed to give the plate number of the car that has parked for the longest time period, and the corresponding time length. If such a car is not unique, then output all of their plate numbers in a line in alphabetical order, separated by a space.

（原题即为英文题）

输入样例

```
16 7
JH007BD 18:00:01 in
ZD00001 11:30:08 out
DB8888A 13:00:00 out
ZA3Q625 23:59:50 out
ZA133CH 10:23:00 in
ZD00001 04:09:59 in
JH007BD 05:09:59 in
ZA3Q625 11:42:01 out
JH007BD 05:10:33 in
ZA3Q625 06:30:50 in
JH007BD 12:23:42 out
ZA3Q625 23:55:00 in
JH007BD 12:24:23 out
ZA133CH 17:11:22 out
JH007BD 18:07:01 out
DB8888A 06:30:50 in
05:10:00
06:30:50
11:00:00
12:23:42
14:00:00
18:00:00
23:59:00
```

输出样例

```
1
4
5
2
1
0
```

1

JH007BD ZD00001 07:20:09

题意

　　给出 N 条记录，每条记录给出一辆车的车牌号、当前时刻以及出入校情况（入校（in）还是出校（out））。然后给出 K 个查询，每个查询给出一个时刻，输出在这个时刻校园内的车辆数。查询完毕后输出在学校内停留时间最长的车辆的车牌号（如果有多个，就一并输出）和对应的停留时间。注意：对同一辆车来说，配对的 on 和 off 必须满足在把这辆车的记录按时间顺序排列后，在它们之间不允许出现其他 on 或者 off 的记录；否则，将被视为无效记录。

思路

　　对于本题，建议先学完配套用书 6.4 节 map 的常见用法后再来做。

　　步骤 1：定义结构体类型 Car，记录单条记录的信息，即车辆的车牌号、记录产生的时刻以及记录类型（即 in 或者 out）。为了处理时间方便，这里把时间统一转换为以 s 为单位，这样用一个 int 型即可满足存放要求。定义一个 Car 型的数组 all，用以存放所有记录；定义一个 Car 型的数组 valid，用以存放有效记录。结构体的定义如下：

```
struct Car {
    char id[8];        //车牌号
    int time;        //记录的时刻（以 s 为单位）
    char status[4];        //in 或者 out
}all[maxn], valid[maxn];        //all 为所有记录，valid 为有效记录
```

　　同时，还需要一个 map<string, int> parkTime，用来记录每辆车在校园中停留的总时长。

　　步骤 2：将所有记录存于 all 数组，然后将其先按车牌号从小到大排序，若车牌号相同，则按时间值的从小到大排序。cmp 函数如下所示：

```
bool cmpByIdAndTime(Car a, Car b) {
    if(strcmp(a.id, b.id)) return strcmp(a.id, b.id) < 0;
    else return a.time < b.time;
}
```

　　步骤 3：遍历所有记录，查找有效记录，并将其存入 valid 数组。

　　由于有效记录必须是相邻的，因此如果当前遍历到的是 i 号记录，那么就判断它的车牌号和 i+1 号记录的车牌号是否是同一个车牌号，并且是否满足 i 号的是 "in" 记录、i+1 号的是 "out" 记录。如果是，就说明这两条记录是有效记录，将它们存入 valid 数组，同时令这辆车的总停留时间 parkTime[all[i].id] 增加两条记录的时间之差，并更新记录最长总停留时间的变量 maxTime。

　　步骤 4：待把所有有效记录存入 valid 数组后，接下来应把 valid 数组按照时间顺序从小到大排序，然后进入查询阶段。由于查询的时刻是按照时间顺序递增的，因此可以设置一个变量 now，用以指向 valid 数组里面的记录，使得 now 指向的记录的时刻不超过本次欲查询的时刻；同时设置一个变量 numCar，以记录当前校园内的车辆数。显然，当 valid[now] 为 "in"时，numCar 加 1；而当 valid[now] 是 "out" 时，numCar 减 1。

　　步骤 5：遍历 parkTime，输出总停留时间等于 maxTime 的车辆车牌号和对应的时间。

注意点

① 时间以 s 为单位可以简化很多操作。

② 本题数据量较大，尽量不要用 cin 跟 cout，以免运行超时。

③ 查询的时刻是按照从小到大排序的，要利用好这一点，否则会运行超时。

参考代码

```cpp
#include <cstdio>
#include <cstring>
#include <string>
#include <map>
#include <algorithm>
using namespace std;
const int maxn = 10010;
struct Car {
    char id[8];      //车牌号
    int time;      //记录的时刻（以 s 为单位）
    char status[4];      //in 或者 out
}all[maxn], valid[maxn];      //all 为所有记录，valid 为有效记录
int num = 0;      //有效记录的条数
map<string, int> parkTime;      //车牌号->总停留时间
//timeToInt 将时间转换为以 s 为单位
int timeToInt(int hh, int mm, int ss) {
    return hh * 3600 + mm * 60 + ss;
}
//先按车牌号字典序从小到大排序，若车牌号相同，则按时间从小到大排序
bool cmpByIdAndTime(Car a, Car b) {
    if(strcmp(a.id, b.id)) return strcmp(a.id, b.id) < 0;
    else return a.time < b.time;
}
//按时间从小到大排序
bool cmpByTime(Car a, Car b) {
    return a.time < b.time;
}
int main() {
    int n, k, hh, mm, ss;
    scanf("%d%d", &n, &k);      //记录数，查询数
    for(int i = 0; i < n; i++) {
        scanf("%s %d:%d:%d %s", all[i].id, &hh, &mm, &ss, all[i].status);
        all[i].time = timeToInt(hh, mm, ss);      //转换为以 s 为单位
    }
    sort(all, all + n, cmpByIdAndTime);      //按车牌号和时间排序
```

```cpp
    int maxTime = -1;      //最长总停留时间
    for(int i = 0; i < n - 1; i++) {       //遍历所有记录
        if(!strcmp(all[i].id, all[i + 1].id) &&       //i 和 i+1 是同一辆车
           !strcmp(all[i].status, "in") &&       //i 是 in 记录
           !strcmp(all[i + 1].status, "out")) {       //i+1 是 out 记录
            valid[num++] = all[i];       //i 和 i+1 是配对的，存入 valid 数组
            valid[num++] = all[i + 1];
            int inTime = all[i + 1].time - all[i].time;       //此次停留时间
            if(parkTime.count(all[i].id) == 0) {
                parkTime[all[i].id] = 0;       //map 中还没有这个车牌号，置零
            }
            parkTime[all[i].id] += inTime;       //增加该车牌号的总停留时间
            maxTime = max(maxTime, parkTime[all[i].id]);       //更新最大总停留时间
        }
    }
    sort(valid, valid + num, cmpByTime);       //把有效记录按时间从小到大排序
    //now 指向不超过当前查询时间的记录，numCar 为当前校园内车辆数
    int now = 0, numCar = 0;
    for(int i = 0; i < k; i++) {
        scanf("%d:%d:%d", &hh, &mm, &ss);
        int time = timeToInt(hh, mm, ss);
        //让 now 处理至当前查询时间
        while(now < num && valid[now].time <= time) {
            if(!strcmp(valid[now].status, "in")) numCar++;       //车辆进入
            else numCar--;       //车辆离开
            now++;       //指向下一条记录
        }
        printf("%d\n", numCar);       //输出该时刻校园内车辆数
    }
    map<string, int>::iterator it;       //遍历所有车牌号
    for(it = parkTime.begin(); it != parkTime.end(); it++) {
        if(it->second == maxTime) {       //输出所有最长总停留时间的车牌号
            printf("%s ", it->first.c_str());
        }
    }
    //输出最长总停留时间
    printf("%02d:%02d:%02d\n", maxTime/3600, maxTime%3600/60, maxTime%60);
    return 0;
}
```

本节二维码

4.2 散　列

B1029/A1084. 旧键盘(20)

Time Limit: 200 ms　　Memory Limit: 65 536 KB

题目描述

旧键盘上有几个键损坏了——在输入一段文字时，对应的字符不会出现。现在给出应该输入的一段文字以及实际被输入的文字，请列出那些肯定坏掉的键。

输入格式

在两行中分别给出应该输入的文字以及实际被输入的文字。每段文字是不超过 80 个字符的串，由字母 A～Z（包括大、小写）、数字 0～9 以及下画线"_"（代表空格）组成。题目保证两个字符串均非空。

输出格式

按照发现顺序，在一行中输出坏掉的键。其中英文字母只输出大写，每个坏键只输出 1 次。题目保证至少有 1 个坏键。

输入样例

```
7_This_is_a_test
_hs_s_a_es
```

输出样例

```
7TI
```

思路

本题着重解决两个问题：

① 如何在英文字母不区分大小写的情况下判断在第一个字符串中有哪些字符没有在第

二个字符串中出现。

② 如何保证同一个字符（不区分大小写）只输出一次，且英文字母均使用大写输出。

步骤 1：对于第一个问题，只需要枚举第一个字符串中的字符，对当前枚举字符 c1，枚举第二个字符串中的字符（设为 c2），如果 c1 或 c2 是小写英文字母，则将其变为大写状态。之后判断 c1 与 c2 是否相等；如果相等，则说明字符 c1 在第二个字符串中出现（不区分大小写），不予输出；如果不等，则继续枚举 c2 的下一个字符。如果对第一个字符串中的字符 c1，无法在第二个字符串中找到与之相等（不区分大小写）的字符，则需要将 c1 输出。

步骤 2：对于第二个问题，可以设置 bool 型数组 HashTable[128] 表示字符是否已经输出。如果 HashTable [c] == true，说明字符 c 已被输出；如果 HashTable [c] == false，说明字符 c 未被输出。这样就可以在步骤 1 中判断是否应该将 c1 进行输出。

注意点

① 空格也作为需要判断的字符，因此下面的例子应该输出"_DF"：

AB_CD_EF

ABCE

② 大小写不区分，且小写字母均输出其大写形式。

③ HashTable 数组的大小只要能把题目给出的字符包括即可，一般可以直接设置 ASCII 码的个数 128 为其数组长度。

参考代码

```cpp
#include <cstdio>
#include <cstring>
int main() {
    char str1[100], str2[100];
    bool HashTable[128] = {false};  //HashTable 数组用来标记字符是否已被输出
    gets(str1);
    gets(str2);
    int len1 = strlen(str1);  //获取长度
    int len2 = strlen(str2);
    for(int i = 0; i < len1; i++) {  //枚举第一个字符串中的每个字符
        int j;
        char c1, c2;
        for(j = 0; j < len2; j++) {  //枚举第二个字符串中的每个字符
            c1 = str1[i];
            c2 = str2[j];
            if(c1 >= 'a' && c1 <= 'z') c1 -= 32;  //如果是小写字母，则转化为大写
            if(c2 >= 'a' && c2 <= 'z') c2 -= 32;
            if(c1 == c2) break;  //如果 c1 在第二个字符串中出现，则跳出
        }
        if(j == len2 && HashTable[c1] == false) {
            printf("%c", c1);  //在第二个字符串中未出现 c1，且 c1 未被输出过
```

```
            HashTable[c1] = true;
        }
    }
    return 0;
}
```

B1033. 旧键盘打字(20)

Time Limit: 200 ms   Memory Limit: 65 536 KB

题目描述

旧键盘上有几个键损坏了，于是在输入一段文字时，对应的字符就不会出现。现在给出应该输入的一段文字以及坏掉的那些键，出现的结果文字会是怎样？

输入格式

在两行中分别给出坏掉的那些键以及应该输入的文字。其中对应英文字母的坏键以大写给出；每段文字是不超过 10^5 个字符的串。可用的字符包括字母[a ~ z, A ~ Z]、数字 0 ~ 9、以及下画线 "_"（代表空格）"," "." "-" 以及 "+"（代表上档键）。题目保证第 2 行输入的文字串非空。

注意：如果上档键损坏了，那么大写的英文字母无法出现。

输出格式

在一行中输出能够出现的结果文字。如果没有一个字符出现，则输出空行。

输入样例

7+IE.
7_This_is_a_test.

输出样例

_hs_s_a_tst

样例解释

由于第一个字符串中出现了 7、I、E，因此第二个字符串中的 7、i、e 均不出现；又由于出现了 "+"，因此第二个字符串中的大写字母均不出现。

思路

步骤 1：以 bool 型数组 hashTable[256]表示键盘上的字符是否完好，初值全为 true。读入第一个字符串，将其中出现的所有字符 c，令 hashTable[c] = false，表示键位失效。需要特别注意的是，如果字符 c 是大写字母，应当先转换为小写字母。

步骤 2：读入第二个字符串，遍历其中的字符。如果当前字符 c 是大写字母，那么先将其转换为小写字母，然后该小写字母的键位与上档键 "+" 是否均有效：如果两者均有效，那么输出该大写字母。如果当前字符 c 是除了大写字母外的其他字符，那么只要判断其本身的键位是否有效即可。

注意点

① 第一个字符串中的所有字母均为大写，因此为了统一写法，均先转换为小写字母。

② 第二个字符串中出现大写字母时，必须保证其小写字母的键位与上档键 "+" 同时完好才能进行输出，并且应当输出大写字母。示例如下：

```
//input
aAbBcCdD
bBdD
```

参考代码

```cpp
#include <cstdio>
#include <cstring>
const int maxn = 100010;
bool hashTable[256];       //散列数组，用以记录键盘上的字符是否完好
char str[maxn];
int main() {
    memset(hashTable, true, sizeof(hashTable));    //初值为 true 表示所有键都完好
    gets(str);              //读入所有失效的键位
    int len = strlen(str);
    for(int i = 0; i < len; i++) {
        if(str[i] >= 'A' && str[i] <= 'Z') {
            str[i] = str[i] - 'A' + 'a';     //如果是大写字母，则化为小写字母
        }
        hashTable[str[i]] = false;      //设置键 str[i]失效
    }
    gets(str);              //读入欲输入的字符串
    len = strlen(str);
    for(int i = 0; i < len; i++) {
        if(str[i] >= 'A' && str[i] <= 'Z') {
            int low = str[i] - 'A' + 'a';    //如果是大写字母，则化为小写字母
            if(hashTable[low] == true && hashTable['+'] == true) {
                printf("%c", str[i]);//只有小写字母的键位与上档键均完好，才能进行输出
            }
        } else if(hashTable[str[i]] == true) {
            printf("%c", str[i]);        //对于其他字符，只要键位完好，即输出
        }
    }
    printf("\n");
    return 0;
}
```

B1038. 统计同成绩学生 (20)

Time Limit: 100 ms　　Memory Limit: 65 536 KB

题目描述

本题要求读入 N 名学生的成绩，然后将获得某一给定分数的学生人数输出。

输入格式

第一行给出不超过 10^5 的正整数 N，即学生总人数；第二行给出 N 名学生的百分制整数成绩，中间以空格分隔；第三行给出要查询的分数个数 K（不超过 N 的正整数），随后是 K 个分数，中间以空格分隔。

输出格式

在一行中按查询顺序给出得分等于指定分数的学生人数，中间以空格分隔，但行末不得有多余空格。

输入样例

```
10
60 75 90 55 75 99 82 90 75 50
3 75 90 88
```

输出样例

```
3 2 0
```

思路

由于所有数字都不超过 100，因此令 int 型数组 hashTable[110] 记录 0 ~ 100 中每个分数出现的次数，例如 hashTable[90] = 3 表示有 3 名学生获得了 90 分。显然，可以在读入分数 x 时直接让 hashTable[x] 加 1 来表示 x 的出现次数增加 1。这样当读入完成后，每个分数的出现次数也统计完毕，于是对欲查询的分数 x，直接输出 hashTable[x] 即可得到结果。

注意点

① 注意数据范围，由于分数最大为 100，因此散列数组的大小至少应该开 101。

② 最后不要输出额外的空格，只需要在前 K–1 个结果后面输出空格即可。

参考代码

```cpp
#include <cstdio>
int hashTable[110] = {0};      //记录每个分数出现的次数
int main() {
    int n, score, k;
    scanf("%d", &n);      //学生数
    for(int i = 0; i < n; i++) {
        scanf("%d", &score);      //分数
        hashTable[score]++;      //分数 score 出现的次数加 1
    }
    scanf("%d", &k);      //查询次数
    for(int i = 0; i < k; i++) {
        scanf("%d", &score);
        printf("%d", hashTable[score]);      //查询分数 score 出现的次数
        if(i < k - 1) {
            printf(" ");      //前 K-1 个结果后面输出空格
        }
```

```
    }
    return 0;
}
```

B1039/A1092. 到底买不买 (20)

Time Limit: 100 ms　　Memory Limit: 65 536 KB

题目描述

如图 4-1 所示，小红想买些珠子做一串自己喜欢的珠串。卖珠子的摊主有很多串五颜六色的珠串，但是不肯把任何一串拆散了卖。于是小红请你帮忙判断一下，某串珠子里是否包含了全部自己想要的珠子？如果是，那么告诉她有多少多余的珠子；如果不是，那么告诉她缺了多少珠子。

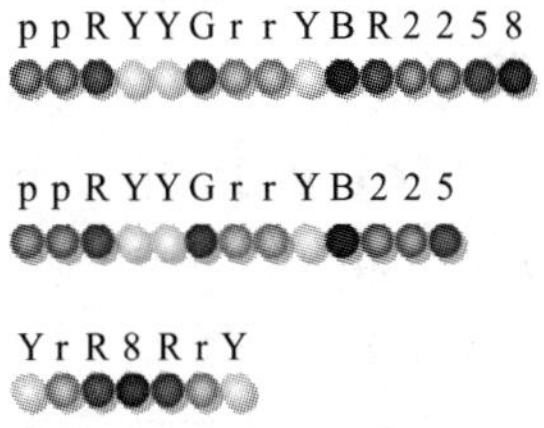

为方便起见，这里用[0~9]、[a~z]、[A~Z]范围内的字符来表示颜色。例如在图 4-1 中，第三串是小红想做的珠串；那么第 1 串可以买，因为包含了全部她想要的珠子，还多了八颗不需要的珠子；第二串不能买，因为没有黑色的珠子，并且少了一颗红色的珠子。

图 4-1　B1039/A1092 示意图

输入格式

每个输入包含一个测试用例。每个测试用例分别在两行中先后给出摊主的珠串和小红想做的珠串，两串都不超过 1000 个珠子。

输出格式

如果可以买，则在一行中输出"Yes"以及有多少多余的珠子；如果不可以买，则在一行中输出"No"以及缺了多少珠子。其间以一个空格分隔。

输入样例 1

ppRYYGrrYBR2258
YrR8RrY

输出样例 1

Yes 8

输入样例 2

ppRYYGrrYB225
YrR8RrY

输出样例 2

No 2

题意

给出两串珠子中每颗珠子的颜色，问第一串中是否有第二串中的所有珠子，即对每种颜色来说，第一串中该颜色珠子的个数必须不小于第二串中该颜色珠子的个数。如果是，输出"Yes"，并输出第一串中除了用来和第二串珠子进行匹配以外，还剩多少珠子；如果不是，则输出"No"，并输出第一串中还少多少个珠子，才能让第一串拥有第二串中的所有珠子。

样例解释

样例 1

第二串中 Y 的个数为 2，r 的个数为 2，R 的个数为 2，8 的个数为 1。

第一串中 Y 的个数为 3，r 的个数为 2，R 的个数为 2，8 的个数为 1。

因此对于每种颜色，第一串中该颜色珠子的个数都不小于第二串，且富余的个数为两个串的长度之差，即 8。

样例 2

第二串中 Y 的个数为 2，r 的个数为 2，R 的个数为 2，8 的个数为 1。

第一串中 Y 的个数为 3，r 的个数为 2，R 的个数为 1，8 的个数为 0。

因此对于颜色 R 和 8，第一串中该颜色珠子的个数都比第二串少 1，所以输出 2。

思路

步骤1：由于颜色由数字、大小写字母组成，共有 62 种颜色，因此令 int 型数组 hashTable[80] 记录第一串中每种颜色珠子的个数。这样当第 1 串读入完成后，每种颜色的珠子个数也统计完毕。

步骤2：记 miss 表示第一串为了匹配第二串所缺少的珠子个数。读入第二串珠子后，对其中每颗珠子的颜色，令 hashTable 数组对应颜色的个数减 1。如果该颜色的个数小于 0，那么说明缺少一颗该颜色的珠子，令 miss 加 1。

步骤3：如果 miss 大于 0，说明存在缺少的珠子，输出 "No" 和 "miss"；否则，输出 "Yes" 和两个串的长度之差。

注意点

① 本题也可以先分别统计出两串珠子的颜色个数，然后再进行比较。

② 对于输出 "Yes" 的情况，只要把两个串的长度相减即可得到富余的珠子个数，而不需要统计得到。

参考代码

```cpp
#include <cstdio>
#include <cstring>
const int MAXN = 1010;
//hashTable 记录第一串中每种颜色的个数，用 miss 记录缺少的珠子个数
int hashTable[80] = {0}, miss = 0;
//将数字和字母转换为 hashTable 的下标
int change(char c) {
    if(c >= '0' && c <= '9') return c - '0';        //数字
    if(c >= 'a' && c <= 'z') return c - 'a' + 10;    //小写字母
    if(c >= 'A' && c <= 'Z') return c - 'A' + 36;    //大写字母
}
int main() {
    char whole[MAXN], target[MAXN];
    gets(whole);    //第一串
    gets(target);   //第二串
    int len1 = strlen(whole);    //第一串的长度
    int len2 = strlen(target);    //第二串的长度
```

```
    for(int i = 0; i < len1; i++) {      //遍历第一串
        int id = change(whole[i]);      //字符->hashTable 下标
        hashTable[id]++;      //该颜色个数加 1
    }
    for(int i = 0; i < len2; i++) {      //遍历第二串
        int id = change(target[i]);      //字符->hashTable 下标
        hashTable[id]--;      //该颜色个数减 1
        if(hashTable[id] < 0) {      //该颜色个数小于 0
            miss++;      //缺少的珠子个数加 1
        }
    }
    if(miss > 0) printf("No %d\n", miss);      //有缺少
    else printf("Yes %d\n", len1 - len2);      //有多余
    return 0;
}
```

B1042. 字符统计 (20)

Time Limit: 400 ms　　Memory Limit: 65 536 KB

题目描述

请编写程序，找出一段给定文字中出现最频繁的那个英文字母。

输入格式

在一行中给出一个长度不超过 1000 的字符串。字符串由 ASCII 码表中任意可见字符及空格组成，至少包含一个英文字母，按<Enter>键结束（<Enter>键不算在内）。

输出格式

在一行中输出出现频率最高的那个英文字母及其出现次数，其间以空格分隔。如果有并列，则输出按字母序最小的那个字母。统计时不区分大小写，输出小写字母。

输入样例

This is a simple TEST.　　There ARE numbers and other symbols 1&2&3…

输出样例

e 7

思路

由于只需要针对英文字母（即'a' ~ 'z'和'A' ~ 'Z'）输出其中出现频率最高的次数，并且要把大写字母当成小写字母看待，而小写字母最多有 26 个，因此可以开一个 int 型数组 hashTable[30]来记录每个小写字母出现的次数，例如 hashTable[0] = 3 表示'a'和'A'总共出现了三次。这样就可以遍历给定的字符串 str，如果 str[i]是小写字母，那么就可以令 hashTable[str[i] – 'a']++；如果 str[i]是大写字母，那么就令 hashTable[str[i] – 'A']++。最后遍历一遍 hashTable 数组以获得其中最大的那个即可。

注意点

① 注意数据范围，由于小写字母最大为 26，因此 hashTable 数组的大小至少应该开 27。

② 注意题意是输出英文字母，因此空格、'&'这种字符不应当被计算。

参考代码

```
#include <cstdio>
#include <cstring>
const int maxn = 1010;
char str[maxn];      //字符串
int hashTable[30] = {0};      //记录'a(A)'~'z(Z)'的出现次数
int main() {
    gets(str);      //输入字符串
    int len = strlen(str);      //字符串长度
    for(int i = 0; i < len; i++) {
        if(str[i] >= 'a' && str[i] <= 'z') {      //str[i]是小写字母
            hashTable[str[i] - 'a']++;      //str[i]出现次数加1
        } else if(str[i] >= 'A' && str[i] <= 'Z') {      //str[i]是大写字母
            hashTable[str[i] - 'A']++;      //str[i]对应小写字母的出现次数加1
        }
    }
    int k = 0;      //记录数组中最大的元素的下标
    for(int i = 0; i < 26; i++) {
        if(hashTable[i] > hashTable[k]) {
            k = i;
        }
    }
    printf("%c %d\n", 'a' + k, hashTable[k]);      //输出对应的字符和出现次数
    return 0;
}
```

B1043. 输出 PATest (20)

Time Limit: 400 ms   Memory Limit: 65 536 KB

题目描述

给定一个长度不超过 10 000 的且仅由英文字母构成的字符串。请将字符重新调整顺序，按 "PATestPATest……" 这样的顺序输出，并忽略其他字符。当然，六种字符的个数不一定是一样多的，若某种字符已经输出完，则余下的字符仍按 PATest 的顺序打印，直到所有字符都被输出。

输入格式

在一行中给出一个长度不超过 10 000 的且仅由英文字母构成的非空字符串。

输出格式

在一行中按题目要求输出排序后的字符串。题目保证输出非空。

输入样例

redlesPayBestPATTopTeePHPereatitAPPT

输出样例

PATestPATestPTetPTePePee

思路

步骤 1：既然要按 PATest 的顺序输出，那么就开一个数组 hashTable[6]，用来记录'P"A"T"e"s"t'这六个字符分别出现的个数（同时用一个变量 sum 记录总个数）。这样在读入字符串 str 之后，就可以直接统计出这个数组。当然，为了不重复写判断 str[i]是否是'P"A"T"e"s"t'的语句，不妨开一个 char 型数组 dict，用来存放这 6 个字符（这样 hashTable[i]和 dict[i]的下标就是对应的），于是就能通过遍历 dict 数组，判断 str[i] == dict[j]是否成立，来获取'P"A"T"e"s"t'在 hashTable 数组中的下标。

步骤 2：遍历 hashTable 数组，如果 hashTable[i]不为 0，那么输出 dict[i]，并让 hashTable[i]减 1、sum 减 1。如果 sum 变为 0，那么就不再输出。

注意点

直接对原字符串反复循环判断的话会超时。

参考代码

```cpp
#include <cstdio>
#include <cstring>
const int maxn = 10010;
//字符串，字典
char str[maxn], dict[6] = {'P', 'A', 'T', 'e', 's', 't'};
int hashTable[6] = {0};      //记录 PATest 这 6 个字符的个数
int main() {
    gets(str);      //输入字符串
    int len = strlen(str), sum = 0;      //长度，总共需要输出的字符个数
    for(int i = 0; i < len; i++) {      //str[i]
        for(int j = 0; j < 6; j++) {      //遍历 dict 字典
            if(str[i] == dict[j]) {      //str[i]在字典中的下标为 j
                hashTable[j]++;      //个数加 1
                sum++;      //需要输出的字符个数加 1
            }
        }
    }
    while(sum > 0) {      //当输出的字符个数变成 0 时退出
        for(int i = 0; i < 6; i++) {      //遍历 hashTable 数组
            if(hashTable[i] > 0) {      //hashTable[i]>0 则输出
                printf("%c", dict[i]);      //输出该字符
                hashTable[i]--;      //个数减 1
                sum--;      //需要输出的字符个数减 1
            }
        }
    }
```

```
    }
    return 0;
}
```

B1047. 编程团体赛 (20)

Time Limit: 400 ms   Memory Limit: 65 536 KB

题目描述

编程团体赛的规则为：每个参赛队由若干队员组成；所有队员独立比赛；参赛队的成绩为所有队员的成绩和；成绩最高的队获胜。

现给定所有队员的比赛成绩，请你编写程序找出冠军队。

输入格式

第一行给出一个正整数 N（≤10000），即所有参赛队员总数。随后 N 行，每行给出一位队员的成绩，格式为："队伍编号-队员编号 成绩"，其中"队伍编号"为 1～1000 的正整数，"队员编号"为 1～10 的正整数，"成绩"为 0～100 的整数。

输出格式

在一行中输出冠军队的编号和总成绩，其间以一个空格分隔。注意：题目保证冠军队是唯一的。

输入样例

```
6
3-10 99
11-5 87
102-1 0
102-3 100
11-9 89
3-2 61
```

输出样例

```
11 176
```

思路

由于要统计每个队伍的总分，因此开一个 int 型数组 hashTable 来记录各个队伍的队员的得分之和。显然得分与具体是哪个队员无关，因此可以忽略队员编号。当读入队伍编号 team 与得分 score 时，令 hashTable[team]加上 score 即可。最后遍历一遍 hashTable 数组以获得其中最大的那个进行输出。

注意点

由于队伍的编号是 1～1000 内的任意数，因此需要用 hash 数组来记录总分，而不能直接边输入边求最大值。

参考代码

```
#include <cstdio>
const int maxn = 1010;
int hashTable[maxn] = {0};    //每个队伍的总分
```

```
int main() {
    int n;
    scanf("%d", &n);
    for(int i = 0; i < n; i++) {
        int team, member, score;      //队伍编号、队员编号及得分
        scanf("%d-%d %d", &team, &member, &score);
        hashTable[team] += score;     //令编号为 team 的队伍的分数加上 score
    }
    int k, MAX = -1;
    for(int i = 0; i < maxn; i++) {     //找 hashTable 数组的最大值
        if(hashTable[i] > MAX) {
            k = i;
            MAX = hashTable[i];
        }
    }
    printf("%d %d\n", k, MAX);     //输出结果
    return 0;
}
```

A1041. Be Unique (20)

Time Limit: 100 ms　　Memory Limit: 65 536 KB

题目描述

Being unique is so important to people on Mars that even their lottery is designed in a unique way. The rule of winning is simple: one bets on a number chosen from $[1, 10^4]$. The first one who bets on a unique number wins. For example, if there are 7 people betting on 5 31 5 88 67 88 17, then the second one who bets on 31 wins.

输入格式

Each input file contains one test case. Each case contains a line which begins with a positive integer N ($\leq 10^5$) and then followed by N bets. The numbers are separated by a space.

输出格式

For each test case, print the winning number in a line. If there is no winner, print "None"instead.

（原题即为英文题）

输入样例 1

7 5 31 5 88 67 88 17

输出样例 1

31

输入样例 2

5 888 666 666 888 888

输出样例 2

None

题意

给出 N 个数字，问按照读入的顺序，哪个数字是第一个在所有数字中只出现一次（Unique）的数字。如果所有 N 个数字都出现了超过一次，则输出"None"。

样例解释

样例 1

7 个数字，第一个数字为 5，但是 5 在这七个数字中出现了超过一次，因此跳过；第二个数字是 31，并且 31 在这七个数字中只出现了一次，因此输出"31"。

样例 2

5 个数字，第一个数字为 888，但是 888 在这五个数字中出现了超过一次，因此跳过；第二个数字是 666，但是 666 在这五个数字中出现了超过一次，因此跳过；第三个数字为 888，……。由于所有五个数字都出现了超过一次，因此输出"None"。

思路

注意到所有数字都满足 number $\leq 10^4$，因此只需要用一个 int 型数组 HashTable[10001]来记录这些数字出现的次数，例如 HashTable[2333] = 520 表示数字 2333 出现了 520 次。显然，可以在读入数字 x 时直接让 HashTable[x]加 1 来表示 x 的出现次数增加 1。这样当读入完成后，每个数字的出现次数也统计完毕，只需要按照读入数字的顺序来判断哪个是第一个只在序列中出现了一次即可。

注意点

① 注意数据范围，由于数字最大可以有 10 000，因此散列数组的大小至少应该开 10 001。
② 需要用 scanf 输入，用 cin 输入会超时。

参考代码

```
#include <cstdio>
int a[100001], HashTable[10001]={0};  //a[]为输入数字，HashTable[]为散列数组
int main() {
    int n;
    scanf("%d", &n);  //n个数
    for(int i = 0; i < n; i++) {
        scanf("%d", &a[i]);  //当前输入的数为a[i]
        HashTable[a[i]]++;  //数字a[i]出现的次数加1
    }
    int ans = -1;  //存放第一次出现的在序列中只有一个的数字
    for(int i = 0; i < n; i++) {
        if(HashTable[a[i]] == 1) {  //如果a[i]只出现了一次
            ans = a[i];  //答案就是a[i]，退出循环
            break;
        }
    }
```

```
        if(ans == -1) printf("None");   //找不到只出现一次的数字,输出"None"
        else printf("%d\n", ans);
        return 0;
    }
```

A1050. String Subtraction (20)
Time Limit: 10 ms　　Memory Limit: 65 536 KB

题目描述

Given two strings S_1 and S_2, $S = S_1 - S_2$ is defined to be the remaining string after taking all the characters in S_2 from S_1. Your task is simply to calculate $S_1 - S_2$ for any given strings. However, it might not be that simple to do it *fast*.

输入格式

Each input file contains one test case. Each case consists of two lines which gives S_1 and S_2, respectively. The string lengths of both strings are no more than 10^4. It is guaranteed that all the characters are visible ASCII codes and white space, and a new line character signals the end of a string.

输出格式

For each test case, print $S_1 - S_2$ in one line.

（原题即为英文题）

输入样例

They are students.

aeiou

输出样例

Thy r stdnts.

题意

给出两个字符串,在第一个字符串中删去第二个字符串中出现过的所有字符并输出。

样例解释

在第一个字符串中删去 aeiou 之后如下所示（下划线表示被删去）:

```
They are students.
Th_y _r_ st_d_nts.
```

去掉下划线后整合在一起,并保留原有的空格,就可以得到下面的字符串:

```
Thy r stdnts.
```

思路

虽然说是“删去”,但是实际操作时可以用散列的思想使问题的解决更容易。

步骤 1:令 bool 型数组 table[128]表示字符是否在第二个字符串中出现。其中 table[i]==true 表示 ASCII 码为 i 的字符在第二个字符串中出现；而令 table[i]==false 表示 ASCII 码为 i 的字符没有在第二个字符串中出现。初始状态下 table 数组中元素均为 false。

步骤 2:枚举第二个字符串 str2,对 str2 中的每一个字符 str2[i],令 table[str2[i]]==true,表示 str[i]在第二个字符串中出现。

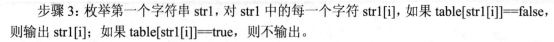

步骤 3：枚举第一个字符串 str1，对 str1 中的每一个字符 str1[i]，如果 table[str1[i]]==false，则输出 str1[i]；如果 table[str1[i]]==true，则不输出。

注意点

① 题意中的删去不是数学里面的 5–3=2，而是和集合里面的减法一样，从集合 A 中去掉所有集合 B 存在的元素。所以如果第一个字符串是 aaaabbbbcccc，而第二个字符串是 ac，那么最后得到的字符串应该是 bbbb 而不是 aaabbbbccc。

② visible ASCII codes（可见 ASCII 字符）：先解释不可见 ASCII 字符，即属于 ASCII 码中的控制字符，也即 ASCII 码在 0 和 31 之间以及 ASCII 为 127 的字符。这些控制字符中还会有能发出声音的，大家可以试试这句 printf("%c",(char)7)，执行这条命令后，计算机会响一下。所以 visible ASCII codes 就是除了不可见 ASCII 字符外的字符，平时使用的数字 0 ~ 9、大小写英文字母都是可见 ASCII 字符。

③ 在 for 循环枚举时把循环条件写成 i<strlen(str)，这是个很不好的习惯。这是因为 strlen 函数的内部实现是使用一个循环扫描数组来累计长度，直到遇到\0结束，所以 strlen 本身就有 O(N) 的复杂度，这样会使得步骤 2 跟步骤 3 中遍历字符串的复杂度从 O(N) 上升到 $O(N^2)$，导致超时。恰当的做法是在 for 循环之前就定义 int 型变量 len 来记录 str 的长度，即 int len=strlen(str)。这样在 for 循环时循环条件可以直接写 i<len，省去了每次都要计算 strlen(str) 的时间。

④ 如果引用了 iostream 或者 vector，又加了 using namespace std;这条语句，就尽量不要使用 hash 这样的变量名，因为这样会跟 std 命名空间里面的 hash 变量名冲突，导致编译失败或者运行出错。这种情况解决办法要么单独用 std，比如 std::cin、std::endl，要么直接避开 hash 作为变量名（可以改用 HashTable）。类似的还有 math.h 的 y1 变量名，如果将其作为全局变量，就会导致编译错误，若编译有报错或者运行莫名出错，则可以考虑这些因素。

⑤ 在读入字符串时，可以用 gets 函数直接读入整一行，也可以使用 getchar()函数一次读入一个字符，直接读到'\n'为止。例如：

```
char s[MAX_N], a;
int lenA=0;
while(true) {
    s[lenA++]=getchar();
    if(s[lenA-1]=='\n') break;  //必须有'\n'作为字符串的结束标识符
}
```

除此之外，不建议使用 scanf 读取需要一次读取一整行字符串的情况，因为 scanf 读取字符串是用空格作为截断标志的，像"   "这种只有空格的字符串会因此而读不完整。

参考代码

```
#include <cstdio>
#include <cstring>
const int MAX_LEN = 10005;
char a[MAX_LEN], b[MAX_LEN];
bool HashTable[128];  //记录字符是否在第二个字符串里出现过
```

```
int main() {
    gets(a);
    gets(b);
    int lenA = strlen(a);//strlen 必须在 for 循环之前就计算
    int lenB = strlen(b);
    for(int i = 0; i < lenB; i++) {
        HashTable[b[i]] = true;//第二个字符串里的字符的 table 值置 true
    }
    for(int i = 0; i < lenA; i++) {
        if(HashTable[a[i]] == false) {//如果在第二个字符串中没有出现过
            printf("%c", a[i]);
        }
    }
    return 0;
}
```

B1005. 继续(3n+1)猜想 (25)

Time Limit: 400 ms   Memory Limit: 65 536 KB

题目描述

卡拉兹(Callatz)猜想已经在 1001 中给出了描述。在这个题目里，情况稍微有些复杂。

当验证卡拉兹猜想时，为了避免重复计算，可以记录下递推过程中遇到的每一个数。例如对 n=3 进行验证时，需要计算 3、5、8、4、2、1，则当对 n=5、8、4、2 进行验证时，就可以直接判定卡拉兹猜想的真伪，而不需要重复计算，因为这 4 个数已经在验证 3 时遇到过了，所以称 5、8、4、2 是被 3 "覆盖"的数。这里称一个数列中的某个数 n 为"关键数"，如果 n 不能被数列中的其他数字所覆盖。

现在给定一系列待验证的数字，只需要验证其中的几个关键数，就可以不必再重复验证余下的数字。你的任务就是找出这些关键数字，并按从大到小的顺序输出它们。

输入格式

每个测试输入包含一个测试用例，第一行给出一个正整数 K(<100)，第 2 行给出 K 个互不相同的待验证的正整数 n(1<n≤100)的值，数字间用空格隔开。

输出格式

每个测试用例的输出占一行，按从大到小的顺序输出关键数字。数字间用一个空格隔开，但一行中最后一个数字后没有空格。

输入样例

```
6
3 5 6 7 8 11
```

输出样例

```
7 6
```

题意

在对一个正整数 n 进行 3n+1 猜想的过程中会经过很多数，例如当 n=3 时得到的序列为 3、

5、8、4、2、1，而将中间经过的 5、8、4、2 称为"被覆盖的数"。现在给出一些互不相等的正整数，对它们分别进行 3n+1 猜想的操作，问这些正整数中没有被其他数覆盖的数（关键数）有哪些，并从大到小输出。

样例解释

现共有 6 个数，它们分别进行 3n+1 猜想的序列如下：

3：5、8、4、2、1

5：8、4、2、1

6：3、5、8、4、2、1

7：11、17、26、13、20、10、5、8、4、2、1

8：4、2、1

11：17、26、13、20、10、5、8、4、2、1

可以发现，只有 6 和 7 没有被其他数的序列覆盖，因此输出 7 6。

思路

步骤 1：设置 bool 型数组 HashTable[]，用来记录数字是否被覆盖。

对输入的每一个数，进行 3n+1 猜想的操作，对其中经过的每一个数 x，令对应的 HashTable[x] 为 true，表示 x 被覆盖。

步骤 2：记录关键数的个数，并将之前输入的所有数字从大到小排序，最后将未被覆盖的数输出即可。

注意点

① HashTable 数组只开 100 或者只多一点点导致"段错误"是常见的错误。这是因为在 3n+1 猜想的序列中，可能出现超过 100 的数，这时访问 flag 数组就会越界，从而导致"段错误"。读者可以考虑当 n = 99 时，序列是这样的：

99：149、224、112、56、28、14、7、11、17、26、13、20、10、5、8、4、2、1

显然序列中的最大序列可以达到 224，远不止 100 了。

因此需要将 HashTable 数组大小设置得大一些（只设置 225 也是不够的，上面只是举个例子，比如当 n = 95 时可以达到 485），建议直接设成 10 000 以上。当然，也可以对计算过程中的每一个数判断其是否大于 100，如果大于 100，就不对 HashTable 进行操作，这样也是可以的。

② 如果不想写 cmp 函数，也可以直接用 sort(a, a + n) 从小到大排序，然后输出时从高位到低位进行枚举即可。

参考代码

```cpp
#include <cstdio>
#include <algorithm>
using namespace std;
bool cmp(int a, int b) {
    return a > b;  //从大到小排序
}
int main() {
```

```
int n, m, a[110];
scanf("%d", &n);
bool HashTable[10000] = {0};  //HashTable[x]==true 表示 x 被覆盖
for(int i = 0; i < n; i++) {
    scanf("%d", &a[i]);
    m = a[i];
    while(m != 1) {  //对 m 进行 3n+1 猜想操作
        if(m % 2 == 1) m = (3 * m + 1) / 2;
        else m = m / 2;
        HashTable[m] = true;  //将被覆盖的数的 flag 置为 true
    }
}
int count = 0;  //count 计数"关键数"个数
for(int i = 0; i < n; i++) {
    if(HashTable[a[i]] == false) {  //没被覆盖
        count++;
    }
}
sort(a, a + n, cmp);  //从大到小排序
for(int i = 0; i < n; i++) {
    if(HashTable[a[i]] == false) {
        printf("%d", a[i]);
        count--;
        if(count > 0) printf(" ");  //控制输出格式
    }
}
return 0;
}
```

A1048. Find Coins (25)

Time Limit: 50 ms   Memory Limit: 65 536 KB

题目描述

Eva loves to collect coins from all over the universe, including some other planets like Mars. One day she visited a universal shopping mall which could accept all kinds of coins as payments. However, there was a special requirement of the payment: for each bill, she could only use exactly two coins to pay the exact amount. Since she has as many as 10^5 coins with her, she definitely needs your help. You are supposed to tell her, for any given amount of money, whether or not she can find two coins to pay for it.

输入格式

Each input file contains one test case. For each case, the first line contains 2 positive numbers:

N ($\leqslant 10^5$, the total number of coins) and M($\leqslant 10^3$, the amount of money Eva has to pay). The second line contains N face values of the coins, which are all positive numbers no more than 500. All the numbers in a line are separated by a space.

输出格式

For each test case, print in one line the two face values V1 and V2 (separated by a space) such that V1 + V2 = M and V1$\leqslant$V2. If such a solution is not unique, output the one with the smallest V1. If there is no solution, output "No Solution" instead.

（原题即为英文题）

输入样例 1

8 15
1 2 8 7 2 4 11 15

输出样例 1

4 11

输入样例 2

7 14
1 8 7 2 4 11 15

输出样例 2

No Solution

题意

给出 n 个正整数和一个正整数 m，问 n 个数字中是否存在一对数字 a 和 b（a$\leqslant$b），使得 a + b = m 成立。如果有多对，输出 a 最小的那一对。

样例解释

样例 1

4 + 11 = 15，这是唯一的解。

样例 2

对给出的 7 个数字中的任意两个数，它们的和都不为 14，所以输出"No Solution"。

思路

本题可以用散列法、二分查找及 two pointers 方法解决，请读者分别使用这三种方法通过一次本题。这里仅讲解散列法的思路。

步骤 1：以 int 型 HashTable[]数组存放每个数字出现的个数，其中 HashTable[i]表示数字 i 出现的次数（1$\leqslant$i$\leqslant 10^3$）。

输入时，对每一个读入的数字 a，令 HashTable[a]++。

步骤 2：枚举 1 ~ 10^3 中的每一个数字 i，若 i 存在于数列（即 HashTable[i] > 0）且 m − i 存在于数列（即 HashTable[m − i]），则找到了一对数 i 与 m − i，它们的和为 m。但是要注意，当 i == m − i 时，必须保证数字 i 的个数大于等于 2，否则是不行的。

注意点

① 在使用散列法时，可能会出现 i 和 m−i 相等的情况，比如 7+7=14，这时必须验证是否有两个以上的 7，即 HashTable[7]是否大于等于 2。例如下面这个示例应该输出"No

Solution"。

```
1 1
1
```

②　散列表的大小其实不需要开 10^5 那么大，因为题目中说明了 m 的范围为 10^3 以内，所以最多也就会用到 10^3 大小的数据。但是也不能只开 500（数列中数的范围），因为 m–a[i] 可能会大于 500，这样就会产生"段错误"。

③　如果有多组答案，那么一定要输出最小的那一对（由循环顺序决定）。例如下面这个示例应该输出"2 12"。

```
6 14
4 10 7 7 2 12
```

参考代码

```cpp
#include <cstdio>
#include <algorithm>
using namespace std;
const int N = 1005;
int HashTable[N];
int main() {
    int n, m, a;
    scanf("%d %d", &n, &m);
    for(int i = 0; i < n; i++) {
        scanf("%d", &a);
        ++HashTable[a];
    }
    for(int i = 1; i < m; i++) {
        if(HashTable[i] && HashTable[m - i]) {
            if(i == m - i && HashTable[i] <= 1) {
                continue;
            }
            printf("%d %d\n", i, m - i);
            return 0;
        }
    }
    printf("No Solution\n");
    return 0;
}
```

本节二维码

4.3 递 归

本节在 PAT 上没有对应的练习题，请使用配套用书上的训练题。

本节二维码

4.4 贪 心

本节目录		
B1023	组个最小数	20
B1020/A1070	月饼	25
A1033	To Fill or Not to Fill	25
A1037	Magic Coupon	25
A1067	Sort with Swap(0,*)	25
A1038	Recover the Smallest Number	30

B1023. 组个最小数 (20)

Time Limit: 100 ms   Memory Limit: 65 536 KB

题目描述

给定数字 0~9 各若干个。你可以以任意顺序排列这些数字，但必须全部使用，目标是使得最后得到的数尽可能小（注意 0 不能做首位）。例如，给定 2 个 0，2 个 1，3 个 5，1 个 8，得到的最小的数就是 10015558。

现给定数字，请编写程序输出能够组成的最小的数。

输入格式

每个输入包含 1 个测试用例。每个测试用例在一行中给出 10 个非负整数，顺序表示拥有数字 0、数字 1、……数字 9 的个数。整数间用一个空格分隔。10 个数字的总个数不超过 50，且至少拥有一个非 0 的数字。

输出格式

在一行中输出能够组成的最小的数。

输入样例

2 2 0 0 0 3 0 0 1 0

输出样例

10015558

思路

策略是：先从 1~9 选择个数不为 0 的最小的数输出，然后从 0~9 输出数字，每个数字输出次数为其剩余个数。

以样例为例，最高位为个数不为 0 的最小的数 1，此后 1 的剩余个数减 1（由 2 变为 1）。

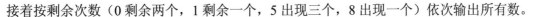

接着按剩余次数（0 剩余两个，1 剩余一个，5 出现三个，8 出现一个）依次输出所有数。

策略正确性的证明：首先，由于所有数字都必须参与组合，因此最后结果的位数是确定的。然后，由于最高位不能为 0，因此需要从[1, 9]中选择**最小**的数输出（如果存在两个长度相同的数的最高位不同，那么一定是最高位小的数更小）。最后，针对除最高位外的所有位，也是从高位到低位优先选择[0, 9]中还存在的**最小**的数输出。

注意点

由于第一位不能是 0，因此第一个数字必须从 1~9 中选择最小的存在的数字，且找到这样的数字之后要及时中断循环。

参考代码

```
#include <cstdio>
int main() {
    int count[10];   //记录数字 0~9 的个数
    for(int i = 0; i < 10; i++) {
        scanf("%d", &count[i]);
    }
    for(int i = 1; i < 10; i++) {   //从 1~9 中选择 count 不为 0 的最小的数字
        if(count[i] > 0) {
            printf("%d", i);
            count[i]--;
            break;   //找到一个之后就 break
        }
    }
    for(int i = 0; i < 10; i++) {   //从 0 ~ 9 输出对应个数的数字
        for(int j = 0; j < count[i]; j++) {
            printf("%d", i);
        }
    }
    return 0;
}
```

B1020/A1070. 月饼 (25)

Time Limit: 100 ms   Memory Limit: 65 536 KB

题目描述

月饼是中国人在中秋佳节时吃的一种传统食品，且在不同地区有着许多不同的风味。现给定所有种类月饼的库存量、总售价以及市场的最大需求量，请计算可以获得的最大收益。

注意：销售时允许取出一部分库存。样例给出的情形是这样的：假如有三种月饼，其库存量分别为 18、15、10 万 t，总售价分别为 75、72、45 亿元。如果市场的最大需求量只有 20 万 t，那么最大收益策略应该是卖出全部 15 万 t 第二种月饼以及 5 万 t 第三种月饼，获得 $72 + 45/2 = 94.5$（亿元）。

输入格式

每个输入包含一个测试用例。每个测试用例先给出一个不超过 1000 的正整数 N，表示月饼的种类数；不超过 500（以万 t 为单位的正整数 D，表示市场最大需求量）。随后一行给出 N 个正数，表示每种月饼的库存量（以万 t 为单位）。最后一行给出 N 个正数，表示每种月饼的总售价（以亿元为单位）。数字间以空格分隔。

输出格式

对每组测试用例，在一行中输出最大收益，以亿元为单位并精确到小数点后两位。

输入样例

```
3 20
18 15 10
75 72 45
```

输出样例

```
94.50
```

题意

现有月饼需求量为 D，已知 n 种月饼各自的库存量和总售价，问如何销售这些月饼，使得可以获得的收益最大。求最大收益。

思路

步骤 1：使用"总是选择单价最高的月饼出售，可以获得最大的利润"这一策略。

因此，对每种月饼，都根据其库存量和总售价来计算出该种月饼的单价。之后，将所有月饼按单价从高到低排序。

步骤 2：从单价高的月饼开始枚举。

① 如果该种月饼的库存量不足以填补所有需求量，则将该种月饼全部卖出，此时需求量减少该种月饼的库存量大小，收益值增加该种月饼的总售价大小。

② 如果该种月饼的库存量足够供应需求量，则只提供需求量大小的月饼，此时收益值增加当前需求量乘以该种月饼的单价，而需求量减为 0。

这样，最后得到的收益值即为所求的最大收益值。

策略正确性的证明：假设有两种单价不同的月饼，其单价分别为 a 和 b（a < b）。如果当前需求量为 K，那么两种月饼的总收入分别为 aK 与 bK，而 aK < bK 显然成立，因此需要出售单价更高的月饼。

注意点

① 月饼库存量和总售价可以是浮点数（题目中只说是正数，没说是正整数），需要用 double 型存储。总需求量 D 虽然题目说是正整数，但是为了后面计算方便，也需要定义为浮点型。很多得到"答案错误"的代码都错在这里。

② 在月饼库存量高于需求量时，不能先令需求量为 0，然后再计算收益，这会导致该步收益为 0。

③ 在月饼库存量高于需求量时，要记得中断循环，否则会出错。

参考代码

```
#include <cstdio>
```

```
#include <algorithm>
using namespace std;
struct mooncake {
    double store;  //库存量
    double sell;  //总售价
    double price;  //单价
}cake[1010];
bool cmp(mooncake a, mooncake b) {  //按单价从高到低排序
    return a.price > b.price;
}
int main() {
    int n;
    double D;
    scanf("%d%lf", &n, &D);
    for(int i = 0; i < n; i++) {
        scanf("%lf", &cake[i].store);
    }
    for(int i = 0; i < n; i++) {
        scanf("%lf", &cake[i].sell);
        cake[i].price = cake[i].sell / cake[i].store;  //计算单价
    }
    sort(cake, cake + n, cmp);  //按单价从高到低排序
    double ans = 0;  //收益
    for(int i = 0; i < n; i++) {
        if(cake[i].store <= D) {  //如果需求量大于月饼库存量
            D -= cake[i].store;  //第 i 种月饼全部卖出
            ans += cake[i].sell;
        } else {  //如果月饼库存量高于需求量
            ans += cake[i].price * D;  //只卖出剩余需求量的月饼
            break;
        }
    }
    printf("%.2f\n", ans);
    return 0;
}
```

A1033. To Fill or Not to Fill (25)

Time Limit: 10 ms   Memory Limit: 65 536 KB

题目描述

With highways available, driving a car from Hangzhou to any other city is easy. But since the

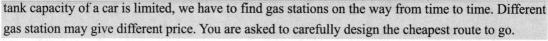

tank capacity of a car is limited, we have to find gas stations on the way from time to time. Different gas station may give different price. You are asked to carefully design the cheapest route to go.

输入格式

Each input file contains one test case. For each case, the first line contains 4 positive numbers: Cmax (≤100), the maximum capacity of the tank; D (≤30000), the distance between Hangzhou and the destination city; Davg (≤20), the average distance per unit gas that the car can run; and N (≤500), the total number of gas stations. Then N lines follow, each contains a pair of non-negative numbers: Pi, the unit gas price, and Di (≤D), the distance between this station and Hangzhou, for i=1,⋯N. All the numbers in a line are separated by a space.

输出格式

For each test case, print the cheapest price in a line, accurate up to 2 decimal places. It is assumed that the tank is empty at the beginning. If it is impossible to reach the destination, print "The maximum travel distance = X" where X is the maximum possible distance the car can run, accurate up to 2 decimal places.

（原题即为英文题）

输入样例 1

```
50 1300 12 8
6.00 1250
7.00 600
7.00 150
7.10 0
7.20 200
7.50 400
7.30 1000
6.85 300
```

输出样例 1

```
749.17
```

输入样例 2

```
50 1300 12 2
7.10 0
7.00 600
```

输出样例 2

The maximum travel distance = 1200.00

题意

已知起点与终点的距离为 D，油箱的最大油量为 Cmax，单位汽油能够支持前进 Davg。给定 N 个加油站的单位油价和离起点的距离（所有加油站都在一条线上），汽车初始时刻处于起点位置，油箱为空，且可以在任意加油站购买任意量的汽油（前提是不超过油箱容量），求从起点到终点的最小花费。如果无法到达终点，则输出能够行驶的最远距离。

思路

步骤 1：把终点视为单位油价为 0、离起点距离为 D 的加油站，然后将所有加油站按离起点的距离从小到大进行排序。排序完毕后，如果离起点最近的加油站的距离不是 0，则表示汽车无法出发（初始时刻油量为 0），输出"The maximum travel distance = 0.00"；如果离起点最近的加油站的距离是 0（即加油站就在起点），则进入步骤 2。

步骤 2：假设当前所处的加油站编号为 now，接下来将从满油状态下能到达的所有加油站中选出下一个前往的加油站，策略如下：

① 寻找距离当前加油站最近的油价低于当前油价的加油站（记为 k），加恰好能够到达加油站 k 的油，然后前往加油站 k（即**优先前往更低油价的加油站**）。

② 如果找不到油价低于当前油价的加油站，则寻找油价最低的加油站，在当前加油站加满油，然后前往加油站 k（即**在没有更低油价的加油站时，前往油价尽可能低的加油站**）。

③ 如果在满油状态下都找不到能到达的加油站，则最远能到达的距离为当前加油站的距离加上满油状态下能前进的距离，结束算法（即**没有加油站可以到达时结束算法**）。

上面的策略当满足条件③、或者到达加油站 n（即终点）时结束。其中①和②的证明如下。

策略①的证明：假设三个加油站的顺序为 a、b、c（当前在加油站 a），且油价大小为 a > b（与 c 的油价大小无关），则先从 a 加能到达 b 的油，然后在 b 加能到达 c 的油，要比直接从 a 加能到达 c 的油要节省（因为 a 的油价比 b 高）。因此，在所有能到达的加油站中，总是优先选择最近的油价低于当前油价的加油站。

策略②的证明：假设三个加油站的顺序为 a、b、c（当前在加油站 a），且油价大小为 a < b < c，显然应该先在 a 加满油（因为 b、c 油价高），然后前往 b、c 中油价较低的加油站 b（如果一定要去 c，也应该是先到油价相对便宜的 b，然后去 c 才更划算（从 c 出发买油价格高，还不如在 b 先买好））。

下面结合样例 1 来模拟这种贪心的策略。

先将所有加油站按距离从小到大排序，并计算出满油状态下最远前进长度为 600。

```
0, 7.10, 0
1, 7.00, 150
2, 7.20, 200
3, 6.85, 300
4, 7.50, 400
5, 7.00, 600
6, 7.30, 1000
7, 6.00, 1250
8, 0.00, 1300
```

① 当前处于 0 号加油站，长度 600 内能到达 1、2、3、4、5 号加油站。在这些加油站中，能找到第一个油价低于当前油价的加油站，即 1 号（7.00 < 7.10），因此加恰好能够到达 1 号加油站的油，然后前往 1 号加油站。

② 当前处于 1 号加油站，长度 600 内能到达 2、3、4、5 号加油站。在这些加油站中，能找到第一个油价低于当前油价的加油站，即 3 号（6.85 < 7.00），因此加恰好能够到达 3 号加油站的油，然后前往 3 号加油站。

③ 当前处于 3 号加油站，长度 600 内能到达 4、5 号加油站。在这些加油站中，找不到油价低于当前油价的加油站，因此选择其中油价最低的加油站，即 5 号。然后在当前加油站

加满油（因为当前加油站的油价便宜），前往 5 号加油站。

④ 当前处于 5 号加油站，长度 600 内能到达 6 号加油站。在这些加油站中（虽然只有一个加油站能到达），找不到油价低于当前油价的加油站，因此选择其中油价最低的加油站，即 6 号。然后在当前加油站加满油，前往 6 号加油站。

⑤ 当前处于 6 号加油站，长度 600 内能到达 7、8 号加油站。在这些加油站中，能找到第一个油价低于当前油价的加油站，即 7 号（6.00 < 7.30），因此加恰好能够到 7 号加油站的油，然后前往 7 号加油站。

⑥ 当前处于 7 号加油站，长度 600 内能到达 8 号加油站。在这些加油站中，能找到第一个油价低于当前油价的加油站，即 8 号（0.00 < 6.00），因此加恰好能够到 8 号加油站的油，然后前往 8 号加油站。由于 8 号加油站即为终点，因此算法结束。

注意：在具体实现中，策略①与策略②的寻找加油站的过程可以合在一起，即在所有满油状态下能到达的加油站中，选出油价最低的那个加油站，而一旦在枚举过程中找到第一个油价低于当前油价的加油站，那么就退出循环，结束选择过程。

```
int k = -1;                      //最低油价的加油站的编号
double priceMin = INF;          //最低油价
for(int i = now + 1; i <= n && st[i].dis - st[now].dis <= MAX; i++) {
    if(st[i].price < priceMin) {     //如果油价比当前最低油价低
        priceMin = st[i].price;      //更新最低油价
        k = i;
        if(priceMin < st[now].price) {
            break;   //如果找到第一个油价低于当前油价的加油站，直接中断循环
        }
    }
}
```

注意点

① 在距离为 0 处必须有加油站，否则无法出发，一定无法到达终点。

② Cmax、D、Davg、油价、距离都可能是浮点型，不能设置成 int 型。

参考代码

```
#include <cstdio>
#include <algorithm>
using namespace std;
const int maxn = 510;
const int INF = 1000000000;
struct station {
    double price, dis;       //价格、与起点的距离
}st[maxn];
bool cmp(station a, station b) {
    return a.dis < b. dis;  //按距离从小到大排序
}
```

```
int main() {
    int n;
    double Cmax, D, Davg;
    scanf("%lf%lf%lf%d", &Cmax, &D, &Davg, &n);
    for(int i = 0; i < n; i++) {
        scanf("%lf%lf", &st[i].price, &st[i].dis);
    }
    st[n].price = 0;        //数组最后面放置终点，价格为 0
    st[n].dis = D;          //终点距离为 D
    sort(st, st + n, cmp);  //将所有加油站按距离从小到大排序
    if(st[0].dis != 0) {    //如果排序后的第一个加油站距离不是 0，说明无法前进
        printf("The maximum travel distance = 0.00\n");
    } else {
        int now = 0;        //当前所处的加油站编号
        //总花费、当前油量及满油行驶距离
        double ans = 0, nowTank = 0, MAX = Cmax * Davg;
        while(now < n) {     //每次循环将选出下一个需要到达的加油站
        //选出从当前加油站满油能到达范围内的第一个油价低于当前油价的加油站
            //如果没有低于当前油价的加油站，则选择价格最低的那个
            int k = -1;                  //最低油价的加油站的编号
            double priceMin = INF;       //最低油价
            for(int i=now+1; i<=n && st[i].dis-st[now].dis<=MAX; i++) {
                if(st[i].price < priceMin) {    //如果油价比当前最低油价低
                    priceMin = st[i].price;     //更新最低油价
                    k = i;
                    //如果找到第一个油价低于当前油价的加油站，直接中断循环
                    if(priceMin < st[now].price) {
                        break;
                    }
                }
            }
            if(k == -1) break;  //满油状态下无法找到加油站，退出循环输出结果
            //下面为能找到可到达的加油站 k，计算转移花费
            //need 为从 now 到 k 需要的油量
            double need = (st[k].dis - st[now].dis) / Davg;
            if(priceMin < st[now].price) {  //如果加油站 k 的油价低于当前油价
                //只头足够到达加油站 k 的油
                if(nowTank < need) {    //如果当前油量不足 need
                    ans += (need - nowTank) * st[now].price;    //补足 need
                    nowTank = 0;        //到达加油站 k 后油箱内油量为 0
```

```
        } else {        //如果当前油量超过 need
            nowTank -= need;        //直接到达加油站 k
        }
    } else {        //如果加油站 k 的油价高于当前油价
        ans += (Cmax - nowTank) * st[now].price;        //将油箱加满
        //到达加油站 k 后油箱内油量为 Cmax-need
        nowTank = Cmax - need;
    }
    now = k;        //到达加油站 k，进入下一层循环
}
if(now == n) {    //能到达终点
    printf("%.2f\n", ans);
} else {            //不能到达终点
    printf("The maximum travel distance = %.2f\n", st[now].dis + MAX);
}
    }
    return 0;
}
```

A1037. Magic Coupon (25)

Time Limit: 100 ms   Memory Limit: 65 536 KB

题目描述

The magic shop in Mars is offering some magic coupons. Each coupon has an integer N printed on it, meaning that when you use this coupon with a product, you may get N times the value of that product back! What is more, the shop also offers some bonus product for free. However, if you apply a coupon with a positive N to this bonus product, you will have to pay the shop N times the value of the bonus product··· but hey, magically, they have some coupons with negative N's!

For example, given a set of coupons {1 2 4 –1}, and a set of product values {7 6 –2 –3} (in Mars dollars M$) where a negative value corresponds to a bonus product. You can apply coupon 3 (with N being 4) to product 1 (with value M$7) to get M$28 back; coupon 2 to product 2 to get M$12 back; and coupon 4 to product 4 to get M$3 back. On the other hand, if you apply coupon 3 to product 4, you will have to pay M$12 to the shop.

Each coupon and each product may be selected at most once. Your task is to get as much money back as possible.

输入格式

Each input file contains one test case. For each case, the first line contains the number of coupons NC, followed by a line with NC coupon integers. Then the next line contains the number of products NP, followed by a line with NP product values. Here $1 \leqslant NC, NP \leqslant 10^5$, and it is guaranteed that all the numbers will not exceed 2^{30}.

输出格式

For each test case, simply print in a line the maximum amount of money you can get back.

输入样例

```
4
1 2 4 –1
4
7 6 –2 –3
```

输出样例

```
43
```

题意

给出两个集合，从这两个集合中分别选取相同数量的元素进行一对一相乘，问能得到的乘积之和最大是多少。

样例解释

从第一个集合中选取 4，第二个集合中选取 7，乘积为 28。

从第一个集合中选取 2，第二个集合中选取 6，乘积为 12。

从第一个集合中选取–1，第二个集合中选取–3，乘积为 3。

乘积之和为 28 + 12 + 3 = 43。

思路

从直观上可以很容易想到如下的贪心**策略**：

对于每一个集合，将正数和负数分开考虑（0 不作考虑，因为 0 乘以任何元素都是 0，对乘积之和没有影响）。然后对每个集合的正数按照从大到小顺序进行排序；对于负数，按从小到大顺序进行排序。排序完毕后，对两个集合进行相同位置上的正数与正数相乘、负数与负数相乘的操作，累加所得乘积即可。从直观上可以这样理解这个策略：对于正数，肯定是大的正数乘以大的正数所得到的乘积更大；对于负数，肯定是小的负数乘以小的负数所得到的乘积更大。复杂度 O(N)。

以样例为例，对第一个集合，把正数和负数拆开并排序，得到：

```
{4, 2, 1} {-1}
```

对第二个集合，把正数和负数拆开并排序，得到：

```
{7, 6} {-3, -2}
```

接下来将两个集合的相同位置上的正数相乘，得 $4 \times 7 + 2 \times 6 = 40$，然后把相同位置上的负数相乘，得 $(-1) \times (-3) = 3$，因此最大和为 40 + 3 = 43。

下面来证明下这个**策略的正确性**，即对两个递减正数序列 $\{a, b\}$ 与 $\{c, d\}$，有 $ac + bd > ad + bc$ 成立。

证明：$\because a > b$

$\therefore a - b > 0$

$\because c > d$

$\therefore (a - b)c > (a - b)d$

$\therefore ac - bc > ad - bd$

$\therefore ac + bd > ad + bc$

证毕。

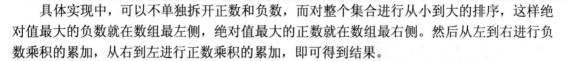

具体实现中，可以不单独拆开正数和负数，而对整个集合进行从小到大的排序，这样绝对值最大的负数就在数组最左侧，绝对值最大的正数就在数组最右侧。然后从左到右进行负数乘积的累加，从右到左进行正数乘积的累加，即可得到结果。

注意点

① 代码要能处理正数和负数个数不相同且有 0 的情况：

```
5
-2 -3 3 4 5
6
-3 -2 -4 -1 0 7
//output
53
```

② 在进行排序后取两个集合的最大正数时，应当是分别取位置 $n-1$ 与 $m-1$，而不是取它们的最小值 $\min\{n-1, m-1\}$。

③ 进行累加的循环中，不能以 coupon[i] * product[i] > 0（处理负数时）或 coupon[i] * coupon[j] > 0（处理正数时）作为判断条件，因为会在两个集合正数个数相等、负数个数相等时发生错误：

```
4
-3 -2 3 4
4
-2 -1 2 3
//output
26
```

④ 题目中 "it is guaranteed that all the numbers will not exceed 2^{30}" 的表述应当也包括了乘积之和不超过 2^{30} 的含义，因为数据中没有超过 int 的计算结果。但是为了保险起见，可以令结果的数据类型为 long long，以免越界。

参考代码

```cpp
#include <cstdio>
#include <algorithm>
using namespace std;
const int maxn = 100010;
int coupon[maxn], product[maxn];
int main() {
    int n, m;
    scanf("%d", &n);
    for(int i = 0; i < n; i++) {
        scanf("%d", &coupon[i]);
    }
    scanf("%d", &m);
    for(int i = 0; i < m; i++) {
```

```
        scanf("%d", &product[i]);
    }
    sort(coupon, coupon + n);        //从小到大排序
    sort(product, product + m);      //从小到大排序
    int i = 0, j, ans = 0;           //ans 存放乘积之和
    while(i < n && i < m && coupon[i] < 0 && product[i] < 0) {
        ans += coupon[i] * product[i];   //当前位置均小于 0 时，累加乘积
        i++;
    }
    i = n - 1;
    j = m - 1;
    while(i >= 0 && j >= 0 && coupon[i] > 0 && product[j] > 0) {
        ans += coupon[i] * product[j];   //当前位置均大于 0 时，累加乘积
        i--, j--;
    }
    printf("%d\n", ans);
    return 0;
}
```

A1067. Sort with Swap(0,*) (25)

Time Limit: 100 ms   Memory Limit: 65 536 KB

题目描述

Given any permutation of the numbers {0, 1, 2,···, N–1}, it is easy to sort them in increasing order. But what if Swap(0, *) is the ONLY operation that is allowed to use? For example, to sort {4, 0, 2, 1, 3} we may apply the swap operations in the following way:

Swap(0, 1) => {4, 1, 2, 0, 3}

Swap(0, 3) => {4, 1, 2, 3, 0}

Swap(0, 4) => {0, 1, 2, 3, 4}

Now you are asked to find the minimum number of swaps need to sort the given permutation of the first N nonnegative integers.

输入格式

Each input file contains one test case, which gives a positive N ($\leqslant 10^5$) followed by a permutation sequence of {0, 1,···, N–1}. All the numbers in a line are separated by a space.

输出格式

For each case, simply print in a line the minimum number of swaps need to sort the given permutation.

（原题即为英文题）

输入样例

10 3 5 7 2 6 4 9 0 8 1

输出样例

9

题意

给出 0, 1,⋯, N–1 的一个序列,要求通过两两交换的方式将其变为递增序列,但是规定每次只能用 0 与其他数进行交换。求最小交换次数。

思路

由于必须使用数字 0 跟其他数进行交换,因此直观上可以很容易想到的**策略**是:如果数字 0 当前在 i 号位,则找到数字 i 当前所处的位置,然后把 0 与 i 进行交换。例如,对样例来说,初始状态下数字 0 在 7 号位,而数字 7 此时在 2 号位,因此将 7 号位的 0 与 2 号位的 7 进行交换,并得到新序列 3 5 0 2 6 4 9 7 8 1。重复这个操作,可以得到下一个序列为 3 5 2 0 6 4 9 7 8 1。该策略希望通过重复这个操作,直到序列变为有序。

但是由此发现,这个策略并不能完全解决问题,因为一旦在交换过程中(或是初始序列时)数字 0 回到了 0 号位,按上面的算法就不能将其与一个确定的数交换,这时就要想办法处理这种情况。通过思考发现,通过该策略,一旦一个非零的数字回到了它原先的位置,在后面的步骤中就不应当再让 0 去与它交换,否则会让交换次数变多。也就是说,非零的数字在回到其"本位"后将不再变动。

这就得到一个启示:如果在交换过程中出现数字 0 在 0 号位的情况,就随意选择一个还没有回到"本位"的数字,让其与数字 0 交换位置。显然,这种交换不会对已经在"本位"的数字产生影响,但却使得上面的策略得以继续执行。

以样例为例模拟该策略:

第一步:0 在 7 号位,因此将 0 与 7 交换,得到序列 3 5 0 2 6 4 9 7 8 1。

第二步:0 在 2 号位,因此将 0 与 2 交换,得到序列 3 5 2 0 6 4 9 7 8 1。

第三步:0 在 3 号位,因此将 0 与 3 交换,得到序列 0 5 2 3 6 4 9 7 8 1。

第四步:0 在 0 号位,因此将 0 与一个还未在本位的数字 5 交换,得到序列 5 0 2 3 6 4 9 7 8 1。

第五步:0 在 1 号位,因此将 0 与 1 交换,得到序列 5 1 2 3 6 4 9 7 8 0。

第六步:0 在 9 号位,因此将 0 与 9 交换,得到序列 5 1 2 3 6 4 0 7 8 9。

第七步:0 在 6 号位,因此将 0 与 6 交换,得到序列 5 1 2 3 0 4 6 7 8 9。

第八步:0 在 4 号位,因此将 0 与 4 交换,得到序列 5 1 2 3 4 0 6 7 8 9。

第九步:0 在 5 号位,因此将 0 与 5 交换,得到序列 0 1 2 3 4 5 6 7 8 9。

此时序列有序,总交换次数为 9 次。

这个**策略的证明**很直观。由于 0 必须参加交换操作,因此通过该策略,每步总是可以将一个非零的数回归本位。如果用 0 与其他不是该位置编号的数进行交换,显然会产生一个无效操作,因为后续操作中还是需要将刚才交换的数换回本位,因此该策略能将无效操作次数(与 0 交换的数没有回归本位的次数)降到最小,于是最优。

具体实现上,可以使用 int 型变量 left 记录除零以外不在本位上的数的个数,并在读入数据时预处理其初值。然后采用下面伪代码的思路编写代码:

```
while(left > 0) {
    if(0 在 0 号位上) {
        找到一个不在本位上的数,令其与 0 交换;
```

```
            交换次数++;
        }
        while(0 不在 0 号位) {
            将 0 所在位置的数与 0 交换;
            交换次数++;
            left--;
        }
    }
```

注意点

① 在循环中寻找一个不在本位上的数时，如果每次都从头开始枚举序列中的数，判断其是否在其本位上，则会有两组数据超时（因为复杂度是二次方级的）。更合适的做法是利用每个移回本位的数在后续操作中不再移动的特点，从整体上定义一个变量 k，用来保存目前序列中不在本位上的最小数（初始为 1），当交换过程中出现 0 回归本位的情况时，总是从当前的 k 开始继续增大寻找不在本位上的数，这样就能保证复杂度从整体上是线性级别（k 在整个算法过程中最多只会从 0 增长到 n）。

② 下面给出几组可能出错的数据：

```
5 0 1 2 3 4
//output
0

5 1 2 3 4 0
//output
4

9 0 2 1 4 3 6 5 8 7
//output
12
```

③ 交换操作可以使用 algorithm 头文件下的 swap 函数直接实现，实现细节可以参照配套用书第 6 章的内容，也可以自己手写一个交换函数实现。

参考代码

```cpp
#include <cstdio>
#include <algorithm>
using namespace std;
const int maxn = 100010;
int pos[maxn];          //存放各数字当前所处的位置编号
int main() {
    int n, ans = 0;     //ans 表示总交换次数
    scanf("%d", &n);
    int left = n - 1, num;  //left 存放除 0 以外不在本位上的数的个数
```

```
    for(int i = 0; i < n; i++) {
        scanf("%d", &num);
        pos[num] = i;       //num所处的位置为i
        if(num == i && num != 0) {      //如果除0以外有在本位上的数
            left--;         //令left减1
        }
    }
    int k = 1;  //k存放除0以外当前不在本位上的最小的数
    while(left > 0) {       //只要还有数不在本位上
        //如果0在本位上，则寻找一个当前不在本位上的数与0交换
        if(pos[0] == 0) {
            while(k < n) {
                if(pos[k] != k) {               //找到一个当前不在本位上的数k
                    swap(pos[0], pos[k]);       //将k与0交换位置
                    ans++;                      //交换次数加1
                    break;                      //退出循环
                }
                k++;        //判断k+1是否在本位
            }
        }
        //只要0不在本位，就将0所在位置的数的当前所处位置与0的位置交换
        while(pos[0] != 0) {
            swap(pos[0], pos[pos[0]]);  //将0与pos[0]交换
            ans++;          //交换次数加1
            left--;         //不在本位上的数的个数减1
        }
    }
    printf("%d\n", ans);    //输出结果
    return 0;
}
```

A1038. Recover the Smallest Number (30)

Time Limit: 400 ms   Memory Limit: 65 536 KB

题目描述

Given a collection of number segments, you are supposed to recover the smallest number from them. For example, given {32, 321, 3214, 0229, 87}, we can recover many numbers such like 32-321-3214-0229-87 or 0229-32-87-321-3214 with respect to different orders of combinations of these segments, and the smallest number is 0229-321-3214-32-87.

输入格式

Each input file contains one test case. Each case gives a positive integer N (≤10000) followed

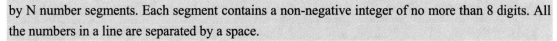

by N number segments. Each segment contains a non-negative integer of no more than 8 digits. All the numbers in a line are separated by a space.

输出格式

For each test case, print the smallest number in one line. Do not output leading zeros.

输入样例

5 32 321 3214 0229 87

输出样例

22932132143287

题意

给出若干可能有前导零的数字串，将它们按某个顺序拼接，使生成的数最小。

样例解释

将数字串按 0229、321、3214、32、87 的顺序拼接，其中 0229 由于处于最高位，需将前导零舍去。这样可以得到最小数 22932132143287。

思路

很多读者看了样例，会觉得只要把这些数字串按字典序从小到大排序，然后按顺序输出就可以了。这种想法方向似乎是对的。但是来看样例中的例子：{ "32"，"321" }，排序结果是{ "32"，"321" }，那么获得的答案就是 32321，但是实际上有更小的答案 32132。所以这种贪心是错误的。

那么，如何获得正确的答案呢？其实上面的做法已经很接近最小数字了，只是局部上有一些问题。根据上面的反例，可以想到这样的贪心策略：对数字串 S_1 与 S_2，如果 $S_1 + S_2 < S_2 + S_1$（加号表示拼接），那么把 S_1 放在 S_2 的前面；否则，把 S_2 放在 S_1 的前面。

但是这样的策略能否保证结果的正确性呢？下面尝试进行如下证明：

证明：假设有数字串 $S_1 + S_2 + ... + S_{k-1} + S_k + ... + S_n$，且对任意 $i \in [1, n]$，有 $S_k + S_i < S_i + S_k$ 成立（也即是说，S_k 与其他数字串拼接时，S_k 总是排在前面更优）。那么考虑 $S_{k-1} + S_k$ 部分，显然有 $S_k + S_{k-1} < S_{k-1} + S_k$ 成立，因此 $S_1 + S_2 + \cdots + S_k + S_{k-1} + \cdots + S_n < S_1 + S_2 + \cdots + S_{k-1} + S_k + \cdots + S_n$ 成立，这样 S_k 就提前了一个位置。接下来考虑 $S_{k-2} + S_k$ 部分，同理可以得到 $S_1 + S_2 + \cdots + S_k + S_{k-2} + \cdots + S_n < S_1 + S_2 + \cdots + S_{k-2} + S_k + \cdots + S_n$，因此 S_k 又提前了一个位置。依此类推，最终 S_k 将提前到第一个位置，得到 $S_k + S_1 + S_2 + \cdots + S_{k-1} + S_{k+1} + \cdots + S_n$。同理，对 S_k 之后的部分也可以使用同样的思路将某个数字串提前到 S_k 的后面，使得结果串更小。这样的操作直到所有数字串都处理完毕，就得到了所求的最小数。证毕。

具体实现时，可以将上面的思路写在 cmp 函数中，然后直接使用 sort 函数实现。注意：排序后需要去掉整个序列的前导零。

注意点

① 本题使用二维 char 数组进行 sort 排序的写法会比较麻烦，因此这里使用 string 来进行编写代码。在看参考代码前，请先学习配套用书 6.3 节 string 的内容。学会 string 可以使代码的编写更为容易和简洁，因为 string 是处理字符串强有力的工具。

② 结果串的所有前导零都需要去除。但也要注意，如果去除前导零后串的长度变为 0（说明结果串应为 0），则输出 "0"。

```
3 00 0000 000
//output
0


3 00 0020 000
//output
20
```

参考代码

```cpp
#include <iostream>
#include <cstdio>
#include <string>
#include <algorithm>
using namespace std;
const int maxn = 10010;
string str[maxn];
bool cmp(string a, string b) {
    return a + b < b + a;   //如果a+b<b+a，就把a排在前面
}
int main() {
    int n;
    cin >> n;
    for(int i = 0; i < n; i++) {
        cin >> str[i];
    }
    sort(str, str + n, cmp);   //排序
    string ans;      //结果字符串
    for(int i = 0; i < n; i++) {
        ans += str[i]; //将排序后的数字串进行拼接
    }
    while(ans.size() != 0 && ans[0] == '0') {
        ans.erase(ans.begin());      //去除前导零
    }
    if(ans.size() == 0) cout << 0;  //去除前导零后为空，输出0
    else cout << ans;        //否则输出结果
    return 0;
}
```

本节二维码

4.5 二 分

B1030/A1085. 完美数列 (25)

Time Limit: 300 ms   Memory Limit: 65 536 KB

题目描述

给定一个正整数数列和正整数 p，设这个数列中的最大值是 M，最小值是 m，如果 M≤ m * p，则称这个数列是"完美数列"。

现在给定参数 p 和一些正整数，请你从中选择尽可能多的数以构成一个"完美数列"。

输入格式

输入第一行给出两个正整数 N 和 p，其中 N（≤10^5）是输入正整数的个数，p（≤10^9）是给定的参数。第二行给出 N 个正整数，每个数不超过 10^9。

输出格式

在一行中输出最多可以选择的数，以便用它们组成一个"完美数列"。

输入样例

```
10 8
2 3 20 4 5 1 6 7 8 9
```

输出样例

```
8
```

题意

从 N 个正整数中选择若干个数，使得选出的这些数中的最大值不超过最小值的 p 倍。问满足条件的选择方案中，选出的数的最大个数。

思路

由于题干中涉及序列的最大值和最小值，因此不妨先将所有 N 个正整数从小到大进行排序。在此基础上证明：**能使选出的数个数最大的方案，一定是在该递增序列中选择连续的若干个数的方案。**

证明：设递增序列 A 为 $\{a_1, a_2, \cdots, a_i, a_{i+1}, \cdots, a_{i+m}, \cdots, a_j, \cdots, a_n\}$，假设从中能选出的个数最大的方案为 $\{a_i, a_{i+1}, \cdots, a_{i+m}, a_j\}$，即 $a_i, a_{i+1}, \cdots, a_{i+m}$ 为序列中连续的数，a_j 为与其在序列中不连续的数。因此该方案中的最大值为 a_j，最小值为 a_i，且满足 $a_j \leq a_i * p$。而事实上，由于原序列 A 中元素是递增的，因此可以把方案扩充为连续序列 $\{a_i, a_{i+1}, \cdots, a_j\}$，而这个序列的最大值仍然为 a_j，最小值仍然为 a_i，因此 $a_j \leq a_i * p$ 仍然成立。于是就找到了一个新的序列，使得它的长度比原先不连续序列的长度要长。因此假设不成立，得出结论：能使选出的数的个数最大的方案，一定是在该递增序列中选择连续的若干个数的方案。证毕。

于是问题就转换成：在一个给定的递增序列中，确定一个左端点 a[i] 和一个右端点 a[j]，使得 a[j]≤a[i] * p 成立，且 j−i 最大。

如果强制进行 $O(n^2)$ 的二重循环枚举，那么根据题目的数据范围，肯定是会超时的。这里有两种方法来解决这个问题：二分查找和 two pointers，请读者使用两种方法各通过一次本题。本节讲解二分查找的做法。

从左至右扫描序列，对其中的每一个数 a[i]，在 a[i+1] ~ a[n−1] 内二分查找第一个超过 a[i] * p 的数的位置 j，这样 j − i 就是对位置 i 来说满足 a[j]≤a[i] * p 的最远长度。取所有 j − i 的最大值即为所求的答案，时间复杂度为 $O(\log n)$。

注意点

① p 与序列中的元素均可能达到 10^9，因此 a[i] * p 可能达到 10^{18}，必须使用 long long 进行强制类型转换，或是直接把序列中的元素都定义为 long long 型。

② 二分查找的写法中，需要考虑序列中的所有数都不超过 a[i] * p 的情况，即下面这组数据应当输出 3。

```
3 3
1 2 3
```

③ 二分查找可以使用 upper_bound 函数来代替，可使代码简短许多。

参考代码

（1）二分查找

```
#include <cstdio>
#include <algorithm>
using namespace std;
const int maxn = 100010;
int n, p, a[maxn];

//binarySearch 函数在[i+1, n-1]范围内查找第一个大于 x 的数的位置
int binarySearch(int i, long long x) {
    if(a[n - 1] <= x) return n;      //如果所有数都不大于 x，返回 n
    int l = i + 1, r = n - 1, mid;   //在[i+1, n-1]内查找
    while(l < r) {
        mid = (l + r) / 2;
        if(a[mid] <= x) {   //若 a[mid]<=x，说明第一个大于 x 的数只可能在 mid 后面
            l = mid + 1;     //左端点记为 mid+1
        } else {            //若 a[mid]>x，说明第一个大于 x 的数在 mid 之前（含 mid）
            r = mid;        //右端点记为 mid
        }
    }
    return l;    //由于 while 结束时 l==r，因此返回 l 或者 r 皆可
}

int main() {
```

```
    scanf("%d%d", &n, &p);
    for(int i = 0; i < n; i++) {
        scanf("%d", &a[i]);
    }
    sort(a, a + n);        //递增排序
    int ans = 1;            //最大长度，初值为 1（表示至少有一个数）
    for(int i = 0; i < n; i++) {
        //在 a[i+1]~a[n-1]中查找第一个超过 a[i]*p 的数，返回其位置给 j
        int j = binarySearch(i, (long long)a[i] * p);
        ans = max(ans, j - i);        //更新最大长度
    }
    printf("%d\n", ans);    //输出结果
    return 0;
}
```

（2）二分查找（使用 upper_bound 函数）

```
#include <cstdio>
#include <algorithm>
using namespace std;
const int maxn = 100010;
int n, p, a[maxn];

int main() {
    scanf("%d%d", &n, &p);
    for(int i = 0; i < n; i++) {
        scanf("%d", &a[i]);
    }
    sort(a, a + n);        //递增排序
    int ans = 1;            //最大长度，初值为 1（表示至少有一个数）
    for(int i = 0; i < n; i++) {
        //在 a[i+1]~a[n-1]中查找第一个超过 a[i]*p 的数，返回其位置给 j
        int j = upper_bound(a + i + 1, a + n, (long long)a[i] * p) - a;
        ans = max(ans, j - i);        //更新最大长度
    }
    printf("%d\n", ans);    //输出结果
    return 0;
}
```

A1010. Radix (25)

Time Limit: 400 ms   Memory Limit: 65 536 KB

题目描述

Given a pair of positive integers, for example, 6 and 110, can this equation 6 = 110 be true? The answer is "yes", if 6 is a decimal number and 110 is a binary number.

Now for any pair of positive integers N1 and N2, your task is to find the radix of one number while that of the other is given.

输入格式

Each input file contains one test case. Each case occupies a line which contains 4 positive integers:

N1 N2 tag radix

Here N1 and N2 each has no more than 10 digits. A digit is less than its radix and is chosen from the set {0-9, a-z} where 0-9 represent the decimal numbers 0-9, and a-z represent the decimal numbers 10-35. The last number "radix" is the radix of N1 if "tag" is 1, or of N2 if "tag" is 2.

输出格式

For each test case, print in one line the radix of the other number so that the equation N1 = N2 is true. If the equation is impossible, print "Impossible". If the solution is not unique, output the smallest possible radix.

（原题即为英文题）

输入样例 1

6 110 1 10

输出样例 1

2

输入样例 2

1 ab 1 2

输出样例 2

Impossible

题意

输入四个整数 N1、N2、tag、radix。其中 tag==1 表示 N1 为 radix 进制数，tag==2 表示 N2 为 radix 进制数。范围：N1 和 N2 均不超过 10 个数位，且每个数位均为 0 ~ 9 或 a ~ z，其中 0 ~ 9 表示数字 0 ~ 9，a ~ z 表示数字 10 ~ 35。

求 N1 和 N2 中未知进制的那个数是否存在，并满足某个进制时和另一个数在十进制下相等的条件。若存在，则输出满足条件的最小进制；否则，输出 Impossible。

样例解释

样例 1

tag==1，说明 N1=6 是十进制数。

而 110 作为二进制数时，转化为十进制后为 6，和 N1 在十进制下相等。所以存在，输出 2 表示 N1 作为十进制数及 N2 作为二进制数时两者是相等的。

样例 2

tag==1，说明 N1=1 是二进制数。

而 ab 即为(10)(11)，这个数在任意进制下都不可能和二进制下的 1 相等，所以输出 Impossible。

思路

步骤 1：将已经确定进制的数放在 N1，将未确定进制的数放在 N2，以便后面进行统一计算。

步骤 2：将 N1 转换为十进制，使用 long long 类型进行存储（由于题目给定的数据中，可能有 10 个数位，三十六进制，因此结果会超过 int，但是并不会超过 long long）。考虑到**对一个确定的数字串来说，它的进制越大，则将该数字串转换为十进制的结果也就越大**（例如对一个数字串 101，如果它是二进制，那么转换为十进制后为 5；如果它是十六进制，那么转换为十进制后为 272），因此就可以使用二分法。二分 N2 的进制，将 N2 从该进制转换为十进制，令其与 N1 的十进制比较：如果大于 N1 的十进制，说明 N2 的当前进制太大，应往左子区间继续二分；如果小于 N2 的十进制，说明 N2 的当前进制太小，应往右子区间继续二分。当二分结束时即可判断解是否存在。

注意点

① 使用遍历进制的暴力枚举会超时。

② 本题的变量尽量使用 long long 类型。另外，经测试得到，本题中 radix 的范围最大为 INT_MAX，即 $2^{31} - 1$，因此必须在计算过程中判断是否溢出。特别地，数据默认保证已知进制的那个数在转换成十进制时不超过 long long（是的，题中没有说！），因此只需要对未知进制的数在转换成十进制时判断是否溢出（只要在转换过程中某步小于 0 即为溢出）。

③ 当 N1 和 N2 相等时，输出题目给定的 radix 值。

④ N2 进制的下界为所有数位中最大的那个加 1，上界为下界与 N1 的十进制的较大值加 1（假设已知的是 N1 的进制）。

参考代码

```
#include <cstdio>
#include <cstring>
#include <algorithm>
using namespace std;
typedef long long LL;
LL Map[256];                //0~9、a~z 与 0~35 的对应
LL inf = (1LL << 63) - 1;   //long long 的最大值 2^63 - 1，注意加括号

void init() {
    for(char c = '0'; c <= '9'; c++) {
        Map[c] = c - '0';   //将'0'~'9'映射到 0~9
    }
    for(char c = 'a'; c <= 'z'; c++) {
        Map[c] = c - 'a' + 10;      //将'a'~'z'映射到 10~35
    }
}

LL convertNum10(char a[], LL radix, LL t) {   //将 a 转换为十进制，t 为上界
```

```
        LL ans = 0;

        int len = strlen(a);

        for(int i = 0; i < len; i++) {

            ans = ans * radix + Map[a[i]];        //进制转换

            if(ans < 0 || ans > t) return -1;     //溢出或超过 N1 的十进制

        }

        return ans;

    }


    int cmp(char N2[], LL radix, LL t) {  //N2 的十进制与 t 比较

        int len = strlen(N2);

        LL num = convertNum10(N2, radix, t);      //将 N2 转换为十进制

        if(num < 0) return 1;              //溢出，肯定是 N2 > t

        if(t > num) return -1;             //t 较大，返回-1

        else if(t == num) return 0;        //相等，返回 0

        else return 1;                     //num 较大，返回 1

    }


    LL binarySearch(char N2[], LL left, LL right, LL t) {      //二分求解 N2 的进制

        LL mid;

        while(left <= right) {

            mid = (left + right) / 2;

            int flag = cmp(N2, mid, t);      //判断 N2 转换为十进制后与 t 比较

            if(flag == 0) return mid;        //找到解，返回 mid

            else if(flag == -1) left = mid + 1;      //往右子区间继续查找

            else right = mid - 1;                    //往左子区间继续查找

        }

        return -1;       //解不存在

    }


    int findLargestDigit(char N2[]) {      //求最大的数位

        int ans = -1, len = strlen(N2);

        for(int i = 0; i < len; i++) {

            if(Map[N2[i]] > ans) {

                ans = Map[N2[i]];

            }

        }

        return ans + 1;      //最大的数位为 ans，说明进制数的底线是 ans + 1

    }
```

```
char N1[20], N2[20], temp[20];
int tag, radix;
int main() {
    init();
    scanf("%s %s %d %d", N1, N2, &tag, &radix);
    if(tag == 2) {                      //交换N1和N2
        strcpy(temp, N1);
        strcpy(N1, N2);
        strcpy(N2, temp);
    }
    LL t = convertNum10(N1, radix, inf);    //将N1从radix进制转换为十进制
    LL low = findLargestDigit(N2);      //找到N2中数位最大的位加1，当成二分下界
    LL high = max(low, t) + 1;          //上界
    LL ans = binarySearch(N2, low, high, t);        //二分
    if(ans == -1) printf("Impossible\n");
    else printf("%lld\n", ans);
    return 0;
}
```

A1044. Shopping in Mars (25)

Time Limit: 100 ms   Memory Limit: 65 536 KB

题目描述

Shopping in Mars is quite a different experience. The Mars people pay by chained diamonds. Each diamond has a value (in Mars dollars M$). When making the payment, the chain can be cut at any position for only once and some of the diamonds are taken off the chain one by one. Once a diamond is off the chain, it cannot be taken back. For example, if we have a chain of 8 diamonds with values M$3, 2, 1, 5, 4, 6, 8, 7, and we must pay M$15. We may have 3 options:

① Cut the chain between 4 and 6, and take off the diamonds from the position 1 to 5 (with values 3+2+1+5+4=15).

② Cut before 5 or after 6, and take off the diamonds from the position 4 to 6 (with values 5+4+6=15).

③ Cut before 8, and take off the diamonds from the position 7 to 8 (with values 8+7=15).

Now given the chain of diamond values and the amount that a customer has to pay, you are supposed to list all the paying options for the customer.

If it is impossible to pay the exact amount, you must suggest solutions with minimum lost.

输入格式

Each input file contains one test case. For each case, the first line contains 2 numbers: N ($\leq 10^5$), the total number of diamonds on the chain, and M ($\leq 10^8$), the amount that the customer has to pay. Then the next line contains N positive numbers $D_1 \cdots D_N$ ($D_i \leq 10^3$ for all i=1,$\cdots$, N) which are the values of the diamonds. All the numbers in a line are separated by a space.

输出格式

For each test case, print "i–j" in a line for each pair of i≤j such that $D_i + \cdots + D_j = M$. Note that if there are more than one solution, all the solutions must be printed in increasing order of i.

If there is no solution, output "i–j" for pairs of i≤j such that $D_i + \cdots + D_j > M$ with ($D_i + \cdots + D_j - M$) minimized. Again all the solutions must be printed in increasing order of i.

It is guaranteed that the total value of diamonds is sufficient to pay the given amount.

（原题即为英文题）

输入样例 1

```
16 15
3 2 1 5 4 6 8 7 16 10 15 11 9 12 14 13
```

输出样例 1

```
1-5
4-6
7-8
11-11
```

输入样例 2

```
5 13
2 4 5 7 9
```

输出样例 2

```
2-4
4-5
```

题意

给出一个数字序列与一个数 S，在数字序列中求出所有和值为 S 的连续子序列（区间下标左端点小的先输出，左端点相同时右端点小的先输出）。若没有这样的序列，求出和值恰好大于 S 的子序列（即在所有和值大于 S 的子序列中和值最接近 S）。假设序列下标从 1 开始。

样例解释

样例 1

A[1] + A[2] + A[3] + A[4] + A[5] = 3 + 2 + 1 + 5 + 4 = 15；

A[4] + A[5] + A[6] = 5 + 4 + 6 = 15；

A[7] + A[8] = 8 + 7 + 15；

A[11] = 15。

样例 2

没有和值恰好为 15 的子序列，所有子序列中第一个超过 15 的和值为 16。

A[2] + A[3] + A[4] = 4 + 5 + 7 = 16；

A[4] + A[5] = 7 + 9 = 16。

思路

令 Sum[i] 表示 A[1] 到 A[i] 的和值，即令 Sum[i] = a[1] + a[2] + ⋯ + a[i]。要注意序列都是正值，因此 Sum[i] 一定是严格单调递增的，即有 Sum[1] < Sum[2] < ⋯ < Sum[n] 成立（为了下面计算方面，初始化 Sum[0] = 0）。这样做的好处在于，如果要求连续子序列 A[i] 到 A[j] 的和

值，只需要计算 Sum[j] – Sum[i – 1]即可。例如原序列为{1, 2, 3, 4, 5}时，对应的 Sum 数组为
{1, 3, 6, 10, 15}。此时如果要求 A[3]到 A[5]的和值，则只要计算 Sum[5] – Sum[2] = 15 – 3 = 12
即可。

　　既然 Sum 数组严格单调递增，那就可以用二分法来做这道题。假设需要在序列 A[1] ~ A[n]
中寻找和值为 S 的连续子序列，就可以枚举左端点 i(1≤i≤n)，然后在 Sum 数组的[i, n]范围
内查找值为 Sum[i – 1] + S 的元素（由 Sum[j] – Sum[i – 1] = S 推得）是否存在：如果存在，则
把对应的下标作为右端点 j；如果不存在，找到第一个使和值超过 S 的右端点 j。显然，这与
配套用书 4.5.1 节中讲述的 upper_bound 函数的作用是相同的（此处 Sum 数组严格递增，因此
使用 lower_bound 函数也是可以的），可以直接按照 lower_bound 函数或者 upper_bound 函数
的写法来解决这个问题。但是要注意，在使用 upper_bound 时求得的位置并不一定是恰好是
右端点的位置（可能需要减 1），这在配套用书 4.5.1 节中已经讨论过了。

　　考虑到题目要求输出所有方案，因此需要对序列进行两次遍历，其中第一次遍历求出大
于等于 S 的最接近 S 的和值 nearS；第二次遍历找到那些和值恰好为 nearS 的方案并输出，总
复杂度为 O(nlogn)。

注意点

　　① 使用 cin 和 cout 可能超时，请使用 scanf 与 printf。
　　② 下面给出几组易错的数据：

```
//input
3 3
1 2 3
//output
1-2
3-3


//input
3 5
2 2 2
//output
1-3


//input
1 10
18
//output
1-1
```

参考代码

```
#include <cstdio>
const int N = 100010;
int sum[N];
```

```
int n, S, nearS = 100000010;

//upper_bound 函数返回在[L,R)内第一个大于 x 的位置
int upper_bound(int L, int R, int x) {
    int left = L, right = R, mid;
    while(left < right) {
        mid = (left + right) / 2;
        if(sum[mid] > x) {
            right = mid;
        } else {
            left = mid + 1;
        }
    }
    return left;
}


int main() {
    scanf("%d%d", &n, &S);              //元素个数，和值 S
    sum[0] = 0;       //初始化 sum[0] = 0
    for(int i = 1; i <= n; i++) {
        scanf("%d", &sum[i]);
        sum[i] += sum[i - 1];          //求 sum[i]
    }
    for(int i = 1; i <= n; i++) {    //枚举左端点
        int j = upper_bound(i, n + 1, sum[i - 1] + S); //求右端点
        if(sum[j - 1] - sum[i - 1] == S) {  //查找成功（注意是 j-1 而不是 j）
            nearS = S;                 //最接近 S 的值就是 S
            break;
        } else if(j <= n &&sum[j] - sum[i - 1] < nearS) {
            //存在大于 S 的解并小于 nearS
            nearS = sum[j] - sum[i - 1];     //更新当前 nearS
        }
    }
    for(int i = 1; i <= n; i++) {
        int j = upper_bound(i, n + 1, sum[i - 1] + nearS);  //求右端点
        if(sum[j - 1] - sum[i - 1] == nearS) {  //查找成功
            printf("%d-%d\n", i, j - 1);  //输出左端点和右端点（注意是 j-1 而不是 j）
        }
    }
    return 0;
```

```
}
```

A1048. Find Coins (25)

Time Limit: 50 ms   Memory Limit: 65 536 KB

题目见 4.2 节

思路

本节给出二分查找的做法。

步骤 1：令 int 型 a[]数组存放读入的所有数，并在读入完毕后对数组 a 从小到大排序。

步骤 2：枚举 a[0]、a[1]、…、a[n−1]，对每个 a[i]，用二分法查找数组内是否存在 m−a[i]，如果存在且下标不是 i，则输出 a[i] 与 m−a[i]。如果枚举完毕还没有发现匹配的一对，则输出 "No Solution"。

注意点

使用二分查找法找到 m−a[i]时，必须判断其是否就是 a[i]，即下标是否相同。如果下标相同，则说明找到的其实是同一个位置的数字，应该跳过这种情况。

参考代码

```cpp
#include <iostream>
#include <cstdio>
#include <algorithm>
using namespace std;
int a[100010];

//left 和 right 初始分别为 0 和 n-1, key 即 m-a[i]
int Bin(int left,int right,int key){
    int mid;
    while(left<=right){
        mid=(left+right)/2;  //取 left 和 right 的中点
        if(a[mid]==key) return mid;  //如果找到了 key，则返回下标 mid
        else if(a[mid]>key) right=mid-1;
        else left=mid+1;
    }
    return -1;  //如果没有找到 key，则返回-1
}

int main(){
    int i,n,m;
    scanf("%d%d",&n,&m);
    for(i=0;i<n;i++){
        scanf("%d",&a[i]);
    }
```

```
    sort(a,a+n);    //排序
    for(i=0;i<n;i++){
        int pos=Bin(0,n-1,m-a[i]);    //寻找 m-a[i]
        if(pos!=-1 && i!=pos){    //找到
            printf("%d %d\n",a[i],a[pos]);
            break;
        }
    }
    if(i==n) printf("No Solution\n");    //找不到
    return 0;
}
```

本节二维码

4.6 two pointers

本节目录		
B1030/A1085	完美数列	25
B1035/A1089	Insert or Merge	25
A1029	Median	25
A1048	Find Coins	25

B1030/A1085. 完美数列 (25)

Time Limit: 300 ms   Memory Limit: 65 536 KB

题目见 4.5 节

思路

本节讲解 two pointers 的解决方案。

首先，可以很容易地获得下面这个性质：如果 a[j]≤a[i] * p 成立，那么对[i, j]内的任意位置 k，一定有 a[k]≤a[i] * p 也成立。这种有序序列的性质就引导我们往 two pointers 思想去考虑，由此可以得到以下时间复杂度为 O(n)的算法：

令两个下标 i、j 的初值均为 0，表示 i、j 均指向有序序列的第一个元素，并设置计数器 count 存放满足 a[j]≤a[i] * p 的最大长度。接下来让 j 不断增加，直到不等式 a[j]≤a[i] * p 恰好不成立为止（在此过程中更新 count）。之后让下标 i 右移一位，并继续上面让 j 不断增加的操作，以此类推，直到 j 到达序列末端。这个操作的目的在于，在 a[j]≤a[i] * p 的条件下始终控制 i 和 j 的距离最大。

注意点

p 与序列中的元素均可能达到 10^9，因此 a[i] * p 可能达到 10^{18}，必须使用 long long 进行

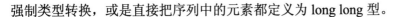

强制类型转换，或是直接把序列中的元素都定义为 long long 型。

参考代码

```cpp
#include <cstdio>
#include <algorithm>
using namespace std;
const int maxn = 100010;
int main() {
    int n, p, a[maxn];
    scanf("%d%d", &n, &p);
    for(int i = 0; i < n; i++) {
        scanf("%d", &a[i]);
    }
    sort(a, a + n);   //从小到大排序
    int i = 0, j = 0, count = 1;
    while(i < n && j < n) {
        //j 不断右移，直到恰好不满足条件
        while(j < n && a[j] <= (long long)a[i] * p) {
            count = max(count, j - i + 1);        //更新计数器 count
            j++;
        }
        i++;     //i 右移一位
    }
    printf("%d\n", count);        //输出结果
    return 0;
}
```

B1035/A1089. Insert or Merge (25)

Time Limit: 200 ms   Memory Limit: 65 536 KB

题目描述

根据维基百科的定义：

插入排序是迭代算法，逐一获得输入数据，逐步产生有序的输出序列。每步迭代中，算法从输入序列中取出一元素，将之插入有序序列中正确的位置。如此迭代直到全部元素有序。

归并排序进行如下迭代操作：首先将原始序列看作 N 个只包含一个元素的有序子序列，然后每次迭代归并两个相邻的有序子序列，直到最后只剩下一个有序的序列。

现给定原始序列和由某排序算法产生的中间序列，请你判断该算法究竟是哪种排序算法？

输入格式

输入在第一行给出正整数 N（≤100）；随后一行给出原始序列的 N 个整数；最后一行给出由某排序算法产生的中间序列。这里假设排序的目标序列是升序。数字间以空格分隔。

输出格式

首先在第一行中输出"Insertion Sort"表示插入排序或"Merge Sort"表示归并排序；然后在第二行中输出用该排序算法再迭代一轮的结果序列。题目保证每组测试的结果是唯一的。数字间以空格分隔，且行末不得有多余空格。

输入样例 1

10
3 1 2 8 7 5 9 4 6 0
1 2 3 7 8 5 9 4 6 0

输出样例 1

Insertion Sort
1 2 3 5 7 8 9 4 6 0

输入样例 2

10
3 1 2 8 7 5 9 4 0 6
1 3 2 8 5 7 4 9 0 6

输出样例 2

Merge Sort
1 2 3 8 4 5 7 9 0 6

题意

给出一个初始序列，可以将它使用插入排序或归并排序进行排序。现在给出一个序列，问它是由插入排序还是归并排序产生的，并输出下一步将会产生的序列。

样例解释

样例 1

第二个序列是第一个序列依次插入 3、1、2、8、7 后生成的序列，因此是插入排序。下一个序列为插入 5 后生成的序列，即 1 2 3 5 7 8 9 4 6 0。

样例 2

第一个序列执行归并排序的第一步，两两分组进行排序，即可得到第二个序列，因此是归并排序。下一个序列为四四分组进行排序的结果，即 1 2 3 8 4 5 7 9 0 6。

思路

本题需要直接模拟插入排序和归并排序的每一步过程，其中归并排序使用非递归形式会更方便一些。整体做法为：先进行插入排序，如果执行过程中发现与给定序列吻合，那么说明是插入排序，计算出下一步的序列后结束算法；如果不是插入排序，那么一定是归并排序，模拟归并排序的过程，如果执行过程中发现与给定序列吻合，那么计算出下一步的序列后结束算法。

注意点

① 由于数据范围较小，因此归并排序中可以不写合并函数，而直接用 sort 代替。

② 这里有一个陷阱：初始序列不参与是否与目标序列相同的比较（也就是说，题目中说的中间序列是不包括初始序列的）。不考虑这个陷阱会导致某个数据产生双解。下面给出一组

数据：

```
//input
4
3 4 2 1
3 4 2 1
//output
Insertion Sort
2 3 4 1
```

参考代码

```cpp
#include <cstdio>
#include <algorithm>
using namespace std;
const int N = 111;
int origin[N], tempOri[N], changed[N];    //原始数组，原始数组备份，目标数组
int n;        //元素个数
bool isSame(int A[], int B[]) {        //判断数组A和数组B是否相同
    for (int i = 0; i < n; i++) {
        if (A[i] != B[i]) return false;
    }
    return true;
}


bool showArray(int A[]) {        //输出数组
    for (int i = 0; i < n; i++) {
        printf("%d", A[i]);
        if(i < n - 1) printf(" ");
    }
    printf("\n");
}


bool insertSort() {        //插入排序
    bool flag = false;    //记录是否存在数组中间步骤与changed数组相同
    for(int i = 1; i < n; i++) {            //进行n-1趟排序
        if(i != 1 && isSame(tempOri, changed)) {
            flag = true;        //中间步骤与目标相同，且不是初始序列
        }
        //以下为插入部分
        int temp = tempOri[i], j = i;
        while(j > 0 && tempOri[j - 1] > temp) {
```

```
                tempOri[j] = tempOri[j - 1];
                j--;
            }
            tempOri[j] = temp;
            if(flag == true) {
                return true;      //如果 flag 为 true，则说明已达到目标数组，返回 true
            }
        }
        return false;   //无法达到目标数组，返回 false
    }


void mergeSort() {         //归并排序
    bool flag = false;   //记录是否存在数组中间步骤与 changed 数组相同
    //以下为归并排序部分
    for(int step = 2; step / 2 <= n; step *= 2) {
        if(step != 2 && isSame(tempOri, changed)) {
            flag = true;     //中间步骤与目标相同，且不是初始序列
        }
        for(int i = 0; i < n; i += step) {
            sort(tempOri + i, tempOri + min(i + step, n));
        }
        if(flag == true) {   //已到达目标数组，输出 tempOri 数组
            showArray(tempOri);
            return;
        }
    }
}


int main() {
    scanf("%d", &n);
    for (int i = 0; i < n; i++) {
        scanf("%d", &origin[i]);     //输入起始数组
        tempOri[i]=origin[i];     //tempOri 数组为备份，排序过程在 tempOri 上进行
    }
    for (int i = 0; i < n; i++) {
        scanf("%d", &changed[i]);     //目标数组
    }
    if (insertSort()) {                //如果插入排序中找到目标数组
        printf("Insertion Sort\n");
        showArray(tempOri);
```

```
    } else {                        //到达此处时一定是归并排序
        printf("Merge Sort\n");
        for(int i = 0; i < n; i++) {
            tempOri[i] = origin[i];    //还原 tempOri 数组
        }
        mergeSort();                //归并排序
    }
    return 0;
}
```

A1029. Median (25)

Time Limit: 400 ms　Memory Limit: 65 536 KB

题目描述

Given an increasing sequence S of N integers, the *median* is the number at the middle position. For example, the median of S1={11, 12, 13, 14} is 12, and the median of S2={9, 10, 15, 16, 17} is 15. The median of two sequences is defined to be the median of the nondecreasing sequence which contains all the elements of both sequences. For example, the median of S1 and S2 is 13.

Given two increasing sequences of integers, you are asked to find their median.

输入格式

Each input file contains one test case. Each case occupies 2 lines, each gives the information of a sequence. For each sequence, the first positive integer N (≤1 000 000) is the size of that sequence. Then N integers follow, separated by a space. It is guaranteed that all the integers are in the range of long int.

输出格式

For each test case you should output the median of the two given sequences in a line.

输入样例

```
4 11 12 13 14
5 9 10 15 16 17
```

输出样例

```
13
```

题意

给出两个已经递增的序列 S1 和 S2，长度分别为 N 和 M，求将它们合并成一个新的递增序列后的中位数（个数为偶数时为左半部分的最后一个数）。

样例解释

两个序列合并后为{9, 10, 11, 12, 13, 14, 15, 16, 17}，共九个数，因此第五个位置的 13 是中位数。

思路

步骤 1：类似于配套用书 4.6.1 节所讲的 "序列合并问题"，只不过本题不要求把整个合并后的序列输出，而是只需要输出中位数。由于在给定两个子序列的长度 N 和 M 后，新序列的长度 N + M 就是已知的，因此中位数的位置为(N + M − 1) / 2（此处为向下取整），其中对 N + M 减 1 的原因是序列下标从 0 开始，例如长度为 8 时应为 3，长度为 9 时应为 4。

步骤 2：令计数器 count 初始为 0，表示当前已经获取到的新序列的位数。接下来就是类似"序列合并问题"中的做法，令两个下标 i 和 j 从两个序列的首位开始，不断比较 S1[i] 和 S2[j] 的大小：

① 如果 S1[i] < S2[j]，说明新序列的当前位应为 S1[i]，因此令 i 加 1。

② 否则，说明新序列的当前位应为 S2[j]，因此令 j 加 1。

按上面的步骤每确定一个当前最小的数，就令 count 加 1，直到 count 增长到中位数的位置(N + M − 1) / 2 时才停止。此时，S1[i] 和 S2[j] 中的较小值即为所求的中位数。

注意点

① int 类型的最大值为 $2^{31} − 1$，也即 0x7fffffff（一个 7，七个 f）。当然，这个最大值也可以写成(1 << 31) − 1（1 << 31 表示 1 左移 31 位，即 2^{31}）。不过本题的数据较少，实际上把最大值设为 10^7 也可以通过。

② 为了使代码更加简练，不妨令两个序列的最后都添加一个很大的数 INF（本题为 int 类型的最大值），这样在 two pointers 的扫描过程中，就可以在其中一个序列已经扫描完但 count 还没有到中位数的情况下解决访问越界的问题。

③ 最后需要选择 S1[i] 与 S2[j] 的较小值输出的原因是，当 count 达到中位数的位置时，在 while 循环中还没有对 S1[i] 与 S2[j] 的大小进行判断。

④ 使用 cin、cout 会超时，请使用 scanf 与 printf。

⑤ 本题也可以直接使用配套用书 4.6.1 节的"序列合并问题"中给出的代码，先求出整个序列，然后输出中位数。

参考代码

```
#include <cstdio>
const int maxn = 1000010;        //序列最大长度
const int INF = 0x7fffffff;       //int 上限，本题设成 10^7 也能过
int S1[maxn], S2[maxn];          //两个递增序列

int main() {
    int n, m;
    scanf("%d", &n);
    for(int i = 0; i < n; i++) {
        scanf("%d", &S1[i]);     //输入第一个序列
    }
    scanf("%d", &m);
    for(int i = 0; i < m; i++) {
        scanf("%d", &S2[i]);     //输入第二个序列
    }
    S1[n] = S2[m] = INF;         //两个序列的最后一个元素设为 int 上限
    int medianPos = (n + m - 1) / 2;    //medianPos 为中间位置
```

```
    int i = 0, j = 0, count = 0;    //count 计数当前的位置数
    while(count < medianPos) {    //只要 count 未达到 medianPos，就继续循环
        if(S1[i] < S2[j]) i++;   //S1[i]更小，则选择 S1[i]
        else j++;               //S2[j]更小，则选择 S2[j]
        count++;               //count 加 1
    }
    if(S1[i] < S2[j]) {         //输出两个序列当前位置较小的元素
        printf("%d\n", S1[i]);
    } else {
        printf("%d\n", S2[j]);
    }
    return 0;
}
```

A1048. Find Coins (25)

Time Limit: 50 ms   Memory Limit: 65 536 KB

题目见 4.2 节

思路

本节讲解 two pointers 的做法。

步骤 1：先使用 sort 函数将序列从小到大排序。

步骤 2：定义两个下标 i、j，初值分别为 0 与 n–1，并根据 a[i] + a[j] 与 M 的大小来进行操作（整体过程是 i 与 j 的相遇过程）。

① 若 a[i] + a[j] == M，则表明找到了一组方案，退出循环。

② 若 a[i] + a[j] < M，则令 i 加 1（即将指标 i 右移一位）。

③ 若 a[i] + a[j] > M，则令 j 减 1（即将指标 j 左移一位）。

上面的操作直到 i≥j 或满足条件 a 时结束，结束时根据 i≥j 是否成立来确定解是否存在。

注意点

如果有多组答案，一定要输出最小的那一对（由循环顺序决定）。例如下面这个示例应该输出 2 12：

```
6 14
4 10 7 7 2 12
```

参考代码

```
#include <cstdio>
#include <cstring>
#include <algorithm>
using namespace std;
const int maxn = 100010;
int a[maxn];
void twoPointers(int n, int m) {    //n 为元素个数，m 为所求的和
```

```
    int i = 0, j = n - 1;          //双下标
    while(i < j) {
        if(a[i] + a[j] == m) break; //找到a[i]与a[j]的和为m，退出循环
        else if(a[i] + a[j] < m) {
            i++;
        } else {
            j--;
        }
    }
    if(i < j) {     //有解
        printf("%d %d\n", a[i], a[j]);
    } else {     //无解
        printf("No Solution\n");
    }
}
int main() {
    int n, m;
    scanf("%d%d", &n, &m);
    for(int i = 0; i < n; i++) {
        scanf("%d", &a[i]);
    }
    sort(a, a + n);     //排序
    twoPointers(n, m);  //two pointers
    return 0;
}
```

本节二维码

4.7 其他高效技巧与算法

本节目录		
B1040/A1093	有几个 PAT	25
B1045/A1101	快速排序	25

B1040/A1093. 有几个 PAT (25)

Time Limit: 120 ms   Memory Limit: 65 536 KB

题目描述

字符串 APPAPT 中包含了两个"PAT"，其中第一个 PAT 是第二位(P),第四位(A),第六位(T);

第二个 PAT 是第三位(P),第四位(A),第六位(T)。

现给定字符串，问一共可以形成多少个 PAT？

输入格式

输入只有一行，包含一个字符串，长度不超过 10^5，只包含 P、A、T 这三个字母。

输出格式

在一行中输出给定字符串中包含的 "PAT" 的个数。由于结果可能比较大，只输出对 1000000007 取余数的结果。

输入样例

APPAPT

输出样例

2

思路

直接暴力会超时。

换个角度思考问题，对一个确定位置的 A 来说，以它形成的 PAT 的个数等于它左边 P 的个数乘以它右边 T 的个数。例如对字符串 APPAPT 的中间那个 A 来说，它左边有两个 P，右边有一个 T，因此这个 A 能形成的 PAT 的个数就是 $2 \times 1 = 2$。于是问题就转换为：对字符串中的每个 A，计算它左边 P 的个数与它右边 T 的个数的乘积，然后把所有 A 的这个乘积相加就是答案。

那么有没有比较快地获得每一位左边 P 的个数的方法呢？当然有，只需要开一个数组 leftNumP，记录每一位左边 P 的个数（含当前位，下同）。接着从左到右遍历字符串，如果当前位 i 是 P，那么 leftNumP[i]就等于 leftNumP[i–1]加 1；如果当前位 i 不是 P，那么 leftNumP[i]就等于 leftNumP[i–1]。于是只需要 O(len)的时间复杂度就能统计出 leftNumP 数组。

用同样的方法可以计算出每一位右边 T 的个数。为了减少代码量，不妨在统计每一位右边 T 的个数的过程中直接计算答案 ans。具体做法是：定义一个变量 rightNumT，用以记录当前累计右边 T 的个数。从右往左遍历字符串，如果当前位 i 是 T，那么令 rightNumT 加 1；否则，如果当前位 i 是 A，那么令 ans 加上 leftNumP[i]与 rightNumT 的乘积（注意取模）。这样，当遍历完字符串时，就得到了答案 ans。

注意点

① 采用分别遍历 P、A、T 的位置来统计的方法会超时。

② 记得取模。

③ 本题与 PAT B1045/A1101 的思路很像，注意认真体会这两道题的思想。

参考代码

```
#include <cstdio>
#include <cstring>
const int MAXN = 100010;
const int MOD = 1000000007;
char str[MAXN];    //字符串
int leftNumP[MAXN] = {0};    //每一位左边（含）P 的个数
int main() {
```

```
    gets(str);        //读入字符串
    int len = strlen(str);      //长度
    for(int i = 0; i < len; i++) {      //从左到右遍历字符串
        if(i > 0) {     //如果不是 0 号位
            leftNumP[i] = leftNumP[i - 1];      //继承上一位的结果
        }
        if(str[i] == 'P') {     //当前位是 P
            leftNumP[i]++;      //令 leftNumP[i]加 1
        }
    }
    //ans 为答案，rightNumT 记录右边 T 的个数
    int ans = 0, rightNumT = 0;
    for(int i = len - 1; i >= 0; i--) {     //从右到左遍历字符串
        if(str[i] == 'T') {     //当前位是 T
            rightNumT++;    //右边 T 的个数加 1
        } else if(str[i] == 'A') {      //当前位是 A
            ans = (ans + leftNumP[i] * rightNumT) % MOD;      //累计乘积
        }
    }
    printf("%d\n", ans);        //输出结果
    return 0;
}
```

B1045/A1101. 快速排序 (25)

Time Limit: 200 ms   Memory Limit: 65 536 KB

题目描述

著名的快速排序算法里有一个经典的划分过程：通常采用某种方法取一个元素作为主元，通过交换，把比主元小的元素放到其左边，把比主元大的元素放到其右边。给定划分后的 N 个互不相同的正整数的排列，请问有多少个元素可能是划分前选取的主元？

例如给定 N = 5，排列是 1、3、2、4、5。则：

- 1 的左边没有元素，右边的元素都比它大，所以它可能是主元。
- 尽管 3 的左边元素都比它小，但是其右边的 2 它小，所以它不能是主元。
- 尽管 2 的右边元素都比它大，但其左边的 3 比它大，所以它不能是主元。
- 类似原因，4 和 5 都可能是主元。

因此，有 3 个元素可能是主元。

输入格式

在第 1 行中给出一个正整数 N（≤10^5）；在第 2 行中给出以空格分隔的 N 个不同的正整数，每个数不超过 10^9。

输出格式

在第 1 行中输出有可能是主元的元素个数；在第 2 行中按递增顺序输出这些元素，其间

以 1 个空格分隔，行末不得有多余空格。

输入样例

```
5
1 3 2 4 5
```

输出样例

```
3
1 4 5
```

题意

本题与快速排序本身没有任何关系，只是以快速排序作为故事背景。

本题输入一个序列，包含 N 个正整数，如果一个数左边的所有数都比它小、右边的所有数都比它大，那么称这个数为序列的一个"主元"。求序列中主元的个数。

样例解释

1 的左边所有数都比 1 小（事实上 1 的左边没有数）、右边所有数都比 1 大，因此 1 是主元。

3 的左边所有数都比 3 小、右边有一个数 2 比 3 小，因此 3 不是主元。

2 的左边有一个数 3 比 2 大、右边所有数都比 2 大，因此 2 不是主元。

4 的左边所有数都比 4 小、右边所有数都比 4 大，因此 4 是主元。

5 的左边所有数都比 5 小、右边所有数都比 5 大（事实上 5 的右边没有数），因此 5 是主元。

思路

直接暴力判断会超时。

考虑大小的继承关系，假设序列为 A，令数组 leftMax 记录序列 A 的每一位左边的最大数（不含本位，下同），即 leftMax[i] 表示 A[0] ~ A[i-1] 的最大值，显然可以令 leftMax[0] = 0。从左到右遍历序列 A，由于 leftMax[i-1] 记录了 A[0] ~ A[i-2] 的最大值，因此如果 A[i-1] 比 leftMax[i-1] 大，说明 leftMax[i] 等于 A[i-1]；如果 A[i-1] 比 leftMax[i-1] 小，说明 leftMax[i] 等于 leftMax[i-1]。

同样，令数组 rightMin 记录序列 A 的每一位右边的最小数（不含本位），即 rightMin[i] 表示 A[i+1] ~ A[n-1] 的最小值，显然可以令 rightMin = INF（即一个很大的数）。从右到左遍历序列 A，由于 rightMin[i+1] 记录了 A[i+2] ~ A[n-1] 的最小值，因此如果 A[i+1] 比 rightMin[i+1] 小，说明 rightMin[i] 等于 A[i+1]；如果 A[i+1] 比 rightMin[i+1] 大，说明 rightMin[i] 等于 rightMin[i+1]。

接着就可以判断哪些是主元了。遍历序列 A，如果 leftMax[i] 比 A[i] 小，且 rightMin[i] 比 A[i] 大，那么就说明 A[i] 是主元。全部判断完毕后进行输出即可。

注意点

① 直接暴力判断的做法会超时。

② 当主元个数为 0 时，第二行虽然没有输出主元，但必须输出一个换行。

③ 本题与 PAT B1040/A1093 的思路很像，注意认真体会这两道题的思想。

参考代码

```cpp
#include <cstdio>
#include <algorithm>
```

```
using namespace std;
const int MAXN = 100010;
const int INF = 0x3fffffff;      //一个很大的数
//a为序列，leftMax和rightMin分别为每一位左边最大的数和右边最小的数
int a[MAXN], leftMax[MAXN], rightMin[MAXN];
//ans记录所有主元，num为主元个数
int ans[MAXN], num = 0;
int main(){
    int n;
    scanf("%d", &n);       //序列元素个数
    for(int i = 0; i < n; i++) {
        scanf("%d", &a[i]);      //输入序列元素
    }
    leftMax[0] = 0;      //A[0]左边没有比它大的数
    for(int i = 1; i < n; i++) {
        leftMax[i] = max(leftMax[i - 1], a[i - 1]);      //由i-1推得i
    }
    rightMin[n - 1] = INF;      //A[n-1]右边没有比它小的数
    for(int i = n - 2; i >= 0; i--) {
        rightMin[i] = min(rightMin[i + 1], a[i + 1]);      //由i+1推得i
    }
    for(int i = 0; i < n; i++) {
        //左边所有数比它小，右边所有数比它大
        if(leftMax[i] < a[i] && rightMin[i] > a[i]) {
            ans[num++] = a[i];      //记录主元
        }
    }
    printf("%d\n", num);      //输出主元个数
    for(int i = 0; i < num; i++) {
        printf("%d", ans[i]);      //依次输出所有主元
        if(i < num - 1) printf(" ");
    }
    printf("\n");      //必须要有换行
    return 0;
}
```

本节二维码　　　　　　本章二维码

第5章 入门篇（3）——数学问题

5.1 简单数学

	本节目录	
B1003	我要通过！	20
B1019/A1069	数字黑洞	20
B1049/A1104	数列的片段和	20
A1008	Elevator	20
A1049	Counting Ones	30

B1003. 我要通过！(20)
Time Limit: 400 ms   Memory Limit: 65 536 KB

题目描述

"答案正确"是自动判题系统给出的最令人开心的回复。本题属于 PAT 的"答案正确"大派送——只要读入的字符串满足下列条件，系统就输出"答案正确"；否则，输出"答案错误"。

得到"答案正确"的条件如下：

① 字符串中必须仅有 P, A, T 这三个字符，不可以包含其他字符。

② 任意形如 xPATx 的字符串都可以获得"答案正确"，其中 x 或者是空字符串，或者是仅由字母 A 组成的字符串。

③ 如果 aPbTc 是正确的，那么 aPbATca 也是正确的，其中 a, b, c 均或者是空字符串，或者是仅由字母 A 组成的字符串。

现在就请你为 PAT 写一个自动判定程序，以判定哪些字符串是可以获得"答案正确"的。

输入格式

每个测试输入包含 1 个测试用例。第一行给出一个自然数 n (<10)，是需要检测的字符串个数。接下来每个字符串占一行，字符串长度不超过 100，且不包含空格。

输出格式

每个字符串的检测结果占一行，如果该字符串可以获得"答案正确"，则输出"YES"；否则，输出"NO"。

输入样例

```
8
PAT
PAAT
AAPATAA
AAPAATAAAA
```

xPATx
PT
Whatever
APAAATAA

输出样例

YES
YES
YES
YES
NO
NO
NO
NO

题意

题目给出一个字符串，可能有 P、A、T 或其他字符。现在需要根据以下几个条件来判断该字符串能否输出"YES"。

条件 1：如果出现 P、A、T 以外的字符，输出"NO"；初始状态下 P 和 T 必须各恰好有一个，且 P 在 T 左边，P 和 T 之间至少有一个 A，否则输出"NO"。

条件 2：PAT、APATA、AAPATAA、AAAPATAAA、…、xPATx 都输出"YES"，这里 x 为空或是任意数量的 A。

条件 3：假设有一个字符串的格式是 aPbTc，这里 a、b、c 可以为空或是任意数量的 A，例如 PAT、APAAT、AAAPTA 都满足这个格式。如果这个字符串 aPbTc 已知是 YES，那么在 b 与 T 之间添加一个 A、c 后面添加字符串 a 之后形成的新字符串 aPbATca 也是 YES。例如 PAT 是 YES，那么 PAAT 也是 YES；PAAT 是 YES，那么 PAAAT 也是 YES；APATA 是 YES（因为满足条件 2），那么 APAATAA 也是 YES。

现在让你通过这三个条件来判断输入的字符串是否应该输出"YES"。

思路

思考这三个条件，可以注意到：条件 2 给出的字符串是最底层 YES 的，且条件 2 的 P 与 T 中间有且只有一个 A，而由条件 3 得到的所有字符串一开始一定是条件 2 中的字符串变形而来。以图 5-1 说明这点：

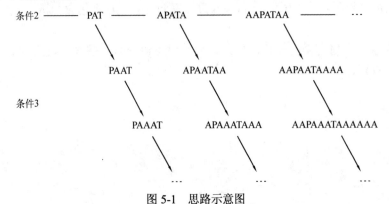

图 5-1　思路示意图

如图 5-1 所示，所有 YES 最开始都源于条件 2，条件 3 是在条件 2 的基础上进行的扩充。对每一个满足条件 2 的字符串，都可以由条件 3 一个接一个生成新的字符串，并且这也是生成新的 YES 字符串的唯一方法，即在 PT 中间加一个 A、在字符串后面加上 P 前面的所有 A。

由此可以得到灵感：对给出的字符串，先判断其是否通过条件 1 的检验。之后，记录 P 左边 A 的个数为 x、P 和 T 中间 A 的个数为 y、T 右边 A 的个数为 z。考虑到条件 3 得到新字符串的过程是在 PT 中间加一个 A、字符串后面加上 P 前面的所有 A，因此可以知道，每使用条件 3 一次，x 不变、y 变为 y + 1、z 变为 z + x。反过来，如果沿着箭头逆回去，每逆一次，x 不变、y 变为 y − 1、x 变为 z − x。这样可以一直逆回去，直到 y == 1 时（即 P 和 T 中间只有一个 A 时）判断 x 和 z 是否相等：如果 x == z。则输出 "YES"；否则，输出 "NO"。

总的来说，就是对初始字符串通过条件 3 的逆运算不断回退，直到可以判断条件 2 是否成立。

讲到这里，这题已经很好做了。但是如果进一步分析可以发现一些规律，从而更快解出答案：

这里 x、y、z 的含义和上面一样，由于 y 每次回退的步骤中都减 1，因此从初始字符串回退到 PT 之间只剩一个 A，需要进行 y − 1 次回退。而 T 右边 A 的个数 z 在经过 y − 1 次回退后（z 每次减 x）将变为 z − x * (y − 1)。这时，判断条件 2 成立的条件是 z − x * (y − 1) 是否等于 P 左边 A 的个数 x（因为条件 2 中 P 左边和 T 右边的 A 的个数是相等的，且在回退的过程中 x 不发生变化）：如果 z − x * (y − 1) == x，则输出 "YES"；否则，输出 "NO"。

注意点

① scanf 和 gets 读取字符串时的区别如下：

• 使用 scanf("%s", str) 读取字符串时，会以空白符（空格、Tab 等）和换行符为截止标识，如果一行中有空格，那么 scanf 只能读取第一个空格前的字符串。

• 使用 gets(str) 读取字符串时，会以换行符为截止标识。也就是说，gets 可以读取包括空格在内的一整行字符串。可以推出，如果某一行只有一个换行符（即该行直接"回车"了），那么 gets 将得到空字符串(NULL)。

因此本题中，如果要在 scanf 读取数据组数 T 之后使用 gets 来读入字符串，请**务必**在 scanf 读取 T 的语句之后添加一句 getchar()：

```
scanf("%d", &T);
getchar();
while(T--) {
    gets(string);
}
```

这是因为在数据中 int 型数字 T 后面是有一个换行符的（因为 T 是单独一行），因此 scanf 在读入 T 之后，在 T 后面的换行还没有被接收，如果直接使用 gets，则会导致 gets 以换行符为截止标识的性质被触发，这样只能得到空字符串。而如果在 scanf 后加一句 getchar，则可以接收这个换行符，这样后面的 gets 就不会受影响。

在本题中，由于一行中不存在空格，因此使用 scanf 来读取字符串是更为合适的方法。

② 如果读者想到了其他方法，但是提交返回"答案错误"，那么首先请验算一下图 5-1 中的所有字符串——全部都应该得到"YES"。除此之外，下面再给出几组数据以便读者测试：

```
PPPAAATTT     //NO

TAP    //NO

AAPTAA     //NO

AAPAATAAAAAA     //NO

AAAPAATAAAAAA     //YES

AAAPAAATAAAAAAAAA     //YES
```

参考代码

```cpp
#include <cstdio>
#include <cstring>
int main() {
    int T;
    scanf("%d", &T);
    while(T--) {
        char str[110];
        scanf("%s", str);    //输入字符串
        int len = strlen(str);
        //分别代表 P 的个数、T 的个数、除 PAT 外字符的个数
        int num_p = 0, num_t = 0, other = 0;
        int loc_p = -1, loc_t = -1;    //分别代表 P 的位置、T 的位置
        for(int i = 0; i < len; i++) {
            if(str[i]=='P') {    //若当前字符为 P，则 P 的个数加 1、位置变为 i
                num_p++;
                loc_p = i;
            }else if(str[i]=='T') {    //若当前字符为 T，则 T 的个数加 1、位置变为 i
                num_t++;
                loc_t = i;
            }else if(str[i]!='A') other++;    //如果不是 P、A、T 中的一个，other++
        }
        //如果 P 的个数不为 1，或者 T 的个数不为 1
        //或者存在除 PAT 外的字符，或者 P 和 T 之间没有字符
        if((num_p!=1)||(num_t!=1)||(other!=0)||(loc_t-loc_p<=1)) {
            printf("NO\n");
            continue;
        }
        //x、y、z 的含义见 "思路"，可以通过 loc_p 和 loc_t 得到
        int x = loc_p, y = loc_t - loc_p - 1, z = len - loc_t - 1;
        if(z - x * (y - 1) == x) {    //条件 2 成立的条件
            printf("YES\n");
        }else{
```

```
        printf("NO\n");
        }
    }
    return 0;
}
```

B1019/A1069. 数字黑洞 (20)

Time Limit: 100 ms　Memory Limit: 65 536 KB

题目描述

给定任意一个各位数字不完全相同的四位正整数，如果先把四个数字按非递增排序，再按非递减排序，然后用第一个数字减第二个数字，将得到一个新的数字。重复这一操作，很快会停在有"数字黑洞"之称的 6174，这个神奇的数字也叫 Kaprekar 常数。

例如，从 6767 开始，将得到

7766 – 6677 = 1089

9810 – 0189 = 9621

9621 – 1269 = 8352

8532 – 2358 = 6174

7641 – 1467 = 6174

…

现给定任意四位的正整数，请编写程序演示到达"数字黑洞"的过程。

输入格式

输入给出一个(0, 10000)区间内的正整数 N。

输出格式

如果 N 的四位数字全相等，则在一行内输出"N – N = 0000"；否则将计算的每一步在一行内输出，直到 6174 作为差出现，输出格式见样例。注意每个数字按四位数格式输出。

输入样例 1

6767

输出样例 1

7766 – 6677 = 1089

9810 – 0189 = 9621

9621 – 1269 = 8352

8532 – 2358 = 6174

输入样例 2

2222

输出样例 2

2222 – 2222 = 0000

思路

步骤 1：写两个函数，其中一个用以将 int 型整数转换成 int 型数组的 to_array 函数（即把每一位都当成数组的一个元素），另一个用以将 int 型数组转换成 int 型整数的 to_number 函数。

步骤 2：建立一个 while 循环，对每一层循环。

① 用 to_array 函数将 n 转换为数组并递增排序，再用 to_number 函数将递增排序完的数组转换为整数 MIN。

② 将数组递减排序，再用 to_number 函数将递减排序完的数组转换为整数 MAX。

③ 令 n = MAX − MIN 为下一个数，并输出当前层的信息。

④ 如果得到的 n 为 0 或 6174，退出循环。

注意点

① 如果采用其他写法，容易发生问题的是 6174 这个数据可能没有输出，实际上应该输出：

```
7641 - 1467 = 6174
```

② 如果某步得到了不足四位的数，则视为在高位补 0，如 189 即为 0189。

参考代码

```cpp
#include <cstdio>
#include <algorithm>
using namespace std;
bool cmp(int a, int b) {   //递减排序 cmp
    return a > b;
}
void to_array(int n, int num[]) {   //将 n 的每一位存到 num 数组中
    for(int i = 0; i < 4; i++) {
        num[i] = n % 10;
        n /= 10;
    }
}
int to_number(int num[]) {   //将 num 数组转换为数字
    int sum = 0;
    for(int i = 0; i < 4; i++) {
        sum = sum * 10 + num[i];
    }
    return sum;
}
int main() {
    //MIN 和 MAX 分别表示递增排序和递减排序后得到的最小值和最大值
    int n, MIN, MAX;
    scanf("%d", &n);
    int num[5];
    while(1) {
        to_array(n, num);   //将 n 转换为数组
        sort(num, num + 4);   //对 num 数组中元素从小到大排序
```

```
        MIN = to_number(num);  //获取最小值
        sort(num, num + 4, cmp);  //对 num 数组中元素从大到小排序
        MAX = to_number(num);  //获取最大值
        n = MAX - MIN;  //得到下一个数
        printf("%04d - %04d = %04d\n", MAX, MIN, n);
        if(n == 0 || n == 6174) break;  //下一个数如果是 0 或 6174 则退出
    }
    return 0;
}
```

B1049/A1104. 数列的片段和 (20)

Time Limit: 200 ms　Memory Limit: 65 536 KB

题目描述

给定一个正数数列，可以从中截取任意的连续的几个数，称为"片段"。例如，给定数列 {0.1, 0.2, 0.3, 0.4}，则有(0.1)、(0.1, 0.2)、(0.1, 0.2, 0.3)、(0.1, 0.2, 0.3, 0.4)、(0.2)、(0.2, 0.3)、(0.2, 0.3, 0.4)、(0.3)、(0.3, 0.4)及(0.4) 这 10 个片段。

给定正整数数列，求出全部片段包含的所有数之和。如本例中 10 个片段总和是 0.1 + 0.3 + 0.6 + 1.0 + 0.2 + 0.5 + 0.9 + 0.3 + 0.7 + 0.4 = 5.0。

输入格式

第一行给出一个不超过 10^5 的正整数 N，表示数列中数的个数；第二行给出 N 个不超过 1.0 的正数，是数列中的数，其间以空格分隔。

输出格式

在一行中输出该序列所有片段包含的数之和，精确到小数点后 2 位。

输入样例

```
4
0.1 0.2 0.3 0.4
```

输出样例

```
5.00
```

思路

找规律。

目的是统计元素个数为 n 的序列的每一位在不同长度的连续片段中出现的次数之和。例如对样例来说，第二个数在长度为 1 的连续子序列中出现 1 次，在长度为 2 的连续子序列中出现两次，在长度为 3 的连续子序列中出现两次，在长度为 4 的子序列中出现一次，因此总共出现了六次。下面分别对 n 为 4、5、6、7 的情况，统计每一位的出现次数，可以得到图 5-2 所示的情况。

由此会发现很明显的规律：如果当前是第 i 个数，那么其总出现次数等于 $i * (n + 1 - i)$。因此只要遍历 i，然后累计总出现次数即可。

注意点

如果对题目没有很明确的思路，要记得举几个简单的例子找下规律。

第i个数　1 2 3 4	第i个数　1 2 3 4 5
长度为1的片段中的出现次数　1 1 1 1	长度为1的片段中的出现次数　1 1 1 1 1
长度为2的片段中的出现次数　1 2 2 1	长度为2的片段中的出现次数　1 2 2 2 1
长度为3的片段中的出现次数　1 2 2 1	长度为3的片段中的出现次数　1 2 3 2 1
长度为4的片段中的出现次数　1 1 1 1	长度为4的片段中的出现次数　1 2 2 2 1
总出现次数　4 6 6 4	长度为5的片段中的出现次数　1 1 1 1 1
	总出现次数　5 8 9 8 5

第i个数　1 2 3 4 5 6	第i个数　1 2 3 4 5 6 7
长度为1的片段中的出现次数　1 1 1 1 1 1	长度为1的片段中的出现次数　1 1 1 1 1 1 1
长度为2的片段中的出现次数　1 2 2 2 2 1	长度为2的片段中的出现次数　1 2 2 2 2 2 1
长度为3的片段中的出现次数　1 2 3 3 2 1	长度为3的片段中的出现次数　1 2 3 3 3 2 1
长度为4的片段中的出现次数　1 2 3 3 2 1	长度为4的片段中的出现次数　1 2 3 4 3 2 1
长度为5的片段中的出现次数　1 2 2 2 2 1	长度为5的片段中的出现次数　1 2 3 3 3 2 1
长度为6的片段中的出现次数　1 1 1 1 1 1	长度为6的片段中的出现次数　1 2 2 2 2 2 1
总出现次数　6 10 12 12 10 6	长度为7的片段中的出现次数　1 1 1 1 1 1 1
	总出现次数　7 12 15 16 15 12 7

图 5-2

参考代码

```c
#include <cstdio>
int main() {
    int n;
    double v, ans = 0;
    scanf("%d", &n);
    for(int i = 1; i <= n; i++) {
        scanf("%lf", &v);     //第 i 位的值为 v
        ans += v * i * (n + 1 - i);     //第 i 位的总出现次数为 v*i*(n+1-i)
    }
    printf("%.2f\n", ans);
    return 0;
}
```

A1008. Elevator (20)

Time Limit: 400 ms   Memory Limit: 65 536 KB

题目描述

The highest building in our city has only one elevator. A request list is made up with N positive numbers. The numbers denote at which floors the elevator will stop, in specified order. It costs 6 seconds to move the elevator up one floor, and 4 seconds to move down one floor. The elevator will stay for 5 seconds at each stop.

For a given request list, you are to compute the total time spent to fulfill the requests on the list. The elevator is on the 0th floor at the beginning and does not have to return to the ground floor when the requests are fulfilled.

输入格式

Each input file contains one test case. Each case contains a positive integer N, followed by N positive numbers. All the numbers in the input are less than 100.

输出格式

For each test case, print the total time on a single line.

（原题即为英文题）

输入样例

3 2 3 1

输出样例

41

题意

有一部电梯，最开始停在第 0 层，上一层楼需要 6s，下一层楼需要 4s，每次到达当前目的楼层还需要停留 5s。现给出电梯要去的楼层的顺序，求总共需要花费多少时间（最后不需要回到第 0 层）。

样例解释

这里知道要去的楼层依次为 2,3,1，则

$0 \sim 2$ 楼，这一部分需要 $2 \times 6 + 5 = 17$s

$2 \sim 3$ 楼，这一部分需要 $1 \times 6 + 5 = 11$s

$3 \sim 1$ 楼，这一部分需要 $2 \times 4 + 5 = 13$s

总计 41s

思路

步骤 1：令 totle 表示总共需要的时间，初值为 0；now 表示当前所在的层号，初值为 0；to 表示下一个目的层号，由输入得到。

步骤 2：每读入一个 to，令其与当前层号 now 比较：

如果 to > now，即需要上楼，则 totle 增加(to – now) × 6。

如果 to < now，即需要下楼，则 totle 增加(now – to) × 4。

如果 to == now，则不需要花费上楼或者下楼的时间，但是仍然需要停留。

上面三种情况都需要使 totle 加 5——表示停留 5s。

注意点

① 可能会出现目的楼 to 就是当前层 now 的情况，这时根据题意，也是需要 5s 的停留时间，因此只要在每次到达目的站时都加上这个 5 即可。

② 在达到当前目的站后，要记得把 now 设成该层层号。

参考代码

```cpp
#include <cstdio>
int main() {
    int n, total = 0, now = 0, to;
    scanf("%d", &n);
    for(int i = 0; i < n ; i++) {
```

```
        scanf("%d", &to);
        if(to > now) {
            total += ((to - now) * 6);
        } else {
            total += ((now - to) * 4);
        }
        total += 5;
        now = to;
    }
    printf("%d\n", total);
    return 0;
}
```

A1049. Counting Ones (30)

Time Limit: 10 ms   Memory Limit: 65 536 KB

题目描述

The task is simple: given any positive integer N, you are supposed to count the total number of 1's in the decimal form of the integers from 1 to N. For example, given N being 12, there are five 1's in 1, 10, 11, and 12.

输入格式

Each input file contains one test case which gives the positive N ($\leq 2^{30}$).

输出格式

For each test case, print the number of 1's in one line.

输入样例

12

输出样例

5

题意

给出一个数字 n(n$\leq 2^{30}$)，求 1～n 的所有数字里面出现 1 的个数。

样例解释

在 1～12 内出现的有 1 的数字有 1,10,11,12，因此总计 5 个 1。

思路

如果通过从 1 数到 n 一个个枚举来算 1 的个数，那么肯定是要超时的，特别是这里只给了 10ms。

恰当的方法是先通过特殊的数字寻找规律，然后再扩展到一般去。先举一个例子来说明本题的做法：令 n=30710，并记从最低位 0 到最高位 3 的位号分别为 1 号位、2 号位、3 号位、4 号位及 5 号位。

（1）考虑 1 号位在 1～n 过程中在该位可能出现的 1 的个数

注意到 n 在 1 号位的左侧是 3071。

由于 1 号位为 0（小于 1），因此在 1～n 中，仅在高四位为 0000～3070 的过程中，1 号位才可取到 1（想一想为什么高四位不能取到 3071？），即 00001、00011、00021、…、30691、30701，总共有 3071 种情况。

因此在 1～n 过程中，1 号位将出现 3071 个 1（即 3071×10^0）。

（2）考虑 2 号位在 1～n 过程中在该位可能出现的 1 的个数

注意到 n 在 2 号位左侧是 307，在 2 号位右侧是 0。

① 由于 2 号位为 1（等于 1），因此在 1～n 中，仅在高三位为 000～306（而不能取到 307）的过程中，对任意的低一位（即 0～9），2 号位才总可以取到 1（而使整个数不超过 n），即 0001×、0011×、0021×、…、3051×、3061×，总共有 3070=307 × 10^1 种情况，这里 10^1 是指×可以是 0～9 的任意值，只需要保证 2 号位为 1 且整个数不超过 n。

② 上面高三位最大只考虑到 306，接下来考虑高三位为 307 的情况，当然此时还得保持 2 号位为 1，那么也就是计算 30710～n 有多少 2 号位为 1 的数。由于 n 就是 30710，因此这里只有一个数（即 0＋1，其中 0 表示 2 号位右侧的数）。（想一想，如果 n 是 30715，那么会有几个数？）

因此在 1～n 过程中，2 号位将出现 3071=307 × 10^1+0+1 个 1。

（3）考虑 3 号位在 1～n 过程中在该位可能出现的 1 的个数

注意到 n 在 3 号位左侧是 30，在 3 号位右侧是 10。

由于 3 号位为 7（大于 1），因此在 1～n 中，在高二位为 00～30 的过程中，对任意的低二位（即 00～99），3 号位均可取到 1（而使整个数不超过 n），即 001××、011××、021××、…、281××、291××，总共有 3100=(30+1) × 10^2 种情况，这里 10^2 是指×× 可以是 00～99 的任意值，只需要保证 3 号位为 1 且整个数不超过 n。

因此在 1～n 过程中，3 号位将出现 $3100 = (30 + 1) \times 10^2$ 个 1。

（4）考虑 4 号位在 1～n 过程中在该位可能出现的 1 的个数

注意到 n 在 4 号位左侧是 3，在 4 号位右侧是 710。

由于 4 号位为 0（小于 1），因此在 1～n 中，仅在高一位为 0～2（而不能取到 3）的过程中，对任意的低三位（即 000～999），4 号位才总可以取到 1（而使整个数不超过 n），即 01×××、11×××、21×××，总共有 3000=3 × 10^3 种情况，这里 10^3 是指××× 可以是 000～999 的任意值，只需要保证 4 号位为 1 且整个数不超过 n。

因此在 1～n 过程中，4 号位将出现 $3000 = 3 \times 10^3$ 个 1。

（5）考虑 5 号位在 1～n 过程中在该位可能出现的 1 的个数

注意到 n 在 5 号位左侧是 0，在 5 号位右侧是 710。

由于 5 号位为 3（大于 1），因此在 1～n 中，对任意的低四位（即 0000～9999），5 号位均可取到 1（而使整个数不超过 n），即 1××××，总共有 10000 = (0 + 1) × 10^4 种情况，这里 10^4 是指×××× 可以是 0000～9999 的任意值，只需要保证 5 号位为 1 且整个数不超过 n。

因此在 1～n 过程中，5 号位将出现 $10000 = (0 + 1) \times 10^4$ 个 1。

综上所述，1～n 中共会出现 22242 = 3071 + 3071 + 3100 + 3000 + 10000 个 1，这个数据可以用作验证程序正确性。

上面这个例子看似复杂，但是实际上是遵循了下面这个简洁的计算规则。建议读者把下面的这个规则跟上面的例子结合起来看，应该能看得比较清晰了。

步骤 1：以 ans 表示 1 的个数，初值为 0。设需要计算的数为 n，且是一个 m 位（十进制）

的数。从低到高枚举 n 的每一位（具体可以看参考代码，控制一个 a，每次乘 10 表示进一位），对每一位计算 1~n 中该位为 1 的数的个数，细节见步骤 2。

步骤 2：设当前处理至第 k 位，那么记 left 为第 k 位的高位所表示的数，now 为第 k 位的数，right 为第 k 位的低位所表示的数，然后根据当前第 k 位(now)的情况分为三类讨论：

① 若 now == 0，则 ans += left * a。

② 若 now == 1，则 ans += left * a + right + 1。

③ 若 now≥2，则 ans += (left + 1) * a。

注意点

① 题目是指十进制的 1 的个数，而不是二进制的。

② 题目给出的范围是 $1 \leqslant N \leqslant 2^{30}$，所以尽量测一下边界数据，这是做任何题都要学会的：

```
1
1073741824
```

上面两个边界数据的结果分别是 1 和 1036019223。

像 PAT 这种单点测试，每个数据点都会有分，而边界数据又是考验思维缜密程度的绝好利器，所以数据里通常都会设置这些边界数据。想要完全正确，就必须要能够考虑这些边界情况。

参考代码

```cpp
#include <cstdio>
int main() {
    int n, a = 1, ans = 0;
    int left, now, right;
    scanf("%d",&n);
    while(n/a != 0) {
        left = n / (a * 10);
        now = n / a % 10;
        right = n % a;
        if(now == 0) ans += left * a;
        else if(now == 1) ans += left * a + right + 1;
        else ans += (left + 1) * a;
        a *= 10;
    }
    printf("%d\n",ans);
    return 0;
}
```

本节二维码

5.2　最大公约数与最小公倍数

B1008. 数组元素循环右移问题 (20)

Time Limit: 400 ms　Memory Limit: 65 536 KB

题目见 3.1 节

思路

此处讲解一下如何让移动的次数最少。

将序列中一个元素先拿出至临时变量，然后将空出的位置将要移动到这个位置的元素代替，再把新空出的位置用将要移动到这个新空出的位置的元素代替，以此类推，直到所有元素移动完毕。

以本题的样例为例，大概过程如图 5-3 所示。

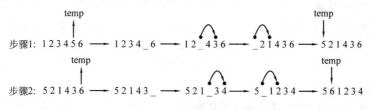

图 5-3　思路示意图

如图 5-3 所示，步骤 1 先将 5 放进临时变量 temp，由于 M 值为 2，因此最终一定是 3 在原先 5 在的位置上（因为序列右移 M 位），于是把 3 移动到 5 的位置；同样的，3 的位置在最终态时一定是 1，于是把 1 移动到 3 的位置；接下来，由于 1 左边第二个位置是一开始 5 的位置，因此不再继续，把 temp 的值 5 放在 1 的位置，步骤 1 结束。而步骤 2 同理，最终得到需要的结果。

这里只从 5 跟 6 开始是因为右移两位后 5 和 6 会移到序列最前方，因此对题目给定的 N 和 M，可以从 N－M 号位开始枚举起始位，直到 N－1 号位结束（这里的位号都指从 0 开始的位号）。不过这样会产生一个问题：有可能经过一轮循环之后，N－M 号位之后又多个位置已经得到了最终结果，这样当继续枚举起始位时就会产生重复，最后导致错误。例如假设 N＝8、M＝3，这种情况下只需要枚举一次起始位，即从 8－3＝5 号位开始循环，一轮循环下来就可以得到整个序列的最终结果，而不需要再去从 6 号位跟 7 号位开始循环（自己动手尝试一下算法过程就可以得到）。

为了解决这个问题，设 d 为 N 和 M 的最大公约数，那么从 N－M 号位开始枚举起始位，直到 N－M＋d－1 位结束。例如 N＝8、M＝3 时，就只需要从 N－M＝5 号位开始、直到 N－M＋d－1＝5 号位结束，也就是只需要枚举 5 号位作为起始位即可。

上面这种做法讲解起来不如自己动手模拟一下过程直观，因此读者不妨按照这个算法过程自己思考一下。

参考代码

```
#include <cstdio>
int gcd(int a, int b) {  //求a和b的最大公约数
    if(b == 0) return a;
    else return gcd(b, a % b);
}
int main() {
    int a[110];
    int n, m, temp, pos, next;
    //temp为临时变量，pos存放当前处理的位置，next为下一个要处理的位置
    scanf("%d%d", &n, &m);
    for(int i = 0; i < n; i++) {
        scanf("%d", &a[i]);
    }
    m = m % n;  //修正m
    if(m != 0) {  //如果m==0，直接输出数组即可，不需要执行这部分
        int d = gcd(m, n);  //d为m和n的最大公约数
        for(int i = n - m; i < n - m + d; i++) {  //枚举一个最大公约数的范围
            temp = a[i];  //把当前位置元素先拿走
            pos = i;  //记录当前要处理的位置
            do {
                //计算下一个要处理的位置
                next = (pos - m + n) % n;
                //如果下一个位置不是初始点
                //则把下一个位置的元素赋值给当前处理位置
                if(next != i) a[pos] = a[next];
                else a[pos] = temp;  //把一开始拿走的元素赋值给最后这个空位
                pos = next;  //传递位置
            }while(pos != i);  //循环直到当前处理位置回到初始位置结束
        }
    }
    for(int i = 0; i < n; i++) {  //输出数组
        printf("%d", a[i]);
        if(i < n - 1) printf(" ");
    }
    return 0;
}
```

本节二维码

5.3 分数的四则运算

A1081. Rational Sum (20)

Time Limit: 400 ms　　Memory Limit: 65 536KB

题目描述

Given N rational numbers in the form "numerator/denominator", you are supposed to calculate their sum.

输入格式

Each input file contains one test case. Each case starts with a positive integer N (≤100), followed in the next line N rational numbers "a1/b1 a2/b2 …" where all the numerators and denominators are in the range of "long int". If there is a negative number, then the sign must appear in front of the numerator.

输出格式

For each test case, output the sum in the simplest form "integer numerator/denominator" where "integer" is the integer part of the sum, "numerator" < "denominator", and the numerator and the denominator have no common factor. You must output only the fractional part if the integer part is 0.

输入样例 1

```
5
2/5 4/15 1/30 –2/60 8/3
```

输出样例 1

```
3 1/3
```

输入样例 2

```
2
4/3 2/3
```

输出样例 2

```
2
```

输入样例 3

```
3
1/3 –1/6 1/8
```

输出样例 3

```
7/24
```

题意

给出 n 个分数，求分数的和。分数前面可能有负号。

若答案为假分数，则要按照带分数的形式输出；整数则按整数输出；否则按真分数输出。

思路

这是一个比较常规的分数四则运算的题目，只需要令结构体 Fraction 存放分数的分子和分母，然后按照配套用书上讲解的方法进行计算即可。分数的加法计算公式为：

$$result = \frac{f1.up * f2.down + f2.up * f1.down}{f1.down * f2.down}$$

注意最后输出时，需要按整数、带分数、真分数的情况分类处理。

注意点

① 负数无需特殊处理，只需当作分子为负数的分数即可。如果采用其他写法，那么需要注意负分数的输出。

② 数据范围为 int，因此两个分母相乘时，最大可以达到 long long，所以如果使用 int 就会溢出，得到"答案错误"。

③ 容易出错的数据是 0，如下面的例子。

```
2
-1/2 2/4

//output
0
```

④ 必须在每一步加法后都进行约分，如果等全部加完后才约分，则会溢出。

⑤ 计算最大公约数时，要注意是计算分子分母**绝对值**的公约数，否则下面的数据会错误。

```
2
1/3 -1/2

//output
-1/6
```

参考代码

```cpp
#include <cstdio>
#include <algorithm>
using namespace std;
typedef long long ll;        //记 ll 为 long long
ll gcd(ll a, ll b) {         //求 a 与 b 的最大公约数
    return b == 0 ? a : gcd(b, a % b);
}
struct Fraction {            //分数
    ll up, down;             //分子、分母
};
Fraction reduction(Fraction result) {    //化简
    if(result.down < 0) {    //分母为负数，令分子和分母都变为相反数
        result.up = -result.up;
        result.down = - result.down;
    }
```

```
        if (result.up == 0) {                          //如果分子为 0
            result.down = 1;                            //令分母为 1
        } else {        //如果分子不为 0，进行约分
            int d = gcd(abs(result.up), abs(result.down));   //分子分母的最大公约数
            result.up /= d;                             //约去最大公约数
            result.down /= d;
        }
    return result;
}
Fraction add(Fraction f1, Fraction f2) {            //分数 f1 加上分数 f2
    Fraction result;
    result.up = f1.up * f2.down + f2.up * f1.down;  //分数和的分子
    result.down = f1.down * f2.down;                //分数和的分母
    return reduction(result);                       //返回结果分数，注意化简
}
void showResult(Fraction r) {                       //输出分数 r
    reduction(r);
    if(r.down == 1) printf("%lld\n", r.up);         //整数
    else if(abs(r.up) > r.down) {                   //假分数
        printf("%lld %lld/%lld\n", r.up / r.down, abs(r.up) % r.down, r.down);
    } else {                                        //真分数
        printf("%lld/%lld\n", r.up , r.down);
    }
}
int main() {
    int n;
    scanf("%d", &n);                                //分数个数
    Fraction sum, temp;
    sum.up = 0; sum.down = 1;                       //和的分子为 0，分母为 1
    for(int i = 0; i < n; i++) {
        scanf("%lld/%lld", &temp.up, &temp.down);
        sum = add(sum, temp);                       //sum 增加 temp
    }
    showResult(sum);                                //输出结果
    return 0;
}
```

B1034/A1088. Rational Arithmetic (20)

Time Limit: 200 ms　Memory Limit: 65 536 KB

题目描述

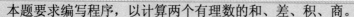

本题要求编写程序，以计算两个有理数的和、差、积、商。

输入格式

在一行中按照"a1/b1 a2/b2"的格式给出两个分数形式的有理数，其中分子和分母全是整型范围内的整数，负号只可能出现在分子前，分母不为 0。

输出格式

分别在四行中按照"有理数 1 运算符　有理数 2 = 结果"的格式顺序输出两个有理数的和、差、积、商。注意输出的每个有理数必须是该有理数的最简形式"k a/b"，其中 k 是整数部分，a/b 是最简分数部分；若为负数，则须加括号；若除法分母为 0，则输出"Inf"。题目保证正确的输出中没有超过整型范围的整数。

输入样例 1

2/3 –4/2

输出样例 1

2/3 + (–2) = (–1 1/3)
2/3 – (–2) = 2 2/3
2/3 * (–2) = (–1 1/3)
2/3 / (–2) = (–1/3)

输入样例 2

5/3 0/6

输出样例 2

1 2/3 + 0 = 1 2/3
1 2/3 – 0 = 1 2/3
1 2/3 * 0 = 0
1 2/3 / 0 = Inf

题意

给出两个分数（可能有负分数），求它们的加法、减法、乘法、除法的计算式。如果是假分数，则按带分数的形式输出；如果是整数，则输出整数；否则，输出真分数。注意：如果除法时除数为 0，那么应当输出"Inf"。

思路

这是一道比较常规的分数四则运算的题目，只不过加减乘除都有所涉及，所以代码量稍微大一点。对于本题，如果没有按套路编写代码，那么就会因细节很多而容易出现各种各样的问题，故建议读者还是按配套用书讲解的过程来编写代码。

注意点

① 负数无需特殊处理，只需当作分子为负数的分数即可。如果采用其他写法，那么需要注意负分数的输出。

② 数据范围为 int，因此两个分母相乘时，最大可以达到 long long，所以如果使用 int 就会溢出，得到"答案错误"。

③ 计算最大公约数时，要注意是计算分子分母**绝对值**的公约数，否则下面的数据会错误。

```
//input
2
```

```
1/3 -1/2
//output
1/3 + (-1/2) = (-1/6)
1/3 - (-1/2) = 5/6
1/3 * (-1/2) = (-1/6)
1/3 / (-1/2) = (-2/3)
```

④ 除法时，如果除数为 0，则应当特判输出 "Inf"。

参考代码

```cpp
#include <cstdio>
#include <algorithm>
using namespace std;
typedef long long ll;          //记 ll 为 long long
ll gcd(ll a, ll b) {            //求 a 与 b 的最大公约数
    return b == 0 ? a : gcd(b, a % b);
}
struct Fraction {              //分数
    ll up, down;               //分子、分母
}a, b;
Fraction reduction(Fraction result) {    //化简
    if(result.down < 0) {      //分母为负数，令分子和分母都变为相反数
        result.up = -result.up;
        result.down = - result.down;
    }
    if (result.up == 0) {                           //如果分子为 0
        result.down = 1;                            //令分母为 1
    } else {           //如果分子不为 0，进行约分
        int d = gcd(abs(result.up), abs(result.down));    //分子分母的最大公约数
        result.up /= d;                             //约去最大公约数
        result.down /= d;
    }
    return result;
}
Fraction add(Fraction f1, Fraction f2) {            //分数 f1 加上分数 f2
    Fraction result;
    result.up = f1.up * f2.down + f2.up * f1.down;  //分数和的分子
    result.down = f1.down * f2.down;                //分数和的分母
    return reduction(result);                       //返回结果分数，注意化简
}
Fraction minu(Fraction f1, Fraction f2) {           //分数 f1 减去分数 f2
```

```
        Fraction result;
        result.up = f1.up * f2.down - f2.up * f1.down;    //分数差的分子
        result.down = f1.down * f2.down;                  //分数差的分母
        return reduction(result);                         //返回结果分数，注意化简
    }
    Fraction multi(Fraction f1, Fraction f2) {            //分数f1乘以分数f2
        Fraction result;
        result.up = f1.up * f2.up;                        //分数积的分子
        result.down = f1.down * f2.down;                  //分数积的分母
        return reduction(result);                         //返回结果分数，注意化简
    }
    Fraction divide(Fraction f1, Fraction f2) {           //分数f1除以分数f2
        Fraction result;
        result.up = f1.up * f2.down;                      //分数商的分子
        result.down = f1.down * f2.up;                    //分数商的分母
        return reduction(result);                         //返回结果分数，注意化简
    }
    void showResult(Fraction r) {                         //输出分数r
        r = reduction(r);
        if(r.up < 0) printf("(");
        if(r.down == 1) printf("%lld", r.up);             //整数
        else if(abs(r.up) > r.down) {                     //假分数
            printf("%lld %lld/%lld", r.up / r.down, abs(r.up) % r.down, r.down);
        } else {                                          //真分数
            printf("%lld/%lld", r.up , r.down);
        }
        if(r.up < 0) printf(")");
    }
    int main() {
        scanf("%lld/%lld %lld/%lld", &a.up, &a.down, &b.up, &b.down);
        //加法
        showResult(a);
        printf(" + ");
        showResult(b);
        printf(" = ");
        showResult(add(a, b));
        printf("\n");
        //减法
        showResult(a);
        printf(" - ");
```

```
showResult(b);
printf(" = ");
showResult(minu(a, b));
printf("\n");
//乘法
showResult(a);
printf(" * ");
showResult(b);
printf(" = ");
showResult(multi(a, b));
printf("\n");
//除法
showResult(a);
printf(" / ");
showResult(b);
printf(" = ");
if(b.up == 0) printf("Inf");
else showResult(divide(a, b));
return 0;
}
```

本节二维码

5.4　素　　数

B1007. 素数对猜想 (20)

Time Limit: 400 ms　　Memory Limit: 65 536 KB

题目描述

定义 d_n 为：$d_n = p_{n+1} - p_n$，其中 p_i 是第 i 个素数。显然有 $d_1 = 1$ 且对于 n>1 有 d_n 是偶数。"素数对猜想"认为"存在无穷多对相邻且差为 2 的素数"。

现给定任意正整数 N ($< 10^5$)，请计算不超过 N 的满足猜想的素数对的个数。

输入格式

每个测试输入包含 1 个测试用例,给出正整数 N。

输出格式

每个测试用例的输出占一行,不超过 N 的满足猜想的素数对的个数。

输入样例

20

输出样例

4

题意

求 1 ~ n 内的素数对的个数,例如 3 和 5 是一个素数对、5 和 7 是一个素数对、7 和 9 不是素数对。在 1 ~ 20 内的素数对有:3 和 5、5 和 7、11 和 13、17 和 19。

思路

很容易知道,素数对一定是两个奇数。因此可以在 1 ~ n 的范围内枚举奇数 p,如果 p 和 p + 2 都是素数,那么令计数器 count 加 1。

注意点

① 要注意枚举的时候要保证 i 和 i + 2 都在 n 的范围内才能算是素数对。

② 1 不是素数。

③ 在参考代码的 for 循环语句中,之所以使用 i += 2 而不是 i++,是为了保持 i 为奇数。

参考代码

```
#include <cstdio>
#include <cmath>
bool isPrime(int n) {  //判断 n 是否为素数
    if(n <= 1) return false;
    int sqr = (int)sqrt(1.0 * n);
    for(int i = 2; i <= sqr; i++) {
        if(n % i == 0) return false;
    }
    return true;
}
int main() {
    int n, count = 0;
    scanf("%d", &n);
    for(int i = 3; i + 2 <= n; i += 2) {  //i 每次加 2
        if(isPrime(i) == true && isPrime(i + 2) == true) {
            count++;  //如果 i 和 i + 2 都是素数,那么 count 加 1
        }
    }
    printf("%d\n", count);
    return 0;
```

```
}
```

B1013. 数素数 (20)

Time Limit: 100 ms   Memory Limit: 65 536 KB

题目描述

令 p_i 表示第 i 个素数。现任给两个正整数 $M \leq N \leq 10^4$，请输出 p_m 到 p_n 的所有素数。

输入格式

在一行中给出 m 和 n，其间以空格分隔。

输出格式

输出从 $p_m \sim p_n$ 的所有素数，每 10 个数字占一行，其间以空格分隔，但行末不得有多余空格。

输入样例

5 27

输出样例

```
11 13 17 19 23 29 31 37 41 43
47 53 59 61 67 71 73 79 83 89
97 101 103
```

题意

输出第 m 个素数至第 n 个素数($m \leq n \leq 10^4$)。

思路

把素数表输出至第 n 个素数，然后按格式输出即可。

注意点

① 用筛法或者非筛法都可以解决该题，在算法中都需要添加一句控制素数个数的语句：

```
if(num >= n) break;
```

这是由于题目只要求输出第 m~n 个素数，因此超过 n 个素数之后的就不用保存了。

② 由于空格在测试时肉眼看不出来，所以如果提交返回"格式错误"的读者可以把程序中的空格改成其他符号（比如^）来输出，看看是哪里多了空格。

③ 考虑到不知道第 10^4 个素数有多大，不妨将测试上限 maxn 设置得大一些，由于在素数个数超过 n 时即会中断循环，因此不影响复杂度。当然也可以先用程序测试下第 10^4 个素数是多少，然后再用这个数作为上限。

④ 本题在素数表生成过程中其实就可以直接输出，不过会显得比较冗乱，因此不妨先生成完整素数表，然后再按格式要求输出。

⑤ Find_Prime()函数中要记得是 i < maxn 而不是 i≤maxn，否则会导致程序运行崩溃；在 main 函数中要记得调用 Find_Prime()函数，否则不会出结果。

参考代码

（1）方法一：暴力

```c
#include <stdio.h>
#include <math.h>
```

```
const int maxn = 1000001;
bool isPrime(int n) {   //判断 n 是否为素数
    if(n <= 1) return false;
    int sqr = (int)sqrt(1.0 * n);
    for(int i = 2; i <= sqr; i++) {
        if(n % i == 0) return false;
    }
    return true;
}
int prime[maxn], num = 0;
bool p[maxn] = {0};
void Find_Prime(int n) {   //求素数表
    for(int i = 1; i < maxn; i++) {
        if(isPrime(i) == true) {
            prime[num++] = i;
            p[i] = true;
            if(num >= n) break;   //只需要 n 个素数, 因此超过时即可结束
        }
    }
}
int main() {
    int m, n, count = 0;
    scanf("%d%d", &m, &n);
    Find_Prime(n);
    for(int i = m; i <= n; i++) {   //输出第 m ~ n 个素数
        printf("%d",prime[i - 1]);   //下标从 0 开始
        count++;
        if(count % 10 != 0 && i < n) printf(" ");
        else printf("\n");
    }
    return 0;
}
```

(2) 方法二: 筛法

```
#include <stdio.h>
const int maxn = 1000001;
int prime[maxn], num = 0;
bool p[maxn] = {0};
void Find_Prime(int n) {
    for(int i = 2; i < maxn; i++) {
        if(p[i] == false) {
```

```
            prime[num++] = i;
            if(num >= n) break;   //只需要 n 个素数，因此超过时即可结束
            for(int j = i + i; j < maxn; j += i) {
                p[j] = true;
            }
        }
    }
}
int main() {
    int m, n, count = 0;
    scanf("%d%d", &m, &n);
    Find_Prime(n);
    for(int i = m; i <= n; i++) {   //输出第 m ~ n 个素数
        printf("%d",prime[i - 1]);   //下标从 0 开始
        count++;
        if(count % 10 != 0 && i < n) printf(" ");
        else printf("\n");
    }
    return 0;
}
```

A1015. Reversible Primes (20)

Time Limit: 400 ms　　Memory Limit: 65 536 KB

题目描述

A *reversible prime* in any number system is a prime whose "reverse" in that number system is also a prime. For example in the decimal system 73 is a reversible prime because its reverse 37 is also a prime.

Now given any two positive integers N ($< 10^5$) and D ($1 < D \leqslant 10$), you are supposed to tell if N is a reversible prime with radix D.

输入格式

The input file consists of several test cases. Each case occupies a line which contains two integers N and D. The input is finished by a negative N.

输出格式

For each test case, print in one line "Yes" if N is a reversible prime with radix D, or "No" if not.

输入样例

```
73 10
23 2
23 10
-2
```

输出样例

Yes

Yes

No

题意

给出正整数 N 和进制 radix，如果 N 是素数，且 N 在 radix 进制下反转后的数在十进制下也是素数，则输出"Yes"；否则输出"No"。

样例解释

73 是素数，在十进制下反转后得到的 37 也是素数，所以输出"Yes"。

23 是素数，其二进制表示为 10111，反转后得到的 11101 在十进制下为 29，也是素数，所以输出"Yes"。

23 是素数，但在十进制下反转后得到的 32 不是素数，所以输出"No"。

思路

步骤 1：判断 N 是否是素数：如果是素数，则进入步骤 2；如果不是素数，则输出"No"，结束算法。

步骤 2：将 N 转换为 radix 进制，保存于数组中。然后采用"逆序遍历"的方式重新转换为十进制（逆序遍历数组等价于将数组颠倒）。如果转换后的数为素数，则输出"Yes"；否则，输出"No"。

注意点

① while…EOF 的写法在配套用书 2.10 节中讲过。

② 题目描述中保证了 0 不作为输入，但要注意当 n 等于 1 时，需要输出"No"。

参考代码

```cpp
#include <cstdio>
#include <cmath>
bool isPrime(int n) {   //判断 n 是否为素数
    if(n <= 1) return false;
    int sqr = (int)sqrt(1.0 * n);
    for(int i = 2; i <= sqr; i++) {
        if(n % i == 0) return false;
    }
    return true;
}
int d[111];
int main() {
    int n, radix;
    while(scanf("%d", &n) != EOF) {
        if(n < 0) break;           //当 n 是负数时，退出循环
        scanf("%d", &radix);
```

```
        if(isPrime(n) == false) {    //n 不是素数，输出 No，结束算法
            printf("No\n");
        } else {                //n 是素数，判断 n 在 radix 进制下的逆序是否是素数
            int len = 0;
            do {            //进制转换
                d[len++] = n % radix;
                n /= radix;
            } while(n != 0);
            for(int i = 0; i < len; i++) {        //按逆序转换进制
                n = n * radix + d[i];
            }
            if(isPrime(n) == true) printf("Yes\n");        //逆序是素数
            else printf("No\n");            //逆序不是素数
        }
    }
    return 0;
}
```

A1078. Hashing (25)

Time Limit: 100 ms   Memory Limit: 65 536 KB

题目描述

The task of this problem is simple: insert a sequence of distinct positive integers into a hash table, and output the positions of the input numbers. The hash function is defined to be "H(key) = key % TSize" where TSize is the maximum size of the hash table. Quadratic probing (with positive increments only) is used to solve the collisions.

Note that the table size is better to be prime. If the maximum size given by the user is not prime, you must re-define the table size to be the smallest prime number which is larger than the size given by the user.

输入格式

Each input file contains one test case. For each case, the first line contains two positive numbers: MSize ($\leqslant 10^4$) and N ($\leqslant$ MSize) which are the user-defined table size and the number of input numbers, respectively. Then N distinct positive integers are given in the next line. All the numbers in a line are separated by a space.

输出格式

For each test case, print the corresponding positions (index starts from 0) of the input numbers in one line. All the numbers in a line are separated by a space, and there must be no extra space at the end of the line. In case it is impossible to insert the number, print "-" instead.

（原题即为英文题）

输入样例

4 4

10 6 4 15

输出样例

0 1 4 -

题意

给出散列表长 TSize 和欲插入的元素，将这些元素按读入的顺序插入散列表中，其中散列函数为 H(key) = key % TSize，解决冲突采用只往正向增加的二次探查法（即二次方探查法）。另外，如果题目给出的 TSize 不是素数，那么需要将 TSize 重新赋值为第一个比 TSize 大的素数再进行元素插入。

样例解释

TSize 为 4，所以需要先找到比 4 大的第一个素数（即 5），于是 TSize = 5。接着插入四个元素：

key = 10，H(10) = 10 % 5 = 0，因此将 10 插入 0 号位。

key = 6，H(6) = 6 % 5 = 1，因此将 6 插入 1 号位。

key = 4，H(4) = 4 % 5 = 4，因此将 4 插入 4 号位。

key = 15，H(15) = 15 % 5 = 0，发生冲突；采用二次方探查法，H(15 + 1 × 1) = 1，发生冲突；H(15 + 2 × 2) = 4，发生冲突；H(15 + 3 × 3) = 4，发生冲突；H(15 + 4 × 4) = 1，发生冲突……可以证明，后面找不到一个不冲突的时点。

思路

步骤 1：首先，对于一个输入的 TSize，如果不是素数，则必须找到第一个比它大的素数。判断一个整数 n 是否是素数的方法：如果 n 不能被从 $2 \sim \sqrt{n}$ 中的每一个数整除，那么 n 是素数。

步骤 2：开一个 bool 型数组 hashTable[]，hashTable[M] == false 表示 key 号位未被使用。对每个插入的元素 a，计算 H(a) 并判断对应位置是否被使用。

- 如果未被使用，那么就找到可以插入的位置，并输出。

- 如果已被使用，根据二次方探查法，令步长 step 初值为 1，然后令下一个检测值为 (a + step * step) % TSize，判断该位置是否已被占用：如果已被占用，则令 step++，再进行判断。step 当自增达到 TSize 时如果还没有找到可用位置，则表明这个这个元素无法被插入（证明见注意点）。

注意点

① Quadratic probing 是指二次方探查法，即当 H(a) 发生冲突时，让 a 按 $a + 1^2, a - 1^2, a + 2^2, a - 2^2, a + 3^2, a - 3^2 \cdots$ 的顺序调整 a 的值。本题中已经说明只要往正向解决冲突，因此需要按 $a + 1^2, a + 2^2, a + 3^2, \cdots$ 的顺序调整 a 的值。

② 冲突处理公式是 M = (a + step * step) % TSize，有些读者可能会没有模上 TSize。

③ 1 号测试点"答案错误"的原因是：判断质数时把 1 也当成了质数。

④ 最后一个测试点"运行超时"的原因是：程序当中出现了死循环，一般是因为在解决冲突时使用了 while(hashTable[key] == true) 且在找到位置后没有中断这个循环。

⑤ 出现"格式错误"的需要注意，在最后一个输出结束后不能有空格。

⑥ 证明如果 step 从 0 ~ TSize − 1 进行枚举却仍然无法找到位置，那么对 step 大于等于 TSize 来说也不可能找到位置（即证明循环节为 TSize）。

这里只需要证明当 step 取 TSize 至 2TSize − 1 也无法找到位置即可：

设 $0 \leqslant x < TSize$，那么

$(a + (TSize + x) * (TSize + x)) \% TSize$

$= (a + TSize * TSize + 2 * TSize * x + x * x) \% TSize$

$= (a + x * x) \% TSize + TSize * TSize \% TSize + 2 * TSize * x \% TSize$

$= (a + x * x) \% TSize$

由于所有循环节为 TSize，如果 step 从 $0 \sim TSize - 1$ 进行枚举却仍然无法找到位置，那么对 step 大于等于 TSize 来说也不可能找到位置。

参考代码

```cpp
#include <cstdio>
#include <cmath>
#include <vector>
using namespace std;
const int N = 11111;

bool isPrime(int n) {   //判断 n 是否为素数
    if(n <= 1) return false;
    int sqr = (int)sqrt(1.0 * n);
    for(int i = 2; i <= sqr; i++) {
        if(n % i == 0) return false;
    }
    return true;
}
bool hashTable[N] = {0};    //hashTable[x] == false 则 x 号位未被使用

int main() {
    int n, TSize, a;
    scanf("%d%d", &TSize, &n);
    while(isPrime(TSize) == false) {    //寻找第一个大于等于 TSize 的质数
        TSize++;
    }
    for (int i = 0; i < n; i++) {
        scanf("%d", &a);
        int M = a % TSize;
        if (hashTable[M] == false) {    //如果 M 号位未被使用，则已找到
            hashTable[M] = true;
            if(i == 0) printf("%d", M);
            else printf(" %d", M);
        } else {
```

```
        int step;    //二次方探查法步长
        for(step = 1; step < TSize; step++) {   //可以证明 TSize 为循环节
            M = (a + step * step) % TSize;   //下一个检测值
            if (hashTable[M] == false) {      //如果 M 号位未被使用，则已找到
                hashTable[M] = true;
                if(i == 0) printf("%d", M);
                else printf(" %d", M);
                break;   //记住 break
            }
        }
        if(step >= TSize) {  //找不到插入的地方
            if(i > 0) printf(" ");
            printf("-");
        }
    }
}
    return 0;
}
```

本节二维码

5.5   质因子分解

A1096. Consecutive Factors (20)

Time Limit: 400 ms   Memory Limit: 65 536 KB

题目描述

Among all the factors of a positive integer N, there may exist several consecutive numbers. For example, 630 can be factored as 3×5×6×7, where 5, 6, and 7 are the three consecutive numbers. Now given any positive N, you are supposed to find the maximum number of consecutive factors, and list the smallest sequence of the consecutive factors.

输入格式

Each input file contains one test case, which gives the integer N ($1 < N < 2^{31}$).

输出格式

For each test case, print in the first line the maximum number of consecutive factors. Then in the second line, print the smallest sequence of the consecutive factors in the format "factor[1]*factor[2]*···*factor[k]", where the factors are listed in increasing order, and 1 is NOT included.

（原题即为英文题）

输入样例

630

输出样例

3

5*6*7

题意

给出一个正整数 N，求一段连续的整数，使得 N 能被这段连续整数的乘积整除。如果有多个方案，输出连续整数个数最多的方案；如果还有多种方案，输出其中第一个数最小的方案。

样例解释

5×6×7 是能整除 630 的个数最多的连续整数。

思路

步骤 1：首先需要注意到的一点是，N 不会被除自己以外的大于 $\sqrt{N}$ 的整数整除，因此只需要从 2 ~ $\sqrt{N}$ 遍历连续整数的第一个，求此时 N 能被最多多少个连续整数的乘积整除。在此过程中，如果有发现长度比当前的最长长度 ansLen 更长的情况（ansLen 初始化为 0），就更新 ansLen 和对应的第一个整数 ansI。

步骤 2：如果遍历结束后 ansLen 依然为 0，那么说明不超过 $\sqrt{N}$ 的整数中不存在能整除 N 的连续整数，因此答案就是 N 本身；否则，输出[ansI, ansI + ansLen)区间内的整数。

注意点

① 需要用 long long，防止中间乘积超过 int 导致溢出。

② 如果选择记录 ansI 和 ansJ，而不是 ansI 和 ansLen，那么要注意在步骤 2 中判断是否在 $\sqrt{N}$ 范围内有解的细节问题，即注意区分根号 n 范围内的连续解的长度等于 1 与无解的情况。

③ 给出几个可能出错的例子：

```
// n = 2
1
2
// n = 4
1
2
// n = 6
2
2*3
// n = 8
1
```

```
2
// n = 14
1
2
```

参考代码

```cpp
#include <cstdio>
#include <cmath>
#include <algorithm>
typedef long long LL;
int main() {
    LL n;
    scanf("%lld", &n);
    //sqrt 为根号 N，ansLen 为最长连续整数，ansI 为对应的第一个整数
    LL sqr = (LL)sqrt(1.0 * n), ansI = 0, ansLen = 0;
    for(LL i = 2; i <= sqr; i++) {     //遍历连续的第一个整数
        LL temp = 1, j = i;     //temp 为当前连续整数的乘积
        while(1) {     //让 j 从 i 开始不断加 1，看最长能到多少
            temp *= j;     //获得当前连续整数的乘积
            if(n % temp != 0) break;     //如果不能整除 n，那么结束计算
            if(j - i + 1 > ansLen) {     //发现了更长的长度
                ansI = i;     //更新第一个整数
                ansLen = j - i + 1;     //更新最长长度
            }
            j++;     //j 加 1，下一个整数
        }
    }
    if(ansLen == 0) {     //最大长度为 0，说明根号 n 范围内没有解
        printf("1\n%lld", n);     //输出 n 本身
    } else {
        printf("%lld\n", ansLen);     //输出最大长度
        for(LL i = 0; i < ansLen; i++) {
            printf("%lld", ansI + i);     //输出 [ansI,ansI+ansLen)
            if(i < ansLen - 1) {
                printf("*");     //输出间隔的乘号
            }
        }
    }
    return 0;
}
```

A1059. Prime Factors (25)

Time Limit: 50 ms　　Memory Limit: 65 536 KB

题目描述

Given any positive integer N, you are supposed to find all of its prime factors, and write them in the format N = p_1^k_1* p_2^k_2 * ··· *p_m^k_m.

输入格式

Each input file contains one test case which gives a positive integer N in the range of long int.

输出格式

Factor N in the format N = p_1^k_1 * p_2^k_2 * ··· *p_m^k_m, where p_i's are prime factors of N in increasing order, and the exponent k_i is the number of p_i—hence when there is only one p_i, k_i is 1 and must NOT be printed out.

输入样例

97532468

输出样例

97532468=2^2*11*17*101*1291

题意

给出一个 int 范围的整数，按照从小到大的顺序输出其分解为质因数的乘法算式。

思路

和配套用书上讲解质因子分解的思路是完全相同的，注意要先输出素数表，然后再进行质因子分解的操作。

注意点

① 题目说的是 int 范围内的正整数进行质因子分解，因此素数表大概开 10^5 就可以了。

② 注意 n == 1 需要特判输出"1=1"，否则不会输出结果。

③ 新手学习素数和质因子分解容易犯错的地方：a）在 main 函数开头忘记调用 Find_Prime()函数；b）Find_Prime()函数中把 i < maxn 写成了 i≤maxn；c）没有处理大于 sqrt(n) 部分的质因子；d）在枚举质因子的过程中发生了死循环（死因各异）；e）没有在循环外定义变量来存储 sqrt(n)，而在循环条件中直接计算 sqrt(n)，这样当循环中使用 n 本身进行操作时会导致答案错误。

④ 下面给出几组可能会发生错误的数据：

```
1          //1=1
7          //7=7
8          //8=2^3
9          //9=3^2
180        //180=2^2*3^2*5
2147483647 //2147483647=2147483647
2147483646 //2147483646=2*3^2*7*11*31*151*331
```

参考代码

```
#include <cstdio>
```

```
#include <math.h>
const int maxn = 100010;
bool is_prime(int n) {  //判断 n 是否为素数
    if(n == 1) return false;
    int sqr = (int)sqrt(1.0 * n);
    for(int i = 2; i <= sqr; i++) {
        if(n % i == 0) return false;
    }
    return true;
}
int prime[maxn], pNum = 0;
void Find_Prime() {  //求素数表
    for(int i = 1; i < maxn; i++) {
        if(is_prime(i) == true) {
            prime[pNum++] = i;
        }
    }
}
struct factor {
    int x, cnt;  //x 为质因子, cnt 为其个数
}fac[10];
int main() {
    Find_Prime();  //此句必须记得写
    int n, num = 0;  //num 为 n 的不同质因子的个数
    scanf("%d", &n);
    if(n == 1) printf("1=1");  //特判 1 的情况
    else {
        printf("%d=", n);
        int sqr = (int)sqrt(1.0 * n);  //n 的根号
        //枚举根号 n 以内的质因子
        for(int i = 0; i < pNum && prime[i] <= sqr; i++) {
            if(n % prime[i] == 0) {  //如果 prime[i] 是 n 的因子
                fac[num].x = prime[i];  //记录该因子
                fac[num].cnt = 0;
                while(n % prime[i] == 0) {  //计算出质因子 prime[i] 的个数
                    fac[num].cnt++;
                    n /= prime[i];
                }
                num++;  //不同质因子个数加 1
            }
```

```
            if(n == 1) break;  //及时退出循环，节省点时间
        }
        if(n != 1) {  //如果无法被根号 n 以内的质因子除尽
            fac[num].x = n;  //那么一定有一个大于根号 n 的质因子
            fac[num++].cnt = 1;
        }
        //按格式输出结果
        for(int i = 0; i < num; i++) {
            if(i > 0) printf("*");
            printf("%d", fac[i].x);
            if(fac[i].cnt > 1) {
                printf("^%d", fac[i].cnt);
            }
        }
    }
    return 0;
}
```

本节二维码

5.6　大整数运算

本节目录		
B1017	A 除以 B	20
A1023	Have Fun with Numbers	20
A1024	Palindromic Number	25

B1017. A 除以 B (20)

Time Limit: 100 ms　　Memory Limit: 65 536 KB

题目描述

　　本题要求计算 A/B，其中 A 是不超过 1000 位的正整数，B 是 1 位正整数。请输出商数 Q 和余数 R，使得 A ＝ B * Q ＋ R 成立。

输入格式

　　在一行中依次给出 A 和 B，中间以 1 空格分隔。

输出格式

　　在一行中依次输出 Q 和 R，中间以 1 空格分隔。

输入样例

123456789050987654321 7

输出样例

1763668415014109347 3

思路

此题为高精度整数与低精度整数的除法操作，可以直接使用配套用书中的模板。

注意点

注意除法之后商的高位 0 必须除去，并且不能有不输出数字的情况，例如这组数据：

2 7

输出结果：

0 2

参考代码

```
#include <stdio.h>
#include <string.h>
struct bign {
    int d[1010];
    int len;
    bign() {
        memset(d, 0, sizeof(d));
        len = 0;
    }
};
bign change(char str[]) {   //将整数转换为 bign
    bign a;
    a.len = strlen(str);
    for(int i = 0; i < a.len; i++) {
        a.d[i] = str[a.len - i - 1] - '0';
    }
    return a;
}
bign divide(bign a, int b, int& r) {   //高精度除法，r 为余数 (使用了 "引用 &")
    bign c;
    c.len = a.len;   //被除数的每一位和商的每一位是一一对应的，因此先令长度相等
    for(int i = a.len - 1; i >= 0; i--) {   //从高位开始
        r = r * 10 + a.d[i];   //和上一位遗留的余数组合
        if(r < b) c.d[i] = 0;   //不够除，该位为 0
        else {   //够除
            c.d[i] = r / b;   //商
            r = r % b;   //获得新的余数
        }
    }
```

```
    while(c.len - 1 >= 1 && c.d[c.len - 1] == 0) {
        c.len--;    //去除高位的 0，同时至少保留一位最低位
    }
    return c;
}
void print(bign a) {   //输出 bign
    for(int i = a.len - 1; i >= 0; i--) {
        printf("%d", a.d[i]);
    }
}
int main() {
    char str1[1010], str2[1010];
    int b, r = 0;
    scanf("%s%d", str1, &b);
    bign a = change(str1);   //将 a 转换为 bign 型
    print(divide(a, b, r));   //r 以初值 0 传入
    printf(" %d", r);
    return 0;
}
```

A1023. Have Fun with Numbers (20)

Time Limit: 400 ms   Memory Limit: 65 536 KB

题目描述

Notice that the number 123456789 is a 9-digit number consisting exactly the numbers from 1 to 9, with no duplication. Double it we will obtain 246913578, which happens to be another 9-digit number consisting exactly the numbers from 1 to 9, only in a different permutation. Check to see the result if we double it again!

Now you are suppose to check if there are more numbers with this property. That is, double a given number with k digits, you are to tell if the resulting number consists of only a permutation of the digits in the original number.

输入格式

Each input file contains one test case. Each case contains one positive integer with no more than 20 digits.

输出格式

For each test case, first print in a line "Yes" if doubling the input number gives a number that consists of only a permutation of the digits in the original number, or "No" if not. Then in the next line, print the doubled number.

（原题即为英文题）

输入样例

1234567899

Yes

2469135798

题意

给出一个长度不超过 20 的整数，问这个整数两倍后的数位是否为原数数位的一个排列。

样例解释

1234567899 中，数字 1～8 均出现了一次，而 9 出现了两次；2469135798 中，数字 1～8 也都出现了一次，9 出现了两次。所以 2469135798 是 1234567899 的数位的一个排列，输出 "Yes"。

思路

步骤 1：按字符串方式读入整数，然后使用配套用书讲解的模板进行乘 2 操作。

步骤 2：判断新整数的数位是否是原整数数位的一个排列。

首先，如果两个整数的长度不同，那么命题一定不成立，返回 false；而当两个整数的长度相同时，可以开一个 count 数组，用来存放 0～9 中每个数字的出现次数。然后枚举两个整数的所有数位，对原整数中出现的数字，令对应的 count 值加 1；对新整数中出现的数字，令对应的 count 值减 1。如果在枚举完所有数位后，所有 count 数组元素的值均为 0，说明新整数的数位是原整数数位的一个排列，返回 true；只要 0～9 中有一个数字的出现次数不为 0，则返回 false。

注意点

① 无论是 Yes 还是 No，最后都要输出乘 2 后的新整数。

② 若原整数和新整数的长度不相同，则一定输出 "No"。

参考代码

```c
#include <stdio.h>
#include <string.h>
struct bign {
    int d[21];
    int len;
    bign() {
        memset(d, 0, sizeof(d));
        len = 0;
    }
};
bign change(char str[]) {   //将整数转换为bign
    bign a;
    a.len = strlen(str);
    for(int i = 0; i < a.len; i++) {
        a.d[i] = str[a.len - i - 1] - '0';
    }
```

```
        return a;
}
bign multi(bign a, int b) {   //高精度乘法
    bign c;
    int carry = 0;   //进位
    for(int i = 0; i < a.len; i++) {
        int temp = a.d[i] * b + carry;
        c.d[c.len++] = temp % 10;   //个位作为该位结果
        carry = temp / 10;   //高位部分作为新的进位
    }
    while(carry != 0) {   //和加法不一样，乘法的进位可能不止1位，因此用while
        c.d[c.len++] = carry % 10;
        carry /= 10;
    }
    return c;
}
bool Judge(bign a, bign b) {          //判断b的所有位是否是a的某个排列
    if(a.len != b.len) return false;//若长度不同，则肯定是false
    int count[10] = {0};          //计数0~9的出现次数
    for(int i = 0; i < a.len; i++) {
        count[a.d[i]]++;          //数位a.d[i]对应的count值加1
        count[b.d[i]]--;          //数位b.d[i]对应的count值减1
    }
    for(int i = 0; i < 10; i++) {   //判断0~9的出现次数是否都为0
        if(count[i] != 0) {          //只要有一个数字的出现次数不为0，则返回false
            return false;
        }
    }
    return true;                  //返回true
}
void print(bign a) {   //输出bign
    for(int i = a.len - 1; i >= 0; i--) {
        printf("%d", a.d[i]);
    }
}
int main() {
    char str[21];
    gets(str);          //输入数据
    bign a = change(str);   //转换为bign
    bign mul = multi(a, 2); //计算a*2
```

```
        if(Judge(a, mul) == true) printf("Yes\n");
        else printf("No\n");
        print(mul);              //输出结果
        return 0;
    }
```

A1024. Palindromic Number (25)

Time Limit: 400 ms   Memory Limit: 65 536 KB

题目描述

A number that will be the same when it is written forwards or backwards is known as a Palindromic Number. For example, 1234321 is a palindromic number. All single digit numbers are palindromic numbers.

Non-palindromic numbers can be paired with palindromic ones via a series of operations. First, the non-palindromic number is reversed and the result is added to the original number. If the result is not a palindromic number, this is repeated until it gives a palindromic number. For example, if we start from 67, we can obtain a palindromic number in 2 steps: 67 + 76 = 143, and 143 + 341 = 484.

Given any positive integer N, you are supposed to find its paired palindromic number and the number of steps taken to find it.

输入格式

Each input file contains one test case. Each case consists of two positive numbers N and K, where N ($\leqslant 10^{10}$) is the initial numer and K ($\leqslant 100$) is the maximum number of steps. The numbers are separated by a space.

输出格式

For each test case, output two numbers, one in each line. The first number is the paired palindromic number of N, and the second number is the number of steps taken to find the palindromic number. If the palindromic number is not found after K steps, just output the number obtained at the Kth step and K instead.

（原题即为英文题）

输入样例 1

67 3

输出样例 1

484

2

输入样例 2

69 3

输出样例 2

1353

3

题意

定义一种操作：让一个整数加上这个整数首尾颠倒后的数字。例如对整数 1257 执行操作就是 1257 + 7521 = 8778。现在给出一个正整数和操作次数限制，问在限定的操作次数内能是否能得到回文数。如果能得到，则输出那个回文数，并输出操作的次数；否则，输出最后一次操作得到的数字以及操作次数。

样例解释

样例 1

67 的操作过程为：67→(67+76=143)→(143+341=484)，需要两次操作。

样例 2

69 的操作过程为：69→(69+96=165)→(165+561=726)→(726+627=1353)，3 次操作都没得到回文数。

思路

步骤 1：首先需要知道如何判断一个串是回文串。容易知道，如果串的下标范围是 0 ~ (len − 1)，那么对位置 i 来说，其对称位置就是 len − 1 − i（因为对称的两个位置下标之和为 len − 1）。因此，可以遍历下标 0 ~ len/2，判断其是否与其对称位置的数位相同，而只要有一个位置不对称，那么这个串就不是回文串。

```
bool Judge(bign a) {      //判断是否回文
    for(int i = 0; i <= a.len / 2; i++) {
        if(a.d[i] != a.d[a.len - 1 - i]) {
            return false;     //对称位置不等，则一定不回文
        }
    }
    return true;      //回文
}
```

步骤 2：在题目给定的操作次数上限内进行重复操作，每次将当前数倒置得到一个新数，再将原数与新数使用大整数加法相加，赋回给原数，直到产生一个回文数或者达到操作次数上限时停止。

注意点

① 将数组倒置的方法有两种：a）自己写一个倒置函数；b）使用 algorithm 头文件下的 reverse 函数（见配套用书第 6 章的内容）。

② 当出现给定字符串已经是回文串时，不需要对其进行操作，输出原数与 0。

```
484
//output
484
0
```

③ N 在执行操作 100 次后，已经远超过 long long 的表示范围，必须用大整数运算。

参考代码

```
#include <stdio.h>
#include <string.h>
#include <algorithm>
```

```
using namespace std;
struct bign {
    int d[1000];
    int len;
    bign() {
        memset(d, 0, sizeof(d));
        len = 0;
    }
};
bign change(char str[]) {    //将整数转换为bign
    bign a;
    a.len = strlen(str);
    for(int i = 0; i < a.len; i++) {
        a.d[i] = str[a.len - i - 1] - '0';
    }
    return a;
}
bign add(bign a, bign b) {   //高精度a + b
    bign c;
    int carry = 0;   //carry是进位
    for(int i = 0; i < a.len || i < b.len; i++) {
        int temp = a.d[i] + b.d[i] + carry;
        c.d[c.len++] = temp % 10;
        carry = temp / 10;
    }
    if(carry != 0) {
        c.d[c.len++] = carry;
    }
    return c;
}
bool Judge(bign a) {      //判断是否回文
    for(int i = 0; i <= a.len / 2; i++) {
        if(a.d[i] != a.d[a.len - 1 - i]) {
            return false;    //若对称位置不等,则一定不回文
        }
    }
    return true;     //回文
}
void print(bign a) {  //输出bign
    for(int i = a.len - 1; i >= 0; i--) {
```

```
            printf("%d", a.d[i]);
        }
        printf("\n");
    }
    int main() {
        char str[1000];
        int T, k = 0;
        scanf("%s %d", str, &T);        //初始数字、操作次数上限
        bign a = change(str);           //将字符串转换为 bign
        while(k < T && Judge(a) == false) {        //不超过操作次数上限且 a 非回文
            bign b = a;
            reverse(b.d, b.d + b.len);  //将 b 倒置
            a = add(a, b);                  //a = a + b
            k++;                        //操作次数加 1
        }
        print(a);
        printf("%d\n", k);
        return 0;
    }
```

本节二维码

5.7　扩展欧几里得算法

本节在 PAT 上没有对应的练习题，请使用配套用书上的训练题。

本节二维码

5.8　组合数

本节在 PAT 上没有对应的练习题，请使用配套用书上的训练题。

本节二维码　　　　　　本章二维码

第6章 C++标准模板库（STL）介绍

6.1 vector 的常见用法详解

A1039. Course List for Student (25)
Time Limit: 200 ms   Memory Limit: 65 536 KB

题目描述

Zhejiang University has 40 000 students and provides 2500 courses. Now given the student name lists of all the courses, you are supposed to output the registered course list for each student who comes for a query.

输入格式

Each input file contains one test case. For each case, the first line contains 2 positive integers: N ($\leq$40000), the number of students who look for their course lists, and K ($\leq$2500), the total number of courses. Then the student name lists are given for the courses (numbered from 1 to K) in the following format: for each course i, first the course index i and the number of registered students N_i ($\leq$200) are given in a line. Then in the next line, N_i student names are given. A student name consists of 3 capital English letters plus a one-digit number. Finally the last line contains the N names of students who come for a query. All the names and numbers in a line are separated by a space.

输出格式

For each test case, print your results in N lines. Each line corresponds to one student, in the following format: first print the student's name, then the total number of registered courses of that student, and finally the indices of the courses in increasing order. The query results must be printed in the same order as input. All the data in a line must be separated by a space, with no extra space at the end of the line.

（原题即为英文题）

输入样例

```
11 5
4 7
BOB5 DON2 FRA8 JAY9 KAT3 LOR6 ZOE1
1 4
ANN0 BOB5 JAY9 LOR6
```

2 7
ANN0 BOB5 FRA8 JAY9 JOE4 KAT3 LOR6
3 1
BOB5
5 9
AMY7 ANN0 BOB5 DON2 FRA8 JAY9 KAT3 LOR6 ZOE1
ZOE1 ANN0 BOB5 JOE4 JAY9 FRA8 DON2 AMY7 KAT3 LOR6 NON9

输出样例

ZOE1 2 4 5
ANN0 3 1 2 5
BOB5 5 1 2 3 4 5
JOE4 1 2
JAY9 4 1 2 4 5
FRA8 3 2 4 5
DON2 2 4 5
AMY7 1 5
KAT3 3 2 4 5
LOR6 4 1 2 4 5
NON9 0

题意

有 N 个学生，K 门课。现在给出选择每门课的学生姓名，并在之后给出 N 个学生的姓名，要求按顺序给出每个学生的选课情况。

思路

这类题目正常的思路是：读取每门课的所有选课学生，然后将该课程编号加入所有选择该门课的学生中去，这样就可以在最后输出所有学生的选课情况。但是本题有两个问题；一是学生是通过姓名的方式给出的；二是考生数与课程数的乘积过大，会导致直接开数组会有"内存超限"的问题。

对于第一个问题，很多读者可能会采用 STL 中的 map 去实现姓名与学生编号之间的映射，但不幸的是，本题的最后一组数据比较庞大，使用 map 跟 string 会导致超时。因此本题只能使用字符串 hash 进行求解。字符串 hash 在配套用书的 4.2 节已经介绍过。

下面是本题字符串 hash 的代码：

```
int getID(char name[]) {                //hash 函数，将字符串 name 转换成数字
    int id = 0;
    for(int i = 0; i < 3; i++) {
        id = id * 26 + (name[i] - 'A');
    }
    id = id * 10 + (name[3] - '0');
    return id;
}
```

对于第二个问题，则需要建立 vector 数组来存放不同学生各自选择的所有课程的编号。由于前面已经通过字符串 hash 将学生姓名转换为数字，因此 vector 数组的大小至少需要 $26 \times 26 \times 26 \times 10$（即 3 个英文字母和 1 个数字）。

```
const int M = 26*26*26*10 + 1;          //由姓名散列成的数字上界
vector<int> selectCourse[M];            //每个学生选择的课程编号
```

注意点

① 使用 map、string 会导致超时，因此类似 map<string, vector<int>>或者 map<string, set<int>>的写法都是不行的。

② 由于数据量庞大，因此请不要使用 cin 和 cout 进行输入和输出。

③ 如果使用二维数组存放学生所选的课程编号，会导致最后一组数据内存超限，因此需要使用 vector 来减少空间消耗。

参考代码

```cpp
#include <cstdio>
#include <cstring>
#include <vector>
#include <algorithm>
using namespace std;
const int N = 40010;                    //总人数
const int M = 26*26*26*10 + 1;          //由姓名散列成的数字上界
vector<int> selectCourse[M];            //每个学生选择的课程编号

int getID(char name[]) {                //hash函数，将字符串name转换成数字
    int id = 0;
    for(int i = 0; i < 3; i++) {
        id = id * 26 + (name[i] - 'A');
    }
    id = id * 10 + (name[3] - '0');
    return id;
}

int main() {
    char name[5];
    int n, k;
    scanf("%d%d", &n, &k);                  //人数及课程数
    for(int i = 0; i < k; i++) {            //对每门课程
        int course, x;
        scanf("%d%d", &course, &x);         //输入课程编号与选课人数
        for(int j = 0; j < x; j++) {
            scanf("%s", name);              //输入选课学生姓名
```

```
        int id = getID(name);          //将姓名散列为一个整数作为编号
        selectCourse[id].push_back(course); //将该课程编号加入学生选择中
    }
}
for(int i = 0; i < n; i++) {                //n 个查询
    scanf("%s", name);                      //学生姓名
    int id = getID(name);                   //获得学生编号
   sort(selectCourse[id].begin(),selectCourse[id].end());//从小到大排序
    printf("%s %d", name, selectCourse[id].size());     //姓名、选课数
    for(int j = 0; j < selectCourse[id].size(); j++) {
        printf(" %d", selectCourse[id][j]);             //选课编号
    }
    printf("\n");
}
return 0;
}
```

A1047. Student List for Course (25)

Time Limit: 400 ms   Memory Limit: 64 000 KB

题目描述

Zhejiang University has 40 000 students and provides 2500 courses. Now given the registered course list of each student, you are supposed to output the student name lists of all the courses.

输入格式

Each input file contains one test case. For each case, the first line contains 2 numbers: N (≤40 000), the total number of students, and K (≤2500), the total number of courses. Then N lines follow, each contains a student's name (3 capital English letters plus a one-digit number), a positive number C (≤20) which is the number of courses that this student has registered, and then followed by C course numbers. For the sake of simplicity, the courses are numbered from 1 to K.

输出格式

For each test case, print the student name lists of all the courses in increasing order of the course numbers. For each course, first print in one line the course number and the number of registered students, separated by a space. Then output the students' names in alphabetical order. Each name occupies a line.

（原题即为英文题）

输入样例

```
10 5
ZOE1 2 4 5
ANN0 3 5 2 1
BOB5 5 3 4 2 1 5
JOE4 1 2
```

JAY9 4 1 2 5 4
FRA8 3 4 2 5
DON2 2 4 5
AMY7 1 5
KAT3 3 5 4 2
LOR6 4 2 4 1 5

输出样例

1 4
ANN0
BOB5
JAY9
LOR6
2 7
ANN0
BOB5
FRA8
JAY9
JOE4
KAT3
LOR6
3 1
BOB5
4 7
BOB5
DON2
FRA8
JAY9
KAT3
LOR6
ZOE1
5 9
AMY7
ANN0
BOB5
DON2
FRA8
JAY9
KAT3
LOR6
ZOE1

题意

给出选课人数和课程数目，然后再给出每个人的选课情况，请针对每门课程输出选课人数以及所有选该课的学生的姓名。

思路

步骤 1：以二维数组 char[N][5]存放输入的姓名，其中 char[i]表示第 i 个姓名。

以 vector 数组 course[]存放选每门课的学生编号，其中 course[i]存放所有选第 i 门课的学生编号。

步骤 2：在读入数据时，如果某学生（编号为 i）选择了课程 j，那么就将该学生的编号 i 存到 course[j]中，即 course[j].push_back(i)。

步骤 3：对每一门课 i，将 course[i]中的学生按姓名字典序从小到大排序，然后输出所需要的结果。

```
bool cmp(int a, int b) {
    return strcmp(name[a], name[b]) < 0;      //按姓名字典序从小到大排序
}
```

注意点

① 使用 string，则最后一组数据容易超时。像这种数据范围很大的情况，一般最好用 char 数组来存放数据，用 string 很容易超时。

② 使用 vector 来存放每门课程的选课学生编号，可以有效防止所有学生选了所有课程的极端情况导致的空间超限，并且 vector 的使用十分简便，大大降低了编码复杂度，比直接用普通数组的优势更明显。而本题由于数据较弱，因此采用直接开组的方法也可以过，但是推荐读者能使用该题熟悉一下 vector 的概念和用法。

③ 小技巧：如果排序时直接对字符串排序，那么会导致大量的字符串移动，非常消耗时间。因此比较合适的做法是使用字符串的下标来代替字符串本身进行排序，这样消耗的时间会少得多。

④ strcmp 的返回值不一定是–1、0、+1，也有可能是其他正数和负数。这是因为标准中并没有规定必须是–1、0、+1，所以不同编译器在这点上的实现不同。因此，在写 cmp 函数时不能写 strcmp 的返回值等于–1，而必须写小于 0，否则不具有普适性，甚至直接出错。

参考代码

```
#include <cstdio>
#include <cstring>
#include <vector>
#include <algorithm>
using namespace std;
const int maxn = 40010;                 //最大学生人数
const int maxc = 2510;                  //最大课程门数

char name[maxn][5];                     //maxn 个学生
vector<int> course[maxc];               //course[i]存放第 i 门课的所有学生编号
```

```
bool cmp(int a, int b) {
    return strcmp(name[a], name[b]) < 0;//按姓名字典序从小到大排序
}
int main() {
    int n, k, c, courseID;
    scanf("%d%d", &n, &k);                  //学生人数及课程数
    for(int i = 0; i < n; i++) {
        scanf("%s %d", name[i], &c);        //学生姓名及选课数
        for(int j = 0; j < c; j++) {
            scanf("%d", &courseID);          //选择的课程编号
            course[courseID].push_back(i);   //将学生 i 加入第 courseID 门课中
        }
    }
    for(int i = 1; i <= k; i++) {
        printf("%d %d\n", i, course[i].size());        //第 i 门课的学生数
        sort(course[i].begin(), course[i].end(), cmp); //对第 i 门课的学生排序
        for(int j = 0; j < course[i].size(); j++) {
            printf("%s\n", name[course[i][j]]);        //输出学生姓名
        }
    }
    return 0;
}
```

本节二维码

6.2　set 的常见用法详解

	本节目录	
A1063	Set Similarity	25

A1063. Set Similarity (25)

Time Limit: 300 ms　　Memory Limit: 65 536 KB

题目描述

　　Given two sets of integers, the similarity of the sets is defined to be $N_c/N_t*100\%$, where N_c is the number of distinct common numbers shared by the two sets, and N_t is the total number of distinct numbers in the two sets. Your job is to calculate the similarity of any given pair of sets.

输入格式

Each input file contains one test case. Each case first gives a positive integer N (≤50) which is the total number of sets. Then N lines follow, each gives a set with a positive M (≤10⁴) and followed by M integers in the range [0, 10⁹]. After the input of sets, a positive integer K (≤2000) is given, followed by K lines of queries. Each query gives a pair of set numbers (the sets are numbered from 1 to N). All the numbers in a line are separated by a space.

输出格式

For each query, print in one line the similarity of the sets, in the percentage form accurate up to 1 decimal place.

（原题即为英文题）

输入样例

```
3
3 99 87 101
4 87 101 5 87
7 99 101 18 5 135 18 99
2
1 2
1 3
```

输出样例

```
50.0%
33.3%
```

题意

给出 N 个集合，给出的集合中可能含有相同的值。然后要求 M 个查询，每个查询给出两个集合的编号 X 和 Y，求集合 X 和集合 Y 的相同元素率，即两个集合的交集与并集（均需去重）的元素个数的比率。

样例解释

样例 1

在集合 1 与集合 2 中都有的数字为 87 和 101，所以交集中的元素个数为 2。

在集合 1 与集合 2 中所有不同的数字为 99、87、101、5，所以并集中的元素总数为 4。

因此相同元素率为 2 / 4 × 100% = 50.0%。

样例 2

在集合 1 与集合 3 中都有的数字为 99 和 101，所以交集中的元素个数为 2。

在集合 1 与集合 3 中所有不同的数字为 99、87、101、18、5、135，所以并集中的元素总数为 6。

因此相同元素率为 2 / 6 × 100% = 33.3%。

思路

设置 N 个 set 集合，在读入时将元素放入对应 set 中，这样就可以消除同一个集合中的相同元素。之后对每一个查询（查询集合 x 与集合 y 的情况），设置两个 int 型变量 totleNum 与 sameNum（初始值分别为集合 y 中的元素个数与 0），分别表示不同元素的个数（即并集）以及相同元素的个数（即交集）。然后枚举集合 x 中的元素，判断其是否在集合 y 中出现：如果出现，说明找到一个相同元素，令 sameNum 加 1；如果未出现，说明找到一个新的不同元素，令 totleNum 加 1。当遍历完集合 x 中的元素时，计算 sameNum × 100.0 / totleNum 即为所求的比率。

注意点

① 要考虑到同一个集合中也会有相同的元素，所以需要用 set 进行过滤。

② 如果不使用 set，也可以用排序后去重的方法达到同样的效果，但显然没有 set 容易。

③ 二次方级别的算法会有一组数据超时，请使用排序或者 set 的做法。

④ 查找某元素是否在 set 中出现有两种方法：a）使用 find 函数；b）使用 count 函数。参考代码使用了 find 函数的写法。

参考代码

```cpp
#include <cstdio>
#include <set>
using namespace std;
const int N = 51;
set<int> st[N];          //N 个集合
void compare(int x, int y) {        //比较集合 st[x] 与集合 st[y]
    int totalNum = st[y].size(), sameNum = 0;      //不同数的个数、相同数的个数
//遍历集合 st[x]
    for(set<int>::iterator it = st[x].begin(); it != st[x].end(); it++) {
        if(st[y].find(*it) != st[y].end()) sameNum++; //在 st[y] 中能找到该元素
        else totalNum++;        //在 st[y] 中不能找到该元素
    }
    printf("%.1f%%\n", sameNum * 100.0 / totalNum);   //输出比率
}
int main() {
    int n, k, q, v, st1, st2;
    scanf("%d", &n);                  //集合个数
    for(int i = 1; i <= n; i++) {
        scanf("%d", &k);              //集合 i 中的元素个数
        for(int j = 0; j < k; j++) {
            scanf("%d", &v);          //集合 i 中的元素 v
            st[i].insert(v);          //将元素 v 加入集合 st[i] 中
        }
    }
    scanf("%d", &q);                  //q 个查询
    for(int i = 0; i < q; i++) {
        scanf("%d%d", &st1, &st2);    //欲对比的集合编号
        compare(st1, st2);            //比较两个集合
    }
```

```
    return 0;
}
```

本节二维码

6.3　string 的常见用法详解

本节目录		
A1060	Are They Equal	25

A1060. Are They Equal (25)

Time Limit: 50 ms　Memory Limit: 65 536 KB

题目描述

If a machine can save only 3 significant digits, the float numbers 12 300 and 12 358.9 are considered equal since they are both saved as 0.123×10^5 with simple chopping. Now given the number of significant digits on a machine and two float numbers, you are supposed to tell if they are treated equal in that machine.

输入格式

Each input file contains one test case which gives three numbers N, A and B, where N (<100) is the number of significant digits, and A and B are the two float numbers to be compared. Each float number is non-negative, no greater than 10^{100}, and that its total digit number is less than 100.

输出格式

For each test case, print in a line "YES" if the two numbers are treated equal, and then the number in the standard form "$0.d_1 \cdots d_N \times 10^{\wedge}k$" ($d_1 > 0$ unless the number is 0); or "NO" if they are not treated equal, and then the two numbers in their standard form. All the terms must be separated by a space, with no extra space at the end of a line.

Note: Simple chopping is assumed without rounding.

（原题即为英文题）

输入样例 1

3 12 300 12 358.9

输出样例 1

YES 0.123×10^5

输入样例 2

3 120 128

输出样例 2

NO 0.120×10^3 0.128×10^3

题意

给出两个数，问将它们写成保留 N 位小数的科学计数法后是否相等。如果相等，则输出"YES"，并给出该转换结果；如果不相等，则输出"NO"，并分别给出两个数的转换结果。

样例解释

样例 1

12 300 与 12 358.9 的保留 3 位小数的科学计数法均为 0.123×10^5，因此输出"YES"。

样例 2

120 与 128 的保留 3 位小数的科学计数法分别为 0.120×10^3 与 0.128×10^3，因此输出"NO"。

思路

题目要求将两个数改写为科学计数法的形式，然后判断它们是否相等。而科学计数法的写法一定是如下格式：$0.a_1a_2a_3\cdots\times10^e$，因此只需获取到科学计数法的本体部分 $a_1a_2a_3$ 与指数 e，即可判定两个数在科学计数法形式下是否相等。

然后考虑数据本身，可以想到按整数部分是否为 0 来分情况讨论，即

① $0.a_1a_2a_3\cdots$

② $b_1b_2\cdots b_m.a_1a_2a_3\cdots$

下面来考虑这两种情况的本体部分与指数分别是什么（以下讨论按有效位数为 3 进行）。对①来说，由于在小数点后面还可能跟着若干个 0，因此本体部分是从小数点后第一个非零位开始的 3 位（即 $a_ka_{k+1}a_{k+2}$，其中 a_k 是小数点后第一个非零位），指数则是小数点与该非零位之间 0 的个数的相反数（例如 0.001 的指数为–2）。在分析清楚后，具体的代码实现逻辑也成形了，即令指数 e 的初值为 0，然后在小数点后每出现一个 0，就让 e 减 1，直到到达最后一位（因为有可能是小数点后全为 0 的情况）或是出现非零位为止。

然后来看②的情况，此处假设 b_1 不为零。很显然，其本体部分就是从 b_1 开始的 3 位，指数则是小数点前的数位的总位数 m。具体实现中，可以令指数 e 的初值为 0，然后从前往后枚举，只要不到达最后一位（因为有可能没有小数点）或是出现小数点，就让 e 加 1。

那么，如何区分给定的数是属于①还是②呢？事实上，题目隐含了一个陷阱：数据有可能出现前导 0，即在①或者②的数据之前还会有若干个 0（例如 000.01 或是 00123.45）。为了应对这种情况，这里需要在输入数据后的第一步就是去除所有前导 0，这样就可以按去除前导零后的字符串的第一位是否是小数点来判断其属于①或是②。

由于需要让两个数的科学计数法进行比较，因此必须把各自的本体部分单独提取出来。比较合适的方法是：在按上面步骤处理①时，将前导零、小数点及第一个非零位前的 0 全部删除，只保留第一个非零位开始的部分（即 $a_ka_{k+1}a_{k+2}\cdots$）；在处理②时，将前导零和小数点删除，保留从 b_1 开始的部分（即 $b_1b_2\cdots b_ma_1a_2a_3\cdots$）。这些删除操作可以在上面获取指数 e 的过程中同时做到（使用 string 的 erase 函数）。之后便可以对剩余的部分取其有效位数的部分赋值到新字符串中，长度不够有效位数则在后面补 0。

最后，只要比较本体部分与指数是否都相等，就可以决定输出"YES"还是"NO"。

注意点

下面是几组可能出错的数据：

```
4 0000 0000.00        //YES 0.0000*10^0
4 00123.5678 0001235  //NO 0.1235*10^3 0.1235*10^4
```

```
3 0.0520 0.0521      //NO 0.520*10^-1 0.521*10^-1
4 00000.000000123 0.0000001230      //YES 0.1230*10^-6
4 00100.00000012 100.00000013      //YES 0.1000*10^3
5 0010.013 10.012      //NO 0.10013*10^2 0.10012*10^2
4 123.5678 123.5      //YES 0.1235*10^3
3 123.5678 123      //YES 0.123*10^3
4 123.0678 123      //YES 0.1230*10^3
3 0.000 0      //YES 0.000*10^0
```

参考代码

```cpp
#include <iostream>
#include <string>
using namespace std;

int n;                  //有效位数
string deal(string s, int& e) {
    int k = 0;          //s 的下标
    while(s.length() > 0 && s[0] == '0') {
        s.erase(s.begin());          //去掉 s 的前导零
    }
    if(s[0] == '.') {                //若去掉前导零后是小数点,则说明 s 是小于 1 的小数
        s.erase(s.begin());          //去掉小数点
        while(s.length() > 0 && s[0] == '0') {
            s.erase(s.begin());      //去掉小数点后非零位前的所有零
            e--;                     //每去掉一个 0,指数 e 减 1
        }
    } else{                          //若去掉前导零后不是小数点,则找到后面的小数点删除
        while(k < s.length() && s[k] != '.') {  //寻找小数点
            k++;
            e++;                     //只要不遇到小数点,就让指数 e++
        }
        if(k < s.length()) {    //while 结束后 k < s.length(),说明遇到了小数点
            s.erase(s.begin() + k); //把小数点删除
        }
    }
    if(s.length() == 0) {
        e = 0;                   //如果去除前导零后 s 的长度变为 0,则说明这个数是 0
    }
    int num = 0;
    k = 0;
    string res;
```

```
    while(num < n) {          //只要精度还没有到n
        if(k < s.length()) res += s[k++];    //只要还有数字，就加到res末尾
        else res += '0';      //否则res末尾添加0
        num++;                //精度加1
    }
    return res;
}
int main() {
    string s1, s2, s3, s4;
    cin >> n >> s1 >> s2;
    int e1 = 0, e2 = 0;        //e1,e2为s1与s2的指数
    s3 = deal(s1, e1);
    s4 = deal(s2, e2);
    if(s3 == s4 && e1 == e2) {  //若主体相同且指数相同，则输出"YES"
        cout<<"YES 0."<<s3<<"*10^"<<e1<<endl;
    } else {
        cout<<"NO 0."<<s3<<"*10^"<<e1<<" 0."<<s4<<"*10^"<<e2<<endl;
    }
    return 0;
}
```

本节二维码

6.4 map 的常见用法详解

本节目录		
B1044/A1100	火星数字	20
A1054	The Dominant Color	20
A1071	Speech Patterns	25
A1022	Digital Library	30

B1044/A1100. 火星数字 (20)

Time Limit: 400 ms   Memory Limit: 65 536 KB

题目描述

火星人是以十三进制计数的:

- 地球人的 0 被火星人称为 tret。
- 地球人的 1～12 的火星文分别为: jan, feb, mar, apr, may, jun, jly, aug, sep, oct, nov, dec。
- 火星人将进位以后的 12 个高位数字分别称为: tam, hel, maa, huh, tou, kes, hei, elo, syy,

lok, mer, jou。

例如地球人的数字"29"翻译成火星文就是"hel mar"；而火星文"elo nov"对应地球数字"115"。为了方便交流，请你编写程序实现地球和火星数字之间的互译。

输入格式

第一行给出一个正整数 N（<100）；随后 N 行，每行给出一个[0, 169)区间内的数字——或者是地球文，或者是火星文。

输出格式

对应输入的每一行，在一行中输出翻译后的另一种语言的数字。

输入样例

```
4
29
5
elo nov
tam
```

输出样例

```
hel mar
may
115
13
```

思路

直接针对给出的输入进行模拟会相对复杂，考虑到数据范围最多不超过 168，因此不妨将[0,168]的所有数都预处理出来（即打表），然后查询一个输出一个即可。这比直接通过输入来模拟要简单得多。

为了方便后面处理，这里建一个 unitDigit 数组，以存放[0,12]中每个数的火星文，即"tret"~"dec"；然后建一个 tenDigit 数组，以存放 13 的[0,12]倍，即"tret"~"jou"。

```cpp
//[0,12]的火星文
string unitDigit[13] = {"tret", "jan", "feb", "mar", "apr", "may", "jun",
                        "jly", "aug", "sep", "oct", "nov", "dec"};
//13 的[0,12]倍的火星文
string tenDigit[13] = {"tret", "tam", "hel", "maa", "huh", "tou", "kes",
                       "hei", "elo", "syy", "lok", "mer", "jou"};
```

然后考虑对个位为[0,12]、十位为 0 的数与十位为[0,12]、个位为 0 的数进行特殊处理。显然，对个位为[0,12]、十位为 0 的数来说，就是"tret"~"dec"，因此建立[0,12]与字符串的映射即可（字符串到数字的映射使用 map<string, int>）；对十位为[0,12]、个位为 0 的数来说，它们是 13 的倍数，也就是"tret"~"jou"，因此建立 13 的[0,12]倍与字符串的映射即可。这部分的代码如下：

```cpp
string numToStr[170];     //数字->火星文
map<string, int> strToNum;    //火星文->数字
for(int i = 0; i < 13; i++) {
```

```
        numToStr[i] = unitDigit[i];       //个位为[0,12]，十位为0
        strToNum[unitDigit[i]] = i;
        numToStr[i * 13] = tenDigit[i];       //十位为[0,12]，个位为0
        strToNum[tenDigit[i]] = i * 13;
    }
```

接着考虑个位和十位均不为 0 的数，根据题意，这些数可以直接通过十位的火星文拼接上个位的火星文得到，因此也十分好处理，代码如下：

```
for(int i = 1; i < 13; i++) {       //十位
    for(int j = 1; j < 13; j++) {       //个位
        string str = tenDigit[i] + " " + unitDigit[j];       //火星文
        numToStr[i * 13 + j] = str;       //数字->火星文
        strToNum[str] = i * 13 + j;       //火星文->数字
    }
}
```

于是在打表完成后，就可以直接对输入进行查询了。

注意点

13 的倍数不应当输出个位的"tret"，例如 13 应当输出"tam"而不是"tam tret"。

参考代码

```
#include <cstdio>
#include <iostream>
#include <string>
#include <map>
using namespace std;
//[0,12]的火星文
string unitDigit[13] = {"tret", "jan", "feb", "mar", "apr", "may", "jun",
                "jly", "aug", "sep", "oct", "nov", "dec"};
//13 的[0,12]倍的火星文
string tenDigit[13] = {"tret", "tam", "hel", "maa", "huh", "tou", "kes",
                "hei", "elo", "syy", "lok", "mer", "jou"};
string numToStr[170];       //数字->火星文
map<string, int> strToNum;       //火星文->数字
void init() {
    for(int i = 0; i < 13; i++) {
        numToStr[i] = unitDigit[i];       //个位为[0,12]，十位为0
        strToNum[unitDigit[i]] = i;
        numToStr[i * 13] = tenDigit[i];       //十位为[0,12]，个位为0
        strToNum[tenDigit[i]] = i * 13;
    }
    for(int i = 1; i < 13; i++) {       //十位
```

```
        for(int j = 1; j < 13; j++) {      //个位
            string str = tenDigit[i] + " " + unitDigit[j];    //火星文
            numToStr[i * 13 + j] = str;      //数字->火星文
            strToNum[str] = i * 13 + j;      //火星文->数字
        }
    }
}
int main() {
    init();     //打表
    int T;
    scanf("%d%*c", &T);      //查询个数
    while(T--) {
        string str;
        getline(cin, str);      //查询的数
        if(str[0] >= '0' && str[0] <= '9') {      //如果是数字
            int num = 0;      //字符串转换成数字
            for(int i = 0; i < str.length(); i++) {
                num = num * 10 + (str[i] - '0');
            }
            cout << numToStr[num] << endl;      //直接查表
        } else {      //如果是火星文
            cout << strToNum[str] << endl;      //直接查表
        }
    }
    return 0;
}
```

A1054. The Dominant Color (20)

Time Limit: 100 ms　　Memory Limit: 65 536 KB

题目描述

Behind the scenes in the computer's memory, color is always talked about as a series of 24 bits of information for each pixel. In an image, the color with the largest proportional area is called the dominant color. A *strictly* dominant color takes more than half of the total area. Now given an image of resolution M by N (for example, 800×600), you are supposed to point out the strictly dominant color.

输入格式

Each input file contains one test case. For each case, the first line contains 2 positive numbers: M ($\leq$800) and N ($\leq$600) which are the resolutions of the image. Then N lines follow, each contains M digital colors in the range [0, 2^{24}). It is guaranteed that the strictly dominant color exists for each input image. All the numbers in a line are separated by a space.

输出格式

For each test case, simply print the dominant color in a line.

（原题即为英文题）

输入样例

5 3

0 0 255 16777215 24

24 24 0 0 24

24 0 24 24 24

输出样例

24

题意

给出 N 行 M 列的数字矩阵，求其中超过半数的出现次数最多的数字。

样例解释

5×3 的数字矩阵中，24 共出现了 8 次，超过半数，因此输出 24。

思路

本题如果是笔试，那么思路确实不容易想到；但是既然是机试，就是 map 可解的范围了。

建立 map<int, int>，作为数字与其出现次数的映射关系：

```
map<int, int> count;
```

这样 count[24] = 8 就表示数字 24 出现了 8 次。那么本题做法就很简单了：每读入一个数 x，就使用 map 的 find 函数寻找是否已经存在 x，如果存在，则将其出现次数加 1；否则，将其出现次数置为 1。最后，遍历 map，寻找出现次数最多的数字并将其输出。由于题目保证一定有解，因此不需要判断是否超过半数。

注意点

① 如果使用普通的数组来进行计数，那么由于数据范围过大，可能导致内存超限。

② 请使用 scanf 进行读入，使用 cin 很容易超时。

③ 本题如果不用 map，那么可以采用这样的思路解决：由于题目要求必须超过半数，因此有超过半数的数相同的，如果采用两两不相同的数相互抵消的做法，最后一定会剩下那个超过半数的数字。于是可以设置一个变量 ans 存放答案，设置另一个变量 count 计数 ans 出现的次数，然后在读入时判断 ans 与读入的数字是否相等，如果不相等，则令其抵消一次 ans（即令 count）；如果相等，则令 count 加 1。当然，如果某步 count 被抵消至 0，则令新的数字为 ans。这样最后剩下来的数字一定是所求数字。

参考代码

```
#include <cstdio>
#include <map>
using namespace std;
int main() {
    int n, m, col;
```

```
    scanf("%d%d", &n, &m);                  //行与列
    map<int, int> count;                    //数字与出现次数的 map 映射
    for(int i = 0; i < n; i++) {
        for(int j = 0; j < m; j++) {
            scanf("%d", &col);              //输入数字
            if(count.find(col)!=count.end()) count[col]++;//若已存在，则次数加 1
            else count[col] = 1;            //若不存在，则次数置为 1
        }
    }
    int k = 0, MAX = 0;                      //最大数字及该数字出现次数
    for(map<int,int>::iterator it=count.begin(); it!=count.end(); it++) {
        if(it->second > MAX) {
            k = it->first;                  //获取第一关键字，即数字
            MAX = it->second;               //获取第二关键字，即出现次数
        }
    }
    printf("%d\n", k);
    return 0;
}
```

A1071. Speech Patterns (25)

Time Limit: 300 ms　Memory Limit: 65 536 KB

题目描述

People often have a preference among synonyms of the same word. For example, some may prefer "the police", while others may prefer "the cops". Analyzing such patterns can help to narrow down a speaker's identity, which is useful when validating, for example, whether it's still the same person behind an online avatar.

Now given a paragraph of text sampled from someone's speech, can you find the person's most commonly used word?

输入格式

Each input file contains one test case. For each case, there is one line of text no more than 1 048 576 characters in length, terminated by a carriage return '\n'. The input contains at least one alphanumerical character, i.e., one character from the set $[0 \sim 9\,A \sim Z\,a \sim z]$.

输出格式

For each test case, print in one line the most commonly occurring word in the input text, followed by a space and the number of times it has occurred in the input. If there are more than one such words, print the lexicographically smallest one. The word should be printed in all lower case. Here a "word" is defined as a continuous sequence of alphanumerical characters separated by non-alphanumerical characters or the line beginning/end.

Note that words are case **insensitive**.

（原题即为英文题）

输入样例

Can1: "Can a can can a can?　It can!"

输出样例

can 5

题意

令"单词"的定义为大小写字母、数字的组合。给出一个字符串，问出现次数最多的单词及其出现次数（一切除了大小写字母、数字之外的字符都作为单词的分隔符）。其中字母不区分大小写，且最后按小写字母输出。

样例解释

其中出现的若干单词出现的次数如下：

① can1 出现 1 次。

② can 出现 5 次（can1 中的 can 不算）。

③ a 出现 2 次。

④ it 出现 1 次。

思路

算法主要分为两个步骤：从给定字符串中分割出"单词"、计数出现次数最多的单词。下面解释这两个步骤。

步骤 1：由题意可知，单词由大小写字母、数字组成（不妨称为有效字符），且由除有效字符外的字符进行分割，因此不妨枚举字符串中的字符，如果该字符是有效字符，则将其加入当前单词中（如果是大写字母，则将其替换为对应的小写字母）；如果该字符不是有效字符，则将当前单词的出现次数加 1（使用 map 实现）。之后跳过非有效字符，进行下一个单词的组合。

步骤 2：遍历 map 中的所有元素，获取出现次数最多的单词。

注意点

① 由于题目规定单词由大小写字母、数字组成，因此 can1 与 can 是两个不同的单词，不能将 can1 的出现次数加到 can 的出现次数上面。

② 在得到一个单词 word 之后，必须先查看 map 中是否已经存在该单词。如果单词 word 不存在，则不能直接对其出现次数加 1，而应直接将其出现次数赋值为 1。

③ 由于字符串中可能出现连续的非有效字符，因此在得到一个单词之后必须使用 while 将它们全部跳过。

④ 字符串的开头可能会存在非有效字符，此时会得到空的单词，因此务必判断得到的单词是否为空：只有当单词非空时，才能计数其出现次数。例如下面的例子就会出现问题：

```
"a"    //应当输出 a 1
```

参考代码

```
#include <iostream>
#include <string>
#include <map>
```

```
using namespace std;
bool check(char c) {      //检查字符 c 是否是[0,9]、[A,Z]、[a,z]
    if(c >= '0' && c <= '9') return true;
    if(c >= 'A' && c <= 'Z') return true;
    if(c >= 'a' && c <= 'z') return true;
    return false;
}
int main() {
    map<string, int> count;         //count 计数字符串出现的次数
    string str;
    getline(cin, str);              //读入整行字符串
    int i = 0;                      //定义下标
    while(i < str.length()) {       //在字符串范围内
        string word;                //单词
        while(i<str.length() && check(str[i])==true) {  //如果是单词的字符
            if(str[i] >= 'A' && str[i] <= 'Z') {
                str[i] += 32;       //将大写字母转化为小写字母
            }
            word += str[i];         //单词末尾添上该字符
            i++;                    //下标后移 1 位
        }
        if(word != "") {            //单词非空,令次数加 1
            if(count.find(word) == count.end()) count[word] = 1;
            else count[word]++;
        }
        while(i < str.length() && check(str[i]) == false) {
            i++;                    //跳过非单词字符
        }
    }
    string ans;                     //存放出现次数最多的单词
    int MAX = 0;                    //出现最多的单词的次数
    for(map<string,int>::iterator it=count.begin();it!=count.end();it++) {
        if(it->second > MAX) {      //寻找出现次数最多的单词
            MAX = it->second;
            ans = it->first;
        }
    }
    cout<<ans<<" "<<MAX<<endl;       //输出结果
    return 0;
}
```

A1022. Digital Library (30)

Time Limit: 1000 ms   Memory Limit: 65 536 KB

题目描述

A Digital Library contains millions of books, stored according to their titles, authors, key words of their abstracts, publishers, and published years. Each book is assigned an unique 7-digit number as its ID. Given any query from a reader, you are supposed to output the resulting books, sorted in increasing order of their ID's.

输入格式

Each input file contains one test case. For each case, the first line contains a positive integer N (≤10000) which is the total number of books. Then N blocks follow, each contains the information of a book in 6 lines:

- Line #1: the 7-digit ID number;
- Line #2: the book title—a string of no more than 80 characters;
- Line #3: the author—a string of no more than 80 characters;
- Line #4: the key words—each word is a string of no more than 10 characters without any white space, and the keywords are separated by exactly one space;
- Line #5: the publisher—a string of no more than 80 characters;
- Line #6: the published year—a 4-digit number which is in the range [1000, 3000].

It is assumed that each book belongs to one author only, and contains no more than 5 key words; there are no more than 1000 distinct key words in total; and there are no more than 1000 distinct publishers.

After the book information, there is a line containing a positive integer M (≤1000) which is the number of user's search queries. Then M lines follow, each in one of the formats shown below:

- 1: a book title;
- 2: name of an author;
- 3: a key word;
- 4: name of a publisher;
- 5: a 4-digit number representing the year.

输出格式

For each query, first print the original query in a line, then output the resulting book ID's in increasing order, each occupying a line. If no book is found, print "Not Found" instead.

（原题即为英文题）

输入样例

```
3
1111111
The Testing Book
Yue Chen
test code debug sort keywords
ZUCS Print
```

2011

3333333

Another Testing Book

Yue Chen

test code sort keywords

ZUCS Print2

2012

2222222

The Testing Book

CYLL

keywords debug book

ZUCS Print2

2011

6

1: The Testing Book

2: Yue Chen

3: keywords

4: ZUCS Print

5: 2011

3: blablabla

输出样例

1: The Testing Book

1111111

2222222

2: Yue Chen

1111111

3333333

3: keywords

1111111

2222222

3333333

4: ZUCS Print

1111111

5: 2011

1111111

2222222

3: blablabla

Not Found

题意

　　给出 N 本书的编号、书名、作者、关键词（可能有多个）、出版社及出版年份，并给出

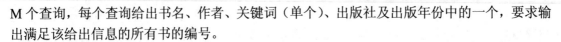

M 个查询，每个查询给出书名、作者、关键词（单个）、出版社及出版年份中的一个，要求输出满足该给出信息的所有书的编号。

思路

步骤 1：先介绍下 map<string, set<int>>的写法。

map<type1, type2>用来建立两种类型 type1 与 type2 之间的映射，例如 map<string, int>就是把字符串 string 映射到一个 int 型整数，产生类似 mp["good"] = 2 的效果。于是很容易想到，map<string, set<int>>就是把字符串 string 映射到一个 set<int>容器，通俗点说，就是把一个字符串 string 映射到一个元素均为整数且有序的集合。举个例子，现在有 3 个人（编号为 1001、1002、1007）的姓名均为 Mike，那么当查询所有姓名为 Mike 的人的编号时，mp["Mike"]就是有序集合{1001, 1002, 1007}，这样只需要遍历这个集合即可获取所有姓名为 Mike 的人的编号。

那么，当知道编号为 1005 的人的姓名也是 Mike 时，如何把这个信息加入 map 中呢？首先可以这样考虑，map<string, set<int>>是从 string 到 set<int>的映射，那么 mp["Mike"]即为一个 set（即姓名为 Mike 的人的编号的有序集合），而现在需要把 1005 加入这个 set 中。然后，由于 set 的元素插入采用的是 insert 函数，因此把 1005 加入这个 set 的办法就是 mp["Mike"].insert(1005)，这样 mp["Mike"]就会变为有序集合{1001, 1002, 1005, 1007}（set 内部是自动排序的）。

接下来考虑遍历的问题，即当需要输出所有姓名为 Mike 的人的编号时，如何编写代码？事实上，mp["Mike"]即为一个 set<int>，这样就转变为遍历 set 中的元素，这就可以使用迭代器 set<int>::iterator 进行遍历，代码如下：

```
for(set<int>::iterator it=mp["Mike"].begin();it!=mp["Mike"].end();it++) {
    printf("%d\n", *it);
}
```

步骤 2：学习完 map<string, set<int>>后，现在回到题目上来。

本题给出 N 本书的编号、书名、作者、关键词、出版社及出版年份，然后根据某个除编号外的信息来查询所有满足该信息的书的编号，并要求按编号从小到大顺序输出。这恰好可以用刚才介绍的 map<string, set<int>>解决，即分别建立书名、作者、关键词、出版社及出版年份与编号的 map 映射，当需要查询时即可按步骤 1 中的方法很方便地获取需要的书的编号。

值得一提的是关键词的提取。由于题目中的每本书都可能有多个关键词，因此需要将这些关键词分离开来。一个比较好的办法是使用 cin 来读入单个关键词，然后用 getchar 接收在这个关键词后面的字符：如果是换行符，则说明关键词的输入结束；如果是空格，则继续读入。这样做的原因是，cin 读入字符串是以空格或换行为截止标志的。于是可以得到如下代码，至于书名、作者、出版社及出版年份则是作为整体读入，因此使用 getline 来读入整行。

```
while(cin >> key) {            //每次读入单个关键词 key
    mpKey[key].insert(id);     //把 id 加入到 key 对应的集合中
    c = getchar();             //接收关键词 key 之后的字符
    if(c == '\n') break;       //如果是换行，说明关键词输入结束
}
```

注意点

　　① 如果单独把查询操作提炼成一个函数，那么一定要对参数使用引用，否则最后一组数据会超时。由此可见，字符串以及 map 的参数传递速度较慢，如果需要作为函数的参数的话，需要尽可能加上引用。

　　② 在 scanf 或者 cin 输入书的编号 id 后，必须用 getchar 接收掉后面的空格，否则 getline 会将换行读入。

参考代码

```cpp
#include <iostream>
#include <cstdio>
#include <map>
#include <set>
#include <string>
using namespace std;
//5个 map 变量分别建立书名、作者、关键词、出版社及出版年份与 id 的映射关系
map<string, set<int>> mpTitle, mpAuthor, mpKey, mpPub, mpYear;

void query(map<string,set<int>>& mp, string& str) {    //在 mp 中查找 str
    if(mp.find(str) == mp.end()) printf("Not Found\n"); //找不到
    else{    //找到 str
      for(set<int>::iterator it=mp[str].begin();it!=mp[str].end();it++) {
          printf("%07d\n", *it);  //输出 str 对应的所有 id
      }
    }
}
int main() {
    int n, m, id, type;
    string title, author, key, pub, year;
    scanf("%d", &n);                  //书的数目
    for(int i = 0; i < n; i++) {
        scanf("%d", &id);             //id
        char c = getchar();           //接收掉 id 后面的换行
        getline(cin, title);          //读入书名 title
        mpTitle[title].insert(id);     //把 id 加入 title 对应的集合中
        getline(cin, author);         //读入作者 author
        mpAuthor[author].insert(id);   //把 id 加入 author 对应的集合中
        while(cin >> key) {           //每次读入单个关键词 key
            mpKey[key].insert(id);     //把 id 加入 key 对应的集合中
            c = getchar();            //接收关键词 key 之后的字符
            if(c == '\n') break;      //如果是换行，说明关键词输入结束
        }
```

```
    getline(cin, pub);                  //输入出版社 pub
    mpPub[pub].insert(id);              //把 id 加入 pub 对应的集合中
    getline(cin, year);                 //输入年份 year
    mpYear[year].insert(id);            //把 id 加入 year 对应的集合中
    }
    string temp;
    scanf("%d", &m);                                //查询次数
    for(int i = 0; i < m; i++) {
        scanf("%d: ", &type);                       //查询类型
        getline(cin, temp);                         //欲查询的字符串
        cout << type << ": " << temp << endl;       //输出类型和该字符串
        if(type == 1) query(mpTitle, temp);         //查询书名对应的所有 id
        else if(type == 2) query(mpAuthor, temp);   //查询作者对应的所有 id
        else if(type == 3) query(mpKey, temp);      //查询关键词对应的所有 id
        else if(type == 4) query(mpPub, temp);      //查询出版社对应的所有 id
        else query(mpYear, temp);                   //查询出版年份对应的所有 id
    }
    return 0;
}
```

本节二维码

6.5 queue 的常见用法详解

本节在 PAT 上没有对应的练习题，请使用配套用书上的训练题。

本节二维码

6.6 priority_queue 的常见用法详解

本节在 PAT 上没有对应的练习题，请使用配套用书上的训练题。

本节二维码

6.7　stack 的常见用法详解

本节在 PAT 上没有对应的练习题，请使用配套用书上的训练题。

本节二维码

6.8　pair 的常见用法详解

本节在 PAT 上没有对应的练习题，请使用配套用书上的训练题。

本节二维码

6.9　algorithm 头文件下常用函数介绍

本节在 PAT 上没有对应的练习题，请使用配套用书上的训练题。

本节二维码

本章二维码

第7章 提高篇（1）——数据结构专题（1）

7.1 栈的应用

A1051. Pop Sequence (25)

Time Limit: 10 ms   Memory Limit: 65 536 KB

题目描述

Given a stack which can keep M numbers at most. Push N numbers in the order of 1, 2, 3,···, N and pop randomly. You are supposed to tell if a given sequence of numbers is a possible pop sequence of the stack. For example, if M is 5 and N is 7, we can obtain 1, 2, 3, 4, 5, 6, 7 from the stack, but not 3, 2, 1, 7, 5, 6, 4.

输入格式

Each input file contains one test case. For each case, the first line contains 3 numbers (all no more than 1000): M (the maximum capacity of the stack), N (the length of push sequence), and K (the number of pop sequences to be checked). Then K lines follow, each contains a pop sequence of N numbers. All the numbers in a line are separated by a space.

输出格式

For each pop sequence, print in one line "YES" if it is indeed a possible pop sequence of the stack, or "NO" if not.

（原题即为英文题）

输入样例

```
5 7 5
1 2 3 4 5 6 7
3 2 1 7 5 6 4
7 6 5 4 3 2 1
5 6 4 3 7 2 1
1 7 6 5 4 3 2
```

输出样例

```
YES
NO
NO
YES
```

NO

题意

有一个容量限制为 M 的栈，先分别把 1,2,3,…,n 依次入栈，并给出一系列出栈顺序，问这些出栈顺序是否可能。

样例解释

样例 1

1 入栈，1 出栈，2 入栈，2 出栈，3 入栈，3 出栈，4 入栈，4 出栈，5 入栈，5 出栈，6 入栈，6 出栈，7 入栈，7 出栈。序列符合，且没有超过栈最大容量，故输出"YES"。

样例 2

1 入栈，2 入栈，3 入栈，3 出栈，2 出栈，1 出栈，4 入栈，5 入栈，6 入栈，7 入栈，7 出栈，此时栈的顶端元素为 5，而序列要求此时 6 出栈，是不可能的，故输出"NO"。

样例 3

1 入栈，2 入栈，3 入栈，4 入栈，5 入栈，此时栈的容量已经为 5，接下来 6 入栈是不可能的，所以该序列不可能存在，输出"NO"。

样例 4

1 入栈，2 入栈，3 入栈，4 入栈，5 入栈，5 出栈，6 入栈，6 出栈，4 出栈，3 出栈，7 入栈，7 出栈，2 出栈，1 出栈。序列符合，且没有超过栈最大容量，故输出"YES"。

样例 5

1 入栈，1 出栈，2 入栈，3 入栈，4 入栈，5 入栈，6 入栈，7 入栈不能，超过栈容量的最大值，故输出"NO"。

思路

解决本题的基本思路是：按照题目的要求进行模拟，将 1～n 依次入栈，在入栈的过程中如果入栈的元素恰好等于出栈序列当前等待出栈的元素，那么就让栈顶元素出栈，同时把出栈序列当前等待出栈的元素位置标记后移 1 位。此时只要栈顶元素仍然等于出栈序列当前等待出栈的元素，则持续出栈。具体步骤如下：

步骤 1：初始化栈（使用 STL 的 stack 或者自己实现一个栈均可），读入需要测试的出栈序列。

以 bool 型变量 flag 表示出栈序列是否合法，若 flag==true，则表示出栈序列合法；若 flag==false，则表示出栈序列不合法。flag 变量的初值为 true。

以 int 型变量 current 表示出栈序列当前等待出栈的元素位置标记，初值为 1。

步骤 2：由于入栈顺序为 1～N，因此从 1 至 N 枚举 i，对每一个 i，先将 i 入栈。如果此时栈内元素数目大于 m 个（m 为题设所允许的最大容量），则违反规则，置 flag 为 false，退出循环；否则，反复判断当前 current 所指出栈序列中的元素（即待出栈元素）是否等于栈顶元素，若是，则让该元素出栈，并让 current 自增以指向下一个待出栈元素。

步骤 3：如果上述操作结束后栈空且 flag==true，则说明该出栈顺序合法，输出"YES"；否则，输出"NO"。

注意点

① 首先要注意的是题目对栈的大小有限制，如果忽略这个了这一限制，样例会无法执行。

② 如果返回了"答案错误"或者"段错误"，那么请重点检查一下是否忘记在 pop 操作和 top 操作前判空。

③ 步骤 3 必须判断是否栈空，否则会返回"答案错误"。这是因为，如果在所有元素入栈之后无法将所有元素出栈，那么这肯定是不合法的。

④ 在每个出栈序列输入前一定要清空栈，否则，如果上个出栈序列的结果没有被清空，那么会影响下个出栈序列的过程。

参考代码

```
#include <cstdio>
#include <stack>
using namespace std;
const int maxn = 1010;
int arr[maxn];   //保存题目给定的出栈序列
stack<int> st;   //定义栈 st，用以存放 int 型元素
int main() {
    int m, n, T;
    scanf("%d%d%d", &m, &n, &T);
    while(T--) {   //循环执行 T 次
        while(!st.empty()) {   //清空栈
            st.pop();
        }
        for(int i = 1; i <= n; i++) {   //读入数据
            scanf("%d", &arr[i]);
        }
        int current = 1;   //指向出栈序列中的待出栈元素
        bool flag = true;
        for(int i = 1; i <= n; i++) {
            st.push(i);   //把 i 压入栈
            if(st.size() > m) {   //如果此时栈中元素个数大于容量 m，则序列非法
                flag = false;
                break;
            }
            //栈顶元素与出栈序列当前位置的元素相同时
            while(!st.empty() && st.top() == arr[current]) {
                st.pop();   //反复弹栈并令 current++
                current++;
            }
        }
        if(st.empty() == true && flag == true) {
            printf("YES\n");   //栈空且 flag==true 时表明合法
```

```
        } else {
            printf("NO\n");
        }
    }
    return 0;
}
```

本节二维码

7.2 队列的应用

	本节目录	
A1056	Mice and Rice	25

A1056. Mice and Rice (25)

Time Limit: 30 ms   Memory Limit: 65 536 KB

题目描述

Mice and Rice is the name of a programming contest in which each programmer must write a piece of code to control the movements of a mouse in a given map. The goal of each mouse is to eat as much rice as possible in order to become a FatMouse.

First the playing order is randomly decided for NP programmers. Then every NG programmers are grouped in a match. The fattest mouse in a group wins and enters the next turn. All the losers in this turn are ranked the same. Every NG winners are then grouped in the next match until a final winner is determined.

For the sake of simplicity, assume that the weight of each mouse is fixed once the programmer submits his/her code. Given the weights of all the mice and the initial playing order, you are supposed to output the ranks for the programmers.

输入格式

Each input file contains one test case. For each case, the first line contains 2 positive integers: NP and NG ($\leqslant$1000), the number of programmers and the maximum number of mice in a group, respectively. If there are less than NG mice at the end of the player's list, then all the mice left will be put into the last group. The second line contains NP distinct non-negative numbers W_i (i=0, $\cdots$ NP–1) where each W_i is the weight of the i-th mouse respectively. The third line gives the initial playing order which is a permutation of 0, $\cdots$ NP–1 (assume that the programmers are numbered from 0 to NP–1). All the numbers in a line are separated by a space.

输出格式

For each test case, print the final ranks in a line. The i-th number is the rank of the i-th programmer, and all the numbers must be separated by a space, with no extra space at the end of the line.

输入样例

11 3

25 18 0 46 37 3 19 22 57 56 10

6 0 8 7 10 5 9 1 4 2 3

输出样例

5 5 5 2 5 5 5 3 1 3 5

题意

给出 NP 只老鼠的质量,并给出它们的初始顺序(具体见样例解释),按这个初始顺序把这些老鼠按每 NG 只分为一组,最后不够 NG 只的也单独分为一组。对每组老鼠,选出它们中质量最大的 1 只晋级,这样晋级的老鼠数就等于该轮分组的组数。对这些晋级的老鼠再按上面的步骤每 NG 只分为一组进行比较,选出质量最大的一批继续晋级,这样直到最后只剩下 1 只老鼠,排名为 1。把这些老鼠的排名按原输入的顺序输出。

样例解释

题目中给出的老鼠们的初始顺序其实是编号的顺序,即 6 号老鼠排第一个,0 号老鼠排第二个,……,3 号老鼠排最后一个。这样初始时老鼠的顺序就是(用质量表示):

19 25 57 22 10 3 56 18 37 0 46

接下来按 3 只一组,晋级的顺序见表 7-1。

表 7-1 晋级的顺序

次数	顺序										
1st turn	19	25	57	22	10	3	56	18	37	0	46
2nd turn			57	22			56				46
3rd turn			57								46
4th turn			57								

这样质量为 57 的老鼠排名第一,质量为 46 的老鼠排名第二,质量为 22、56 的老鼠排名并列第三。由于此时已经有 4 只老鼠了,因此接下来剩下的老鼠全部为第五名。

输出老鼠的排名时,按照原输入质量的顺序输出排名。

思路

步骤 1:开一个结构体 mouse,用以记录每只老鼠的质量和排名。

定义一个队列,用来在算法过程中按顺序处理每轮的老鼠。

步骤 2:算出以下几个数据。

① 每轮比赛把老鼠分成的组数 group:设当前轮的参赛老鼠数有 temp 只,如果 temp % NG 为 0,那么说明能够把老鼠完整划分,因此 group = temp / NG;否则,说明最后会有少于 NG 只老鼠会单独分为一组,此时组数 group = temp / NG + 1。

② 由于每组晋级 1 只老鼠,因此当前轮晋级的总老鼠数等于 group,且该轮未晋级的老鼠的排名均为 group + 1。

由此可以得到算法的大致轮廓:

① 用 temp 记录当前轮的参赛老鼠数（初始为 NP），group 记录当前轮的组数，初始时把老鼠们的编号按顺序加入队列。

② 之后进入 while 循环，每一层循环代表一轮比赛。

③ 对每一轮比赛，枚举队列内的当前轮的 temp 只老鼠，按每 NG 只老鼠一组选出组内质量最大的老鼠，并将其入队表示晋级，而当前轮老鼠的排名（即 group + 1）可在选出最大老鼠的过程中直接对每只老鼠都赋值（晋级的老鼠在下一轮比赛时会得到新的排名）。这样直到队列中只剩下 1 只老鼠，就把它的排名记为 1。最后输出所有老鼠的排名。

注意点

① 样例之所以模拟不出来，一般都是因为对题目给出的初始顺序理解不正确，可以仔细体会"样例解释"部分的内容。

② 有些写法会使只有 1 个老鼠时其排名出错，一般可以在循环后单独将排名第一的老鼠的排名进行赋值。

③ 在运行时输入数据弹出错误提示的原因一般是没有处理最后一组老鼠不足 NG 只的情况，即没有注意控制每轮老鼠的总数，导致某步在队列内没有老鼠却使用了 q.front() 取队首老鼠。

④ 所有老鼠的质量保证不同。

参考代码

```cpp
#include <cstdio>
#include <queue>
using namespace std;
const int maxn = 1010;
struct mouse {  //老鼠
    int weight;  //质量
    int R;  //排名
}mouse[maxn];
int main() {
    int np, ng, order;
    scanf("%d%d", &np, &ng);  //含义如题意
    for(int i = 0; i < np; i++) {
        scanf("%d", &mouse[i].weight);
    }
    queue<int> q;  //定义一个队列
    for(int i = 0; i < np; i++) {
        scanf("%d", &order);  //题目给出的顺序
        q.push(order);  //按顺序把老鼠们的标号入队
    }
    int temp = np, group;  //temp 为当前轮的比赛总老鼠数，group 为组数
    while(q.size() != 1) {
        //计算 group，即当前轮分为几组进行比赛
```

```
            if(temp % ng == 0) group = temp / ng;
            else group = temp / ng + 1;
            //枚举每一组，选出该组老鼠中质量最大的
            for(int i = 0; i < group; i++) {
                int k = q.front();  //k存放该组质量最大的老鼠的编号
                for(int j = 0; j < ng; j++) {
                    //在最后一组老鼠数不足 NG 时起作用，退出循环
                    if(i * ng + j >= temp) break;
                    int front = q.front();  //队首老鼠编号
                    if(mouse[front].weight > mouse[k].weight) {
                        k = front;  //找出质量最大的老鼠
                    }
                    mouse[front].R = group + 1;  //该轮老鼠排名为 group+1
                    q.pop();  //出队这只老鼠
                }
                q.push(k);  //把胜利的老鼠晋级
            }
            temp = group;  //group 只老鼠晋级，因此下轮总老鼠数为 group
        }
        mouse[q.front()].R = 1;  //当队列中只剩 1 只老鼠时，令其排名为 1
        //输出所有老鼠的信息
        for(int i = 0; i < np; i++) {
            printf("%d", mouse[i].R);
            if(i < np - 1) printf(" ");
        }
        return 0;
    }
```

本节二维码

7.3 链表处理

本节目录		
B1025/A1074	反转链表	25
A1032	Sharing	25
A1052	Linked List Sorting	25
A1097	Deduplication on a Linked List	25

B1025/A1074. 反转链表 (25)

Time Limit: 300 ms　　Memory Limit: 65 536 KB

题目描述

给定一个常数 K 以及一个单链表 L，请编写程序将 L 中每 K 个结点反转。例如，给定 L 为 1→2→3→4→5→6，K 为 3，则输出应该为 3→2→1→6→5→4；如果 K 为 4，则输出应该为 4→3→2→1→5→6，即不到 K 个元素不反转。

输入格式

每个输入包含 1 个测试用例。每个测试用例第 1 行给出第 1 个结点的地址、结点总个数正整数 N(≤10⁵)以及正整数 K(≤N)，其中 K 即为要求反转的子链结点的个数。结点的地址是 5 位非负整数，NULL 地址用–1 表示。

接下来有 N 行，每行格式为：

Address Data Next

其中 *Address* 是结点地址，*Data* 是该结点保存的整数数据，*Next* 是下一结点的地址。

输出格式

对于每个测试用例，顺序输出反转后的链表，其上每个结点占 1 行，格式与输入相同。

输入样例

```
00100 6 4
00000 4 99999
00100 1 12309
68237 6 –1
33218 3 00000
99999 5 68237
12309 2 33218
```

输出样例

```
00000 4 33218
33218 3 12309
12309 2 00100
00100 1 99999
99999 5 68237
68237 6 –1
```

思路

套用配套用书的解题步骤。

步骤 1：定义静态链表。其中结点性质由 int 型变量 order 定义，表示结点在链表中的序号（从 0 开始），其中无效结点为 maxn。

步骤 2：初始化。令 order 的初值均为 maxn，表示初始时所有结点都为无效结点。

步骤 3：由题目给出的链表首地址 begin 遍历整条链表，并记录每个有效结点在链表中的序号（即给 order 赋值），同时计数有效结点的个数 count。之后为了后面的步骤方便书写，这里应把 count 赋给 n。

算法笔记上机训练实战指南

步骤 4：对结点进行排序，排序函数 cmp 的排序原则是：直接按照结点的 order 从小到大排序。由于有效结点的 order 从 0 开始，无效结点的 order 均为 maxn，因此排序后前面都是有效结点。

步骤 5：输出链表，不过这题的题目条件较为烦琐。由于需要每 K 个结点反转 1 次，因此可以把 n 个结点分为 n / K 个完整的块，这时如果 n % K 不为 0，那么后面会剩"一点尾巴"（不完整的块）。

枚举这些完整的块，对每一个块，从后往前输出结点信息。唯一要注意的就是每一个块的最后一个结点的 next 的处理：

设当前处理的是 i 号完整块的最后一个结点。

① 如果 i 号块不是最后一个完整块，那么 next 就是(i + 2) * K - 1 号结点，也就是(i + 1) 号块的最后一个结点。

② 如果 i 号块是最后一个完整块，同样分为两种情况：

* 如果 n % K 为 0，说明这是整个单链表的最后一个结点，输出-1。

* 如果 n % K 不为 0，说明在这个完整块后面还有"一点尾巴"。首先，这个完整块的最后一个结点的 next 是(i + 1) K 号结点，即尾巴的第一个结点；接下来，从前往后输出尾巴的所有结点。

对于上面的两个分支，读者可以自己动手模拟出来。

注意点

① 要考虑可能存在无效结点的情况，即不是由题目给出的头结点引出的单链表上的结点，这些结点是要去掉的，最终不予输出。

② 反转链表只改变结点的 next 地址，而不会改变本身的地址，因此 address 和 data 可以视为绑定的。

③ %05d 的输出格式会使-1 的输出出现问题，因此一定要将-1 的输出跟其他地址的输出分开来考虑。

④ 下面给两个有代表性的例子。

```
00000 6 3
00000 1 11111
11111 2 22222
22222 3 -1
33333 4 44444
44444 5 55555
55555 6 -1
```

输出结果：

```
22222 3 11111
11111 2 00000
00000 1 -1

00100 6 2
00000 4 99999
```

```
00100 1 12309
68237 6 -1
33218 3 00000
99999 5 68237
12309 2 33218
```

输出结果：

```
12309 2 00100
00100 1 00000
00000 4 33218
33218 3 68237
68237 6 99999
99999 5 -1
```

参考代码

```cpp
#include <cstdio>
#include <algorithm>
using namespace std;
const int maxn = 100010;
struct Node {        //定义静态链表（步骤1）
    int address, data, next;
    int order;       //结点在链表上的序号，无效结点记为 maxn
}node[maxn];
bool cmp(Node a, Node b) {
    return a.order < b.order;       //按 order 从小到大排序
}
int main() {
    for(int i = 0; i < maxn; i++) {      //初始化（步骤2）
        node[i].order = maxn;       //初始化全部为无效结点
    }
    int begin, n, K, address;
    scanf("%d%d%d", &begin, &n, &K);       //起始地址、结点个数、步长
    for(int i = 0; i < n; i++) {
        scanf("%d", &address);
        scanf("%d%d", &node[address].data, &node[address].next);
        node[address].address = address;
    }
    int p = begin, count = 0;      //count 计数有效结点的数目
    while(p != -1) {      //遍历链表找出单链表的所有有效结点（步骤3）
        node[p].order = count++;       //结点在单链表中的序号
        p = node[p].next;      //下一个结点
```

```
    }
    sort(node, node + maxn, cmp);        //按单链表从头到尾顺序排列（步骤4）
    //有效结点为前 count 个结点，为了下面书写方便，因此把 count 赋给 n
    n = count;
    //单链表已经形成，下面是按题目要求的输出（步骤5）
    for(int i = 0; i < n / K; i++) {       //枚举完整的 n / K 块
        for(int j = (i + 1) * K - 1; j > i * K; j--) {        //第 i 块倒着输出
printf("%05d %d %05d\n",node[j].address,node[j].data,node[j-1].address);
        }
        //下面是每一块的最后一个结点的 next 地址的处理
        printf("%05d %d ", node[i * K].address, node[i * K].data);
        if(i < n / K - 1) {       //如果不是最后一块，就指向下一块的最后一个结点
            printf("%05d\n", node[(i + 2) * K - 1].address);
        } else {      //是最后一块时
            if(n % K == 0) {      //恰好是最后一个结点，输出-1
                printf("-1\n");
            } else {      //剩下不完整的块按原先的顺序输出
                printf("%05d\n", node[(i + 1) * K].address);
                for(int i = n / K * K; i < n; i++) {
                    printf("%05d %d ", node[i].address, node[i].data);
                    if(i < n - 1) {
                        printf("%05d\n", node[i + 1].address);
                    } else {
                        printf("-1\n");
                    }
                }
            }
        }
    }
    return 0;
}
```

A1032. Sharing (25)

Time Limit: 100 ms   Memory Limit: 65 536 KB

题目描述

To store English words, one method is to use linked lists and store a word letter by letter. To save some space, we may let the words share the same sublist if they share the same suffix. For example, "loading" and "being" are stored as showed in Figure 7-1.

You are supposed to find the starting position of the common suffix (e.g. the position of "i" in Figure 7-1).

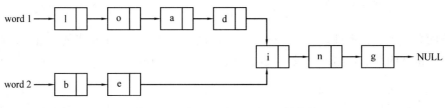

图 7-1　"loading"与"being"的存储

输入格式

Each input file contains one test case. For each case, the first line contains two addresses of nodes and a positive N ($\leq 10^5$), where the two addresses are the addresses of the first nodes of the two words, and N is the total number of nodes. The address of a node is a 5-digit positive integer, and NULL is represented by −1.

Then N lines follow, each describes a node in the format:

Address Data Next

where *Address* is the position of the node, *Data* is the letter contained by this node which is an English letter chosen from {a ~ z, A ~ Z}, and *Next* is the position of the next node.

输出格式

For each case, simply output the 5-digit starting position of the common suffix. If the two words have no common suffix, output "−1" instead.

（原题即为英文题）

输入样例 1

```
11111 22222 9
67890 i 00002
00010 a 12345
00003 g −1
12345 D 67890
00002 n 00003
22222 B 23456
11111 L 00001
23456 e 67890
00001 o 00010
```

输出样例 1

```
67890
```

输入样例 2

```
00001 00002 4
00001 a 10001
10001 s −1
00002 a 10002
10002 t −1
```

输出样例 2

```
−1
```

题意

给出两条链表的首地址以及若干个结点的地址、数据、下一个结点的地址，求两条链表的首个共用结点的地址。如果两条链表没有共用结点，则输出–1。

思路

步骤 1：由于地址的范围很小，因此可以直接用静态链表，但是依照题目的要求，应在结点的结构体中再定义一个 int 型变量 flag，表示结点是否在第一条链表中出现，若出现，则 flag 为 1；若未出现，则 flag 为–1。

步骤 2：由题目给出的第一条链表的首地址出发遍历第一条链表，将经过的所有结点的 flag 值赋为 1。

接下来枚举第二条链表，若出现第一个 flag 值为 1 的结点，则说明是第一条链表中出现过的结果即为两条链表的第一个共用结点。

如果第二条链表枚举完仍然没有发现共用结点，则输出–1。

注意点

① 使用%05d 格式输出地址，可以使不足 5 位的整数的高位补 0。

② 若使用 map，则最后一组数据容易运行超时。

③ scanf 使用%c 格式时是可以读入空格的，因此在输入地址、数据及后继结点地址时，格式不能写成%d%c%d，必须在中间加空格。

参考代码

```
#include <cstdio>
#include <cstring>
const int maxn = 100010;
struct NODE {
    char data;  //数据域
    int next;  //指针域
    bool flag;  //结点是否在第一条链表中出现
}node[maxn];
int main() {
    for(int i = 0; i < maxn; i++) {
        node[i].flag = false;
    }
    int s1, s2, n;  //s1 与 s2 分别代表两条链表的首地址
    scanf("%d%d%d", &s1, &s2, &n);
    int address, next;  //结点地址与后继结点地址
    char data;  //数据
    for(int i = 0; i < n; i++) {
        scanf("%d %c %d", &address, &data, &next);
        node[address].data = data;
        node[address].next = next;
```

```
    }
    int p;
    for(p = s1; p != -1; p = node[p].next) {
        node[p].flag = true;   //枚举第一条链表的所有结点，令其出现次数为1
    }
    for(p = s2; p != -1; p = node[p].next) {
        if(node[p].flag == true) break; //找到第一个已经在第一条链表中出现的结点
    }
    if(p != -1) {   //如果第二条链表还没有到达结尾，则说明找到了共用结点
        printf("%05d\n",p);
    } else {
        printf("-1\n");
    }
    return 0;
}
```

A1052. Linked List Sorting (25)

Time Limit: 400 ms　　Memory Limit: 65 536 KB

题目描述

A linked list consists of a series of structures, which are not necessarily adjacent in memory. We assume that each structure contains an integer key and a *Next* pointer to the next structure. Now given a linked list, you are supposed to sort the structures according to their key values in increasing order.

输入格式

Each input file contains one test case. For each case, the first line contains a positive N ($< 10^5$) and an address of the head node, where N is the total number of nodes in memory and the address of a node is a 5-digit positive integer. NULL is represented by –1.

Then N lines follow, each describes a node in the following format:

Address Key Next

where *Address* is the address of the node in memory, *Key* is an integer in [-10^5, 10^5], and *Next* is the address of the next node. It is guaranteed that all the keys are distinct and there is no cycle in the linked list starting from the head node.

输出格式

For each test case, the output format is the same as that of the input, where N is the total number of nodes in the list and all the nodes must be sorted order.

（原题即为英文题）

输入样例

```
5 00001
11111 100 -1
00001 0 22222
```

```
33333 100000 11111
12345 –1 33333
22222 1000 12345
```

输出样例

```
5 12345
12345 –1 00001
00001 0 11111
11111 100 22222
22222 1000 33333
33333 100000 –1
```

题意

给出 N 个结点的地址 address、数据域 data 及指针域 next，然后给出链表的首地址，要求把在这个链表上的结点按 data 值从小到大输出。

样例解释

按照输入，这条链表是这样的（结点格式为[address, data,next]）：

[00001,0,22222]->[22222,1000,12345]->[12345,–1,33333]->[33333,100000,11111]->[11111,100,–1]

按 key 值排序之后得到：

[12345,–1,00001]->[00001,0,11111]->[11111,100,22222]->[22222,1000,33333]->[33333,100000, –1]

思路

直接套用配套用书讲解的一般解题步骤。

步骤 1：定义静态链表。其中结点性质由 bool 型变量 flag 定义，用以表示为结点在链表中是否出现。若当 flag 为 false，则表示无效结点（不在链表上的结点）。

步骤 2：进行初始化。令 flag 均为 false（即 0），表示初始状态下所有结点都是无效结点。

步骤 3：由题目给出的链表首地址 begin 遍历整条链表，并标记有效结点的 flag 为 true（即 1），同时计数有效结点的个数 count。

步骤 4：对结点进行排序。排序函数 cmp 的排序原则是：如果 cmp 的两个参数结点中有无效结点，则按 flag 从大到小排序，以把有效结点排到数组左端（因为有效结点的 flag 为 1，大于无效结点的 flag）；否则，按数据域从小到大排序。

步骤 5：由于有效结点已经按照数据域从小到大排序，因此按要求输出有效结点即可。

注意点

① 可以直接使用%05d 的输出格式，以在不足 5 位时在高位补 0。但是要注意–1 不能使用%05d 输出，否则会输出–0001（而不是–1 或者–00001），因此必须要留意–1 的输出。

② 题目可能会有无效结点，即不在题目给出的首地址开始的链表上。

③ 数据里面还有全部是无效的情况，这时就要根据有效结点的个数特判输出"0 –1"。

参考代码

```
#include <cstdio>
```

```cpp
#include <algorithm>
using namespace std;
const int maxn = 100005;
struct Node {    //定义静态链表（步骤 1）
    int address, data, next;
    bool flag;    //结点是否在链表上
}node[maxn];
bool cmp(Node a, Node b) {
    if(a.flag == false || b.flag == false) {
        return a.flag > b.flag;    //只要 a 和 b 中有一个无效结点，就把它放到后面去
    } else {
        return a.data < b.data;    //如果都是有效结点，则按要求排序
    }
}
int main() {
    for(int i = 0; i < maxn; i++) {    //初始化（步骤 2）
        node[i].flag = false;
    }
    int n, begin, address;
    scanf("%d%d", &n, &begin);
    for(int i = 0; i < n; i++) {
        scanf("%d", &address);
        scanf("%d%d", &node[address].data, &node[address].next);
        node[address].address = address;
    }
    int count = 0, p = begin;
    //枚举链表，对 flag 进行标记，同时计数有效结点个数（步骤 3）
    while(p != -1) {
        node[p].flag = true;
        count++;
        p = node[p].next;
    }
    if(count == 0) {    //特判，新链表中没有结点时输出 0 -1
        printf("0 -1");
    } else {
        //筛选有效结点，并按 data 从小到大排序（步骤 4）
        sort(node, node + maxn, cmp);
        //输出结果（步骤 5）
        printf("%d %05d\n",count,node[0].address); //防止-1 被%05d 化，提前判断
        for(int i = 0; i < count; i++) {
```

```
        if (i != count - 1) {
printf("%05d %d %05d\n", node[i].address, node[i].data, node[i+1].address);
        } else {
            printf("%05d %d -1\n", node[i].address, node[i].data);
        }
    }
    return 0;
}
```

A1097. Deduplication on a Linked List (25)

Time Limit: 300 ms   Memory Limit: 65 536 KB

题目描述

Given a singly linked list L with integer keys, you are supposed to remove the nodes with duplicated absolute values of the keys. That is, for each value K, only the first node of which the value or absolute value of its key equals K will be kept. At the mean time, all the removed nodes must be kept in a separate list. For example, given L being 21→-15→-15→-7→15, you must output 21→-15→-7, and the removed list -15→15.

输入格式

Each input file contains one test case. For each case, the first line contains the address of the first node, and a positive N ($\leq 10^5$) which is the total number of nodes. The address of a node is a 5-digit nonnegative integer, and NULL is represented by -1.

Then N lines follow, each describes a node in the format:

Address Key Next

where *Address* is the position of the node, *Key* is an integer of which absolute value is no more than 10^4, and *Next* is the position of the next node.

输出格式

For each case, output the resulting linked list first, then the removed list. Each node occupies a line, and is printed in the same format as in the input.

输入样例

```
00100 5
99999 -7 87654
23854 -15 00000
87654 15 -1
00000 -15 99999
00100 21 23854
```

输出样例

```
00100 21 23854
23854 -15 99999
99999 -7 -1
```

00000 –15 87654

87654 15 –1

题意

给出 N 个结点的地址 address、数据域 data 以及指针域 next，然后给出链表的首地址，要求去除**链表上权值的绝对值相同的结点**（只保留第一个），之后把未删除的结点按链表连接顺序输出，接着把被删除的结点也按在原链表中的顺序输出。

样例解释

原链表为 21→–15→–15→–7→15，去除权值的绝对值相同的结点后的链表为 21→–15→–7，被删除的部分为–15→15。

思路

套用配套用书的解题步骤。

步骤 1：定义静态链表。其中结点性质由 int 型变量 order 定义，用以表示结点在链表上的序号。由于最后需要先输出所有未删除的结点，然后输出所有被删除的结点，因此不妨在后面的步骤中令未删除的结点的 order 从 0 开始编号，被删除的结点的 order 从 maxn 开始编号。

步骤 2：初始化。令 order 的初值均为 2 maxn，这样无效结点就会被区分开来。

步骤 3：设置变量 countValid（初始化为 0），用来记录未删除的有效结点的个数；设置 countRemoved（初始化为 0），用来记录被删除的有效结点的个数。由题目给出的链表首地址 begin 遍历整条链表，如果当前访问结点的权值的绝对值还未出现过（可以开一个全局的 bool 数组 isExist 来记录），那么就把该结点的 order 设为 countValid，然后令 countValid 加 1；如果当前访问结点的权值的绝对值已经出现过，那么就把结点的 order 设为 maxn + countRemoved，然后令 countRemoved 加 1。这样未删除的结点的 order 就从 0 开始编号，而被删除的结点就从 maxn 开始编号。

步骤 4：对结点进行排序，排序函数 cmp 的排序原则是：直接按照结点的 order 从小到大排序。由于未删除的结点的 order 从 0 开始编号，被删除的结点从 maxn 开始编号，而无效结点的 order 为初始的 2 maxn，因此结点的顺序就是按未删除的结点、已删除的结点、无效结点进行排列。

步骤 5：输出链表。记 count 为 countValid 与 countRemoved 之和，之后将 node[0] ~ node[count – 1]输出。注意：最后一个未删除结点和最后一个被删除结点单独处理。

注意点

① 可以直接使用%05d 的输出格式，以在不足 5 位时在高位补 0。但是要注意–1 不能使用%05d 输出，否则会输出–0001（而不是–1 或者–00001），因此必须要留意–1 的输出。

② 题目可能会有无效结点，即不在题目给出的首地址开始的链表上。

参考代码

```
#include <cstdio>
#include <cstring>
#include <algorithm>
using namespace std;
```

```
const int maxn = 100005;
const int TABLE = 1000010;
struct Node {      //定义静态链表（步骤1）
    int address, data, next;
    int order;       //结点在链表上的序号，无效结点记为 2 maxn
}node[maxn];
bool isExist[TABLE] = {false};      //绝对值是否已经出现
bool cmp(Node a, Node b) {
    return a.order < b.order;      //按 order 从小到大排序
}
int main() {
    memset(isExist, false, sizeof(isExist));      //初始化 isExist 为未出现
    for(int i = 0; i < maxn; i++) {      //初始化（步骤2）
        node[i].order = 2 * maxn;      //表示初始时均为无效结点
    }
    int n, begin, address;
    scanf("%d%d", &begin, &n);      //起始地址，结点个数
    for(int i = 0; i < n; i++) {      //输入所有结点
        scanf("%d", &address);
        scanf("%d%d", &node[address].data, &node[address].next);
        node[address].address = address;
    }
    //未删除的有效结点个数和已删除的有效结点个数
    int countValid = 0, countRemoved = 0, p = begin;
    while(p != -1) {      //枚举链表（步骤3）
        if(!isExist[abs(node[p].data)]){      //data 的绝对值不存在
            isExist[abs(node[p].data)] = true;      //标记为已存在
            node[p].order = countValid++;      //不删除，编号从 0 开始
        } else {      //data 的绝对值已存在
            node[p].order = maxn + countRemoved++; //被删除，编号从 maxn 开始
        }
        p = node[p].next;      //下一个结点
    }
    sort(node, node + maxn, cmp);      //按 order 从小到大排序（步骤4）
    //输出结果（步骤5）
    int count = countValid + countRemoved;      //有效结点个数
    for(int i = 0; i < count; i++) {
        if (i != countValid - 1 && i != count - 1) {      //非最后一个结点
printf("%05d %d %05d\n", node[i].address, node[i].data, node[i+1].address);
        } else {      //最后一个结点单独处理
```

```
        printf("%05d %d -1\n", node[i].address, node[i].data);
    }
}
return 0;
}
```

本节二维码

本章二维码

第8章 提高篇（2）——搜索专题

8.1 深度优先搜索（DFS）

A1103. Integer Factorization (30)

Time Limit: 1200 ms   Memory Limit: 65 536 KB

题目描述

The K-P factorization of a positive integer N is to write N as the sum of the P-th power of K positive integers. You are supposed to write a program to find the K-P factorization of N for any positive integers N, K and P.

输入格式

Each input file contains one test case which gives in a line the three positive integers N (≤ 400), K ($\leq$ N) and P ($1 < P \leq 7$). The numbers in a line are separated by a space.

输出格式

For each case, if the solution exists, output in the format:

$N = n_1^\wedge P + \cdots n_K^\wedge P$

where n_i (i=1, $\cdots$ K) is the i-th factor. All the factors must be printed in non-increasing order.

Note: the solution may not be unique. For example, the 5-2 factorization of 169 has 9 solutions, such as $12^2 + 4^2 + 2^2 + 2^2 + 1^2$, or $11^2 + 6^2 + 2^2 + 2^2 + 2^2$, or more. You must output the one with the maximum sum of the factors. If there is a tie, the largest factor sequence must be chosen -- sequence { a_1, a_2, $\cdots a_K$ } is said to be **larger** than { b_1, b_2, $\cdots b_K$ } if there exists $1 \leq L \leq K$ such that $a_i = b_i$ for i<L and $a_L > b_L$

If there is no solution, simple output "Impossible".

（原题即为英文题）

输入样例 1

169 5 2

输出样例 1

169 = 6^2 + 6^2 + 6^2 + 6^2 + 5^2

输入样例 2

169 167 3

输出样例 2

Impossible

题意

给定正整数 N、K、P，将 N 表示成 K 个正整数（可以相同，递减排列）的 P 次方的和，即 $N = n_1^P + \cdots n_K^P$。如果有多种方案，那么选择底数和 $n_1 + \cdots + n_K$ 最大的方案；如果还有多种方案，那么选择底数序列的字典序最大的方案。

思路

步骤 1：由于 P 不小于 2，并且在单次运行中是固定的，因此不妨开一个 vector<int> fac，在输入 P 之后就预处理出所有不超过 N 的 n^P。为了方便下标与元素有直接的对应，这里应把 0 也存进去。于是对 N = 10、P = 2 来说，fac[0] = 0、fac[1] = 1、fac[2] = 4、fac[3] = 9。

步骤 2：接下来便是 DFS 函数。DFS 用于从 fac 中选择若干个数（可以重复选），使得它们的和等于 N。于是需要针对 fac 中的每个数，根据选与不选这个数来进入两个分支，因此 DFS 的参数中必须有：①当前处理到的是 fac 的几号位，不妨记为 index；②当前已经选择了几个数，不妨记为 nowK。由于目的是选出的数之和为 N，因此参数中也需要记录当前选择出的数之和 sum。而为了保证有多个方案时底数之和最小，还需要在参数中记录当前选择出的数的底数之和 facSum。于是需要的参数就齐全了。

```
void DFS(int index, int nowK, int sum, int facSum) {}
```

此外，还需要开一个 vector<int> ans，用来存放最优的底数序列，而用一个 vector<int> temp 来存放当前选中的底数组成的临时序列。

步骤 3：考虑递归本身。注意：为了让结果能保证字典序大的序列优先被选中，让 index 从大到小递减来遍历，这样就总是能先选中 fac 中较大的数了。

显然，如果当前需要对 fac[index] 进行选择，那么就会有"选"与"不选"两种选择。如果不选，就可以把问题转化为对 fac[index − 1] 进行选择，此时 nowK、sum、facSum 均不变，因此往 DFS(index − 1, nowK, sum, facSum) 这条分支前进；而如果选，由于每个数字可以重复选择，因此下一步还应当对 fac[index] 进行选择，但由于当前选了 fac[index]，需要把底数 index 加入当前序列 temp 中，同时让 nowK 加 1、sum 加上 fac[index]、facSum 加上 index，即往 DFS(index, nowK + 1, sum + fac[index], facSum + index) 这条分支前进。显然，DFS 必须在 index 不小于 1 时执行，因为题目求的是正整数的幂次之和。

步骤 4：那么，递归到什么时候停止呢？首先，如果到了某个时候 sum == N 并且 nowK == k 成立，那么说明找到了一个满足条件的序列（就是 temp，注意保存的是底数），此时为了处理多方案的情况，需要判断底数之和 facSum 是否比一个全局记录的最大底数之和 maxFacSum 更大，若是，则更新 maxFacSum，并把 temp 赋给 ans。除此之外，当 sum > N 或者 nowK > K 时，不可能会产生答案，可以直接返回。

注意点

① 多方案时判断是否更优的做法的时间复杂度最好是 O(1)，否则容易超时。因此必须在 DFS 的参数中记录当前底数之和 facSum，避免在找到一组解时计算序列的底数之和。

② 同①，不要在找到一组解时才判断 temp 序列与 ans 序列的字典序关系，而应该让 index 从大到小进行选择，这样 fac[index] 大的就会相对早地被选中。

参考代码

```
#include <cstdio>
```

```
#include <vector>
#include <algorithm>
using namespace std;
//n、k、p 如题所述，maxFacSum 记录最大底数之和
int n, k, p, maxFacSum = -1;
//fac 记录 0^p,1^p…i^p，使得 i^p 为不超过 n 的最大数
//ans 存放最优底数序列，temp 存放递归中的临时底数序列
vector<int> fac, ans, temp;
//power 函数计算 x^p
int power(int x) {
    int ans = 1;
    for(int i = 0; i < p; i++) {
        ans *= x;
    }
    return ans;
}
//init 函数预处理 fac 数组，注意把 0 也存进去
void init() {
    int i = 0, temp = 0;
    while(temp <= n) {      //当 i^p 没有超过 n 时，不断把 i^p 加入 fac
        fac.push_back(temp);
        temp = power(++i);
    }
}
//DFS 函数，当前访问 fac[index]，nowK 为当前选中个数
//sum 为当前选中的数之和， facSum 为当前选中的底数之和
void DFS(int index, int nowK, int sum, int facSum) {
    if(sum == n && nowK == k) {      //找到一个满足的序列
        if(facSum > maxFacSum) {      //底数之和更优
            ans = temp;      //更新最优底数序列
            maxFacSum = facSum;      //更新最大底数之和
        }
        return;
    }
    if(sum > n || nowK > k) return;      //这种情况下不会产生答案，直接返回
    if(index - 1 >= 0) {      //fac[0]不需要选择
        temp.push_back(index);      //把底数 index 加入临时序列 temp
        DFS(index, nowK+1, sum+fac[index], facSum+index);   //"选"的分支
        temp.pop_back();      //"选"的分支结束后把刚加进去的数 pop 掉
        DFS(index - 1, nowK, sum, facSum);      //"不选"的分支
```

```
        }
    }

int main() {
    scanf("%d%d%d", &n, &k, &p);
    init();      //初始化 fac 数组
    DFS(fac.size() - 1, 0, 0, 0);      //从 fac 的最后一位开始往前搜索
    if(maxFacSum == -1) printf("Impossible\n");      //没有找到满足的序列
    else {
        printf("%d = %d^%d", n, ans[0], p);      //输出 ans 的结果
        for(int i = 1; i < ans.size(); i++) {
            printf(" + %d^%d", ans[i], p);
        }
    }
    return 0;
}
```

本节二维码

8.2 广度优先搜索（BFS）

本节目录

| A1091 | Acute Stroke | 30 |

A1091. Acute Stroke (30)
Time Limit: 400 ms   Memory Limit: 65 536 KB

题目描述

One important factor to identify acute stroke (急性脑卒中) is the volume of the stroke core. Given the results of image analysis in which the core regions are identified in each MRI slice, your job is to calculate the volume of the stroke core.

输入格式

Each input file contains one test case. For each case, the first line contains 4 positive integers: M, N, L and T, where M and N are the sizes of each slice (i.e. pixels of a slice are in an M by N matrix, and the maximum resolution is 1286 by 128); L (≤60) is the number of slices of a brain; and T is the integer threshold (i.e. if the volume of a connected core is less than T, then that core must not be counted).

Then L slices are given. Each slice is represented by an M by N matrix of 0's and 1's, where 1 represents a pixel of stroke, and 0 means normal. Since the thickness of a slice is a constant, we only have to count the number of 1's to obtain the volume. However, there might be several separated core regions in a brain, and only those with their volumes no less than T are counted. Two pixels are "connected" and hence belong to the same region if they share a common side, as shown by Figure 8-1 where all the 6 red pixels are connected to the blue one.

图 8-1   A1091 题目示意图

输出格式

For each case, output in a line the total volume of the stroke core.

（原题即为英文题）

输入样例

```
3 4 5 2
1 1 1 1
1 1 1 1
1 1 1 1
0 0 1 1
0 0 1 1
0 0 1 1
1 0 1 1
0 1 0 0
0 0 0 0
1 0 1 1
0 0 0 0
0 0 0 0
0 0 0 1
0 0 0 1
1 0 0 0
```

输出样例

```
26
```

题意

给出一个三维数组，数组元素的取值为 0 或 1。与某一个元素相邻的元素为其上、下、左、右、前、后这 6 个方向的邻接元素。另外，若干个相邻的"1"称为一个"块"（不必两两相邻，只要与块中某一个"1"相邻，该"1"就在块中）。而如果某个块中的"1"的个数不低于 T 个，那么称这个块为"卒中核心区"。现在需要求解所有卒中核心区中的 1 的个数之和。

思路

本题是一个三维的 BFS，不过思路跟配套用书中的二维 BFS 是完全相同的。基本思路是：枚举三维数组中的每一个位置，如果为 0，则跳过；如果为 1，则使用 BFS 查询与该位置相邻的 6 个位置（前提是不出界），判断它们是否为 1（如果某个相邻的位置为 1，则同样去查询与该位置相邻的 6 个位置，直到整个"1"块访问完毕）。而为了防止重复，可以设置一个 bool 型数组 inq 来记录每个位置是否在 BFS 中已入过队。由于题目限定了卒中核心区中 1 的个数的下限，因此只有当块中的 1 的个数不低于这个下限时，才返回当前中 1 的个数（注意本题求的是所有卒中核心区中 1 的个数总和，而不是卒中核心区的个数）。另外，由于是三维数组，因此需要增加一个增量数组，来表示 6 个方向。

```
int X[6] = {0, 0, 0, 0, 1, -1};
int Y[6] = {0, 0, 1, -1, 0, 0};
int Z[6] = {1, -1, 0, 0, 0, 0};
```

这样就可以使用 for 循环来枚举 6 个方向，以确定与当前坐标(nowX, nowY)相邻的 6 个位置，代码如下：

```
for(int i = 0; i < 6; i++) {
    newX = nowX + X[i];
    newY = nowY + Y[i];
    newZ = nowZ + Z[i];
}
```

注意点

① 三维 01 矩阵不可设置为 bool 型，否则最后两组数据会答案错误。

② 本题使用 DFS 非常容易在最后两组数据中出现段错误，原因是当三维矩阵中所有元素均为 1 时，DFS 的深度过深，会使系统栈达到上限，从而爆栈。

③ 输入数据时是按多个二维矩阵的方式读入的，因此 3 层 for 循环中的第一层需要遍历矩阵编号，第二、三层才是单个矩阵的数据读入。

参考代码

```
#include <cstdio>
#include <queue>
using namespace std;
struct node {
    int x, y, z;    //位置(x, y, z)
} Node;
int n, m, slice, T;     //矩阵为 n*m，共有 slice 层，T 为卒中核心区中 1 的个数的下限
int pixel[1290][130][61];    //三维 01 矩阵
bool inq[1290][130][61] = {false};  //记录位置(x, y, z)是否已入过队
int X[6] = {0, 0, 0, 0, 1, -1};      //增量矩阵
int Y[6] = {0, 0, 1, -1, 0, 0};
int Z[6] = {1, -1, 0, 0, 0, 0};

bool judge(int x, int y, int z) {    //判断坐标(x, y, z)是否需要访问
    //越界返回 false
    if(x >= n || x < 0 || y >= m || y < 0 || z >= slice || z < 0) return false;
    //若当前位置为 0 或(x, y, z)已入过队，则返回 false
    if(pixel[x][y][z] == 0 || inq[x][y][z] == true) return false;
    //以上都不满足，返回 true
```

```
        return true;
    }
    //BFS 函数访问位置(x, y, z)所在的块,将该块中所有"1"的 inq 都设置为 true
    int BFS(int x, int y, int z) {
        int tot = 0;            //计数当前块中 1 的个数
        queue<node> Q;          //定义队列
        Node.x = x, Node.y = y, Node.z = z;      //结点 Node 的位置为(x, y, z)
        Q.push(Node);           //将结点 Node 入队
        inq[x][y][z] = true;            //设置位置(x, y, z)已入过队
        while(!Q.empty()) {
            node top = Q.front();    //取出队首元素
            Q.pop();                 //队首元素出队
            tot++;                   //当前块中 1 的个数加 1
            for(int i = 0; i < 6; i++) {    //循环 6 次,得到 6 个增量方向
                int newX = top.x + X[i];
                int newY = top.y + Y[i];
                int newZ = top.z + Z[i];
                if(judge(newX, newY, newZ)) {//新位置(newX,newY,newZ)需要访问
                    //设置 Node 的坐标
                    Node.x = newX, Node.y = newY, Node.z = newZ;
                    Q.push(Node);    //将结点 Node 入队
                    inq[newX][newY][newZ] = true; //设置(newX, newY, newZ)已入过队
                }
            }
        }
        if(tot >= T) return tot;     //如果超过阈值,则返回
        else return 0;               //否则不记录该 1 的个数
    }
    int main() {
        scanf("%d%d%d%d", &n, &m, &slice, &T);
        for(int z = 0; z < slice; z++) {    //注意先枚举切片层号
            for(int x = 0; x < n; x++) {
                for(int y = 0; y < m; y++) {
                    scanf("%d", &pixel[x][y][z]);
                }
            }
        }
        int ans = 0;    //记录卒中核心区中 1 的个数总和
        for(int z = 0; z < slice; z++) {
            for(int x = 0; x < n; x++) {
```

```
        for(int y = 0; y < m; y++) {
            //如果当前位置为1，且未被访问，则BFS当前块
            if(pixel[x][y][z] == 1 && inq[x][y][z] == false) {
                ans += BFS(x, y, z);
            }
        }
    }
}
printf("%d\n", ans);
return 0;
}
```

本节二维码

本章二维码

第 9 章 提高篇（3）——数据结构专题（2）

9.1 树与二叉树

本节在 PAT 上没有对应的练习题，请使用配套用书上的训练题。

本节二维码

9.2 二叉树的遍历

A1020. Tree Traversals (25)

Time Limit: 400 ms   Memory Limit: 65 536 KB

题目描述

Suppose that all the keys in a binary tree are distinct positive integers. Given the postorder and inorder traversal sequences, you are supposed to output the level order traversal sequence of the corresponding binary tree.

输入格式

Each input file contains one test case. For each case, the first line gives a positive integer N (≤30), the total number of nodes in the binary tree. The second line gives the postorder sequence and the third line gives the inorder sequence. All the numbers in a line are separated by a space.

输出格式

For each test case, print in one line the level order traversal sequence of the corresponding binary tree. All the numbers in a line must be separated by exactly one space, and there must be no extra space at the end of the line.

（原题即为英文题）

输入样例

7
2 3 1 5 7 6 4

1 2 3 4 5 6 7

输出样例

4 1 6 3 5 7 2

题意

给出一棵二叉树的后序遍历序列和中序遍历序列，求这棵二叉树的层序遍历序列。

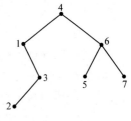

样例解释

用给定的后序序列与中序序列可以构建出如图 9-1 所示的二叉树，因此层次遍历序列为 4163572。

图 9-1　二叉树示例

思路

此处只讲解如何用后序遍历序列和中序遍历序列来重建二叉树。

假设递归过程中某步的后序序列区间为[postL, postR]，中序序列区间为[inL, inR]，那么由后序序列性质可知，后序序列的最后一个元素 post[postR]即为根结点。接着需要在中序序列中寻找一个位置 k，使得 in[k] == post[postR]，这样就找到了中序序列中的根结点。易知左子树结点个数为 numLeft = k − inL。于是左子树的后序序列区间为[postL, postL + numLeft − 1]，左子树的中序序列区间为[inL, k − 1]；右子树的后序序列区间为[postL + numLeft]，右子树的中序序列区间为[k + 1, inR]，如图 9-2 所示。

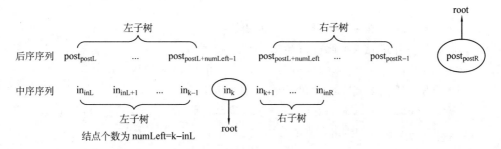

图 9-2　使用后序遍历序列和中序遍历序列来重建二叉树

注意点

输出时需要注意控制最后一个数后面的空格不被输出。

参考代码

```
#include <cstdio>
#include <cstring>
#include <queue>
#include <algorithm>
using namespace std;
const int maxn = 50;
struct node {
    int data;
    node* lchild;
```

```
        node* rchild;
    };
    int pre[maxn], in[maxn], post[maxn];      //先序、中序及后序
    int n;        //结点个数

    //当前二叉树的后序序列区间为[postL, postR]，中序序列区间为[inL, inR]
    //create 函数返回构建出的二叉树的根结点地址
    node* create(int postL, int postR, int inL, int inR) {
        if(postL > postR) {
            return NULL;  //若后序序列长度小于等于 0，则直接返回
        }
        node* root = new node;  //新建一个新的结点，用来存放当前二叉树的根结点
        root->data = post[postR];  //新结点的数据域为根结点的值
        int k;
        for(k = inL; k <= inR; k++) {
            if(in[k] == post[postR]) {  //在中序序列中找到 in[k] == pre[L]的结点
                break;
            }
        }
        int numLeft = k - inL;  //左子树的结点个数
        //返回左子树的根结点地址，赋值给 root 的左指针
        root->lchild = create(postL, postL + numLeft - 1, inL, k - 1);
        //返回右子树的根结点地址，赋值给 root 的右指针
        root->rchild = create(postL + numLeft, postR - 1, k + 1, inR);
        return root;  //返回根结点地址
    }


    int num = 0;      //已输出的结点个数
    void BFS(node* root) {
        queue<node*> q;  //注意队列里是存地址
        q.push(root);  //将根结点地址入队
        while(!q.empty()) {
            node* now = q.front();  //取出队首元素
            q.pop();
            printf("%d", now->data);  //访问队首元素
            num++;
            if(num < n) printf(" ");
            if(now->lchild != NULL) q.push(now->lchild);  //左子树非空
            if(now->rchild != NULL) q.push(now->rchild);  //右子树非空
        }
```

```
}

int main() {
    scanf("%d", &n);
    for(int i = 0; i < n; i++) {
        scanf("%d", &post[i]);
    }
    for(int i = 0; i < n; i++) {
        scanf("%d", &in[i]);
    }
    node* root = create(0, n - 1, 0, n - 1);    //建树
    BFS(root);            //层序遍历
    return 0;
}
```

A1086. Tree Traversals Again (25)

Time Limit: 200 ms   Memory Limit: 65 536 KB

题目描述

An inorder binary tree traversal can be implemented in a non-recursive way with a stack. For example, suppose that when a 6-node binary tree (with the keys numbered from 1 to 6) is traversed, the stack operations are: push(1); push(2); push(3); pop(); pop(); push(4); pop(); pop(); push(5); push(6); pop(); pop(). Then a unique binary tree (shown in Figure 9-3) can be generated from this sequence of operations. Your task is to give the postorder traversal sequence of this tree.

输入格式

Each input file contains one test case. For each case, the first line contains a positive integer N (≤30) which is the total number of nodes in a tree (and hence the nodes are numbered from 1 to N). Then 2N lines follow, each describes a stack operation in the format: "Push X" where X is the index of the node being pushed onto the stack; or "Pop" meaning to pop one node from the stack.

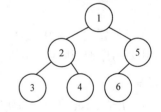

图 9-3　用栈来模拟一棵二叉树的
先序和中序遍历过程

输出格式

For each test case, print the postorder traversal sequence of the corresponding tree in one line. A solution is guaranteed to exist. All the numbers must be separated by exactly one space, and there must be no extra space at the end of the line.

（原题即为英文题）

输入样例

```
6
Push 1
Push 2
```

Push 3

Pop

Pop

Push 4

Pop

Pop

Push 5

Push 6

Pop

Pop

输出样例

3 4 2 6 5 1

题意

用栈来模拟一棵二叉树的先序和中序遍历过程，求这棵二叉树的后序遍历序列。

样例解释

Push 的次序为 1、2、3、4、5、6，因此先序遍历序列为 123456；

Pop 的次序为 3、2、4、1、6、5，因此中序遍历序列为 324165。

因此这棵二叉树即为题目描述中的二叉树，其后序遍历序列为 342651。

思路

由题意可以推出，每次访问一个新结点时就把它入栈，这个过程和先序序列总是先访问根结点的性质是相同的，因此 Push 的次序就是先序遍历序列中元素的顺序；Pop 则是按左子树、根结点、右子树的顺序进行的（由样例可以看出来），因此 Pop 的次序是中序遍历序列中元素的顺序（题目第一句话中的 "inorder binary tree traversal"，就表明 Pop 是中序遍历的过程）。

于是问题就转变为：给出一棵二叉树的先序遍历序列和中序遍历序列，重构出该二叉树，并输出其后序遍历序列。这个问题在配套用书中已经讲过，写法是非常固定的。

注意点

① 由于 Push 的顺序是先序遍历的顺序，因此本题也可以直接在输入时就进行递归建树，不过本题还是希望大家掌握先序序列与中序序列重建二叉树的方法。

② 输出时要注意控制最后一个数后面应该不输出空格。

参考代码

```
#include <cstdio>
#include <cstring>
#include <stack>
#include <algorithm>
using namespace std;
const int maxn = 50;
struct node {
```

```
    int data;
    node* lchild;
    node* rchild;
};
int pre[maxn], in[maxn], post[maxn];    //先序、中序及后序
int n;      //结点个数

//当前二叉树的先序序列区间为[preL, preR]，中序序列区间为[inL, inR]
//create 函数返回构建出的二叉树的根结点地址
node* create(int preL, int preR, int inL, int inR) {
    if(preL > preR) {
        return NULL;   //若先序序列长度小于等于 0，则直接返回
    }
    node* root = new node;   //新建一个新的结点，用来存放当前二叉树的根结点
    root->data = pre[preL];   //新结点的数据域为根结点的值
    int k;
    for(k = inL; k <= inR; k++) {
        if(in[k] == pre[preL]) {   //在中序序列中找到 in[k] == pre[L]的结点
            break;
        }
    }
    int numLeft = k - inL;   //左子树的结点个数
    //返回左子树的根结点地址，赋值给 root 的左指针
    root->lchild = create(preL + 1, preL + numLeft, inL, k - 1);
    //返回右子树的根结点地址，赋值给 root 的右指针
    root->rchild = create(preL + numLeft + 1, preR, k + 1, inR);
    return root;   //返回根结点地址
}


int num = 0;     //已输出的结点个数
void postorder(node* root) {    //后序遍历
    if(root == NULL) {
        return;
    }
    postorder(root->lchild);
    postorder(root->rchild);
    printf("%d", root->data);
    num++;
    if(num < n) printf(" ");
}
```

```
int main() {
    scanf("%d", &n);
    char str[5];
    stack<int> st;
    int x, preIndex = 0, inIndex = 0;    //入栈元素、先序序列位置及中序序列位置
    for(int i = 0; i < 2 * n; i++) {     //出栈入栈共2n次
        scanf("%s", str);
        if(strcmp(str, "Push") == 0) {   //入栈
            scanf("%d", &x);
            pre[preIndex++] = x;         //令 pre[preIndex]=x
            st.push(x);
        } else {
            in[inIndex++] = st.top();    //令 in[inIndex]=st.top
            st.pop();
        }
    }
    node* root = create(0, n - 1, 0, n - 1);    //建树
    postorder(root);         //后序遍历
    return 0;
}
```

A1102. Invert a Binary Tree (25)

Time Limit: 400 ms   Memory Limit: 65 536 KB

题目描述

The following is from Max Howell @twitter:

Google: 90% of our engineers use the software you wrote (Homebrew), but you can't invert a binary tree on a whiteboard so fuck off.

Now it's your turn to prove that YOU CAN invert a binary tree!

输入格式

Each input file contains one test case. For each case, the first line gives a positive integer N (≤ 10) which is the total number of nodes in the tree—and hence the nodes are numbered from 0 to N–1. Then N lines follow, each corresponds to a node from 0 to N–1, and gives the indices of the left and right children of the node. If the child does not exist, a "-" will be put at the position. Any pair of children are separated by a space.

输出格式

For each test case, print in the first line the level-order, and then in the second line the in-order traversal sequences of the inverted tree. There must be exactly one space between any adjacent numbers, and no extra space at the end of the line.

输入样例

```
8
1 -
- -
0 -
2 7
- -
- -
5 -
4 6
```

输出样例

```
3 7 2 6 4 0 5 1
6 5 7 4 3 2 0 1
```

题意

二叉树有 N 个结点（结点编号为 0～N–1），给出每个结点的左右孩子结点的编号，把该二叉树反转（即把每个结点的左右子树都交换），输出反转后二叉树的层序遍历序列和中序遍历序列。

样例解释

如图 9-4 所示，反转二叉树的层序遍历序列为 3 7 2 6 4 0 5 1，中序遍历序列为 6 5 7 4 3 2 0 1。

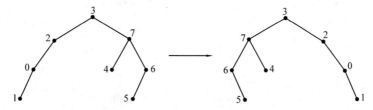

图 9-4　反转二叉树的层序遍历序列

思路

由于题目直接给的是结点编号的关系，因此使用二叉树的静态写法会非常方便。

首先处理输入问题，如果是数字，则直接把 lchild 或者 rchild 记为该数字；如果是 "-"，则视为该侧没有孩子结点，记为 –1 即可。同时还需要找到这棵二叉树的根结点，而这只需要找到一个结点，它不是任何结点的孩子即可（开一个 bool 型数组 notRoot，在输入时进行记录）。

反转二叉树的操作只需要进行后序遍历，在后序遍历访问根结点时交换 lchild 和 rchild 即可。

注意点

① 由于 scanf 的%c 格式可以读入换行符，因此需要在每行输入前把上一行的换行符接收。当然 getchar 是可以的，参考代码中介绍了小技巧 scanf("%*c")，即用%*c 就可以在 scanf 中接收一个字符。

② 使用先序遍历实现反转二叉树也是可以的，但是如果从先序遍历的定义来说是不对

的，因为如果在先序遍历一开始访问根结点时就交换左右孩子结点，接下来访问左子树时实际上访问的是原来的右子树，然后访问右子树时实际上访问的是原来的左子树，这不符合先序遍历"根结点→左子树→右子树"访问顺序的定义（只是不符合定义而已，效果上还是没问题的）。

参考代码

```cpp
#include <cstdio>
#include <queue>
#include <algorithm>
using namespace std;
const int maxn = 110;
struct node {      //二叉树的静态写法
    int lchild, rchild;
} Node[maxn];
bool notRoot[maxn] = {false};     //记录是否不是根结点，初始均是根结点
int n, num = 0;     //n为结点个数，num为当前已经输出的结点个数
//print函数输出结点id的编号
void print(int id) {
    printf("%d", id);     //输出id
    num++;     //已经输出的结点个数加1
    if(num < n) printf(" ");     //最后一个结点不输出空格
    else printf("\n");
}
//中序遍历
void inOrder(int root) {
    if(root == -1) {
        return;
    }
    inOrder(Node[root].lchild);
    print(root);
    inOrder(Node[root].rchild);
}
//层序遍历
void BFS(int root) {
    queue<int> q;   //注意队列里是存地址
    q.push(root);   //将根结点地址入队
    while(!q.empty()) {
        int now = q.front();   //取出队首元素
        q.pop();
        print(now);
```

```
        if(Node[now].lchild != -1) q.push(Node[now].lchild);    //左子树非空
        if(Node[now].rchild != -1) q.push(Node[now].rchild);    //右子树非空
    }
}
//后序遍历，用以反转二叉树
void postOrder(int root) {
    if(root == -1) {
        return;
    }
    postOrder(Node[root].lchild);
    postOrder(Node[root].rchild);
    swap(Node[root].lchild, Node[root].rchild);    //交换左右孩子结点
}
//将输入的字符转换为-1或者结点编号
int strToNum(char c) {
    if(c == '-') return -1;    //"-"表示没有孩子结点，记为-1
    else {
        notRoot[c - '0'] = true;    //标记c不是根结点
        return c - '0';    //返回结点编号
    }
}
//寻找根结点编号
int findRoot() {
    for(int i = 0; i < n; i++) {
        if(notRoot[i] == false) {
            return i;    //是根结点，返回i
        }
    }
}
int main() {
    char lchild, rchild;
    scanf("%d", &n);    //结点个数
    for(int i = 0; i < n; i++) {
        scanf("%*c%c %c", &lchild, &rchild);    //左右孩子结点
        Node[i].lchild = strToNum(lchild);
        Node[i].rchild = strToNum(rchild);
    }
    int root = findRoot();    //获得根结点编号
    postOrder(root);    //后序遍历，反转二叉树
    BFS(root);    //输出层序遍历序列
```

```
    num = 0;      //已输出的结点个数置 0
    inOrder(root);    //输出中序遍历序列
    return 0;
}
```

本节二维码

9.3 树的遍历

A1079. Total Sales of Supply Chain (25)
Time Limit: 250 ms   Memory Limit: 65 536 KB

题目描述

A supply chain is a network of retailers（零售商）, distributors（经销商）, and suppliers（供应商）—everyone involved in moving a product from supplier to customer.

Starting from one root supplier, everyone on the chain buys products from one's supplier in a price P and sell or distribute them in a price that is r% higher than P. Only the retailers will face the customers. It is assumed that each member in the supply chain has exactly one supplier except the root supplier, and there is no supply cycle.

Now given a supply chain, you are supposed to tell the total sales from all the retailers.

输入格式

Each input file contains one test case. For each case, the first line contains three positive numbers: N ($\leq 10^5$), the total number of the members in the supply chain (and hence their ID's are numbered from 0 to N−1, and the root supplier's ID is 0); P, the unit price given by the root supplier; and r, the percentage rate of price increment for each distributor or retailer. Then N lines follow, each describes a distributor or retailer in the following format:

K_i ID[1] ID[2] $\cdots$ ID[K_i]

where in the i-th line, K_i is the total number of distributors or retailers who receive products from supplier i, and is then followed by the ID's of these distributors or retailers. K_j being 0 means that the j-th member is a retailer, then instead the total amount of the product will be given after K_j. All the numbers in a line are separated by a space.

输出格式

For each test case, print in one line the total sales we can expect from all the retailers, accurate up to 1 decimal place. It is guaranteed that the number will not exceed 10^{10}.

（原题即为英文题）

输入样例

```
10 1.80 1.00
3 2 3 5
1 9
1 4
1 7
0 7
2 6 1
1 8
0 9
0 4
0 3
```

输出样例

```
42.4
```

题意

给出一棵销售供应的树，树根唯一。在树根处货物的价格为 P，然后从根结点开始每往子结点走一层，该层的货物价格将会在父亲结点的价格上增加 r%。给出每个叶结点的货物量，求它们的价格之和。

样例解释

如图 9-5 所示，共有 4 个叶结点，其中 4 号和 7 号的深度为 2（即从根结点扩散两层可以到达），8 号和 9 号的深度为 3。图中小括号内的数字为叶结点的货物量，因此价格之和为 $1.80 \times ((7 + 9) \times (1 + 0.01)^2 + (4 + 3) \times (1 + 0.01)^3)) = 42.4$。

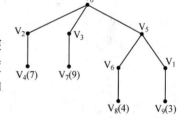

图 9-5　销售供应树（A1079）

思路

此题与 A1090 类似，建议在做本题之前先做 A1090。本题是在 A1090 的基础上增加了"货物量"的设定，因此需要在结点处增加点权，使结点的结构体设定如下所示：

```
struct node {
    double data;
    vector<int> child;
} Node[maxn];
```

DFS 与 BFS 都是可以的，这里仍然以 DFS 为例。本题 DFS 函数的参数只需要设置当前访问结点 index 与当前深度 depth，下面讨论主体递归部分的递归边界和递归式：

① 递归边界。当结点 index 的子结点个数为 0 时，表示到达了叶结点。令 ans 加上该叶结点的货物量 Node[index].data 乘以单价 pow(1 + r, depth)。

② 递归式。对结点 index 的所有子结点进行递归，同时令 depth 加 1。

```
void DFS(int index, int depth) {
    if(Node[index].child.size() == 0) {        //到达叶结点
        ans += Node[index].data * pow(1 + r, depth);        //累加叶结点货物的价格
        return;
    }
    for(int i = 0; i < Node[index].child.size(); i++) {
        DFS(Node[index].child[i], depth + 1);        //递归访问子结点
    }
}
```

注意点

① 输入中，如果 K_i 为 0，则表示该结点为叶结点，后面跟的数字为该叶结点的货物量；如果 K_i 不为 0，则表示该结点为非叶子结点，K_i 为其子结点的个数，后面跟的数字都是子结点编号。

② 计算深度时，根结点的深度应设为 0。其余注意点与 A1090 相同，不再赘述。

参考代码

```
#include <cstdio>
#include <cmath>
#include <vector>
using namespace std;
const int maxn = 100010;
struct node {
    double data;            //数据域（货物量）
    vector<int> child;    //指针域
} Node[maxn];              //存放树
int n;
double p, r, ans = 0;    //ans为叶结点货物的价格之和
void DFS(int index, int depth) {
    if(Node[index].child.size() == 0) {        //到达叶结点
        ans += Node[index].data * pow(1 + r, depth);        //累加叶结点货物的价格
        return;
    }
    for(int i = 0; i < Node[index].child.size(); i++) {
        DFS(Node[index].child[i], depth + 1);        //递归访问子结点
    }
}
int main() {
    int k, child;
    scanf("%d%lf%lf", &n, &p, &r);
    r /= 100;
```

```
    for(int i = 0; i < n; i++) {
        scanf("%d", &k);
        if(k == 0) {    //叶结点标志
            scanf("%lf", &Node[i].data);      //叶结点货物量
        } else {
            for(int j = 0; j < k; j++) {
                scanf("%d", &child);
                Node[i].child.push_back(child);      //child 为结点 i 的子结点
            }
        }
    }
    DFS(0, 0);     //DFS 入口
    printf("%.1f\n", p * ans);   //输出结果
    return 0;
}
```

A1090. Highest Price in Supply Chain (25)

Time Limit: 200 ms   Memory Limit: 65 536 KB

题目描述

A supply chain is a network of retailers（零售商）, distributors（经销商）, and suppliers（供应商）—everyone involved in moving a product from supplier to customer.

Starting from one root supplier, everyone on the chain buys products from one's supplier in a price P and sell or distribute them in a price that is r% higher than P. It is assumed that each member in the supply chain has exactly one supplier except the root supplier, and there is no supply cycle.

Now given a supply chain, you are supposed to tell the highest price we can expect from some retailers.

输入格式

Each input file contains one test case. For each case, The first line contains three positive numbers: N ($\leq 10^5$), the total number of the members in the supply chain (and hence they are numbered from 0 to N–1); P, the price given by the root supplier; and r, the percentage rate of price increment for each distributor or retailer. Then the next line contains N numbers, each number S_i is the index of the supplier for the i-th member. S_{root} for the root supplier is defined to be –1. All the numbers in a line are separated by a space.

输出格式

For each test case, print in one line the highest price we can expect from some retailers, accurate up to 2 decimal places, and the number of retailers that sell at the highest price. There must be one space between the two numbers. It is guaranteed that the price will not exceed 10^{10}.

（原题即为英文题）

输入样例

9 1.80 1.00

1 5 4 4 - 1 4 5 3 6

输出样例

1.85 2

题意

给出一棵销售供应的树，树根唯一。在树根处货物的价格为 P，然后从根结点开始每往子结点走一层，该层的货物价格将会在父亲结点的价格上增加 r%。求所有叶结点中的最高价格以及这个价格的叶结点个数。

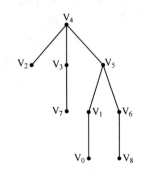

样例解释

如图 9-6 所示，最高层次的叶结点为 0 号和 8 号结点，价格在根结点的基础上增加了 3 次，因此为 $1.80 \times (1 + 0.01)^3 = 1.85$。

图 9-6　销售供应树（A1090）

思路

由于每层的价格都在上一层的基础上乘以 $(1 + r)$（r 已去除百分号，即已经在题目输入的基础上除以了 100，下同），因此只要计算深度最深的结点即可。由于不用考虑结点的点权，因此可以直接以 vector<int> child[MAXV] 来存放树。接下来就可以使用 DFS 或 BFS 来获取这棵树的最深深度（设根结点的深度为 0），此处以 DFS 为例。

在全局变量中设置 int 型 maxDepth 以表示最大深度，以 num 表示最大深度的叶结点个数，初值均为 0。对本题的 DFS 函数来说，参数只需要设置当前访问结点 index 与当前深度 depth。下面分别考虑递归边界和递归式。

① 递归边界。当结点 index 的子结点个数为 0 时，表示到达了叶结点。此时判断当前深度 depth 是否大于最大深度 maxDepth，如果大于，则更新 maxDepth 并重置 num 为 1；如果不大于，则判断 depth 是否等于 maxDepth，如果 depth 等于 maxDepth，则令 num++，表示最大深度的结点个数加 1。

② 递归式。对 index 的所有子结点进行递归，同时深度 depth 加 1。

```
void DFS(int index, int depth) {
    if(child[index].size() == 0) {        //到达叶结点
        if(depth > maxDepth) {            //深度比最大深度大
            maxDepth = depth;             //更新最大深度
            num = 1;                      //重置最大深度的叶结点个数为1
        } else if(depth == maxDepth) {    //深度等于最大深度
            num++;                        //最大深度的叶结点个数加1
        }
        return;
    }
    for(int i = 0; i < child[index].size(); i++) {
        DFS(child[index][i], depth + 1);    //递归访问结点index的子结点
    }
}
```

注意点

① 根结点的价格为 P，不需要乘以（1＋r）。

② 题目中给定的 r 是百分数，因此需要除以 100。例如样例中的 r＝1.00 是指 1%。

③ 输入中第二行给定的是 i 号结点的父亲结点。

参考代码

```cpp
#include <cstdio>
#include <cmath>
#include <vector>
using namespace std;
const int maxn = 100010;
vector<int> child[maxn];      //存放树
double p, r;
//maxDepth 为最大深度，num 为最大深度的叶结点个数
int n, maxDepth = 0, num = 0;
void DFS(int index, int depth) {
    if(child[index].size() == 0) {        //到达叶结点
        if(depth > maxDepth) {            //深度比最大深度大
            maxDepth = depth;            //更新最大深度
            num = 1;                     //重置最大深度的叶结点个数为 1
        } else if(depth == maxDepth) {   //深度等于最大深度
            num++;                       //最大深度的叶结点个数加 1
        }
        return;
    }
    for(int i = 0; i < child[index].size(); i++) {
        DFS(child[index][i], depth + 1);      //递归访问结点 index 的子结点
    }
}
int main() {
    int father, root;
    scanf("%d%lf%lf", &n, &p, &r);
    r /= 100;        //将百分数除以 100
    for(int i = 0; i < n; i++) {
        scanf("%d", &father);
        if(father != -1) {
            child[father].push_back(i);       //i 是 father 的子结点
        } else {
            root = i;                         //根结点为 root
        }
```

```
        }
        DFS(root, 0);          //DFS 入口
        printf("%.2f %d\n", p * pow(1 + r, maxDepth), num);       //输出结果
        return 0;
    }
```

A1094. The Largest Generation (25)

Time Limit: 200 ms   Memory Limit: 65 536 KB

题目描述

A family hierarchy is usually presented by a pedigree tree where all the nodes on the same level belong to the same generation. Your task is to find the generation with the largest population.

输入格式

Each input file contains one test case. Each case starts with two positive integers N (<100) which is the total number of family members in the tree (and hence assume that all the members are numbered from 01 to N), and M (<N) which is the number of family members who have children. Then M lines follow, each contains the information of a family member in the following format:

ID K ID[1] ID[2]··· ID[K]

where ID is a two-digit number representing a family member, K (>0) is the number of his/her children, followed by a sequence of two-digit ID's of his/her children. For the sake of simplicity, let us fix the root ID to be 01. All the numbers in a line are separated by a space.

输出格式

For each test case, print in one line the largest population number and the level of the corresponding generation. It is assumed that such a generation is unique, and the root level is defined to be 1.

（原题即为英文题）

输入样例

```
23 13
21 1 23
01 4 03 02 04 05
03 3 06 07 08
06 2 12 13
13 1 21
08 2 15 16
02 2 09 10
11 2 19 20
17 1 22
05 1 11
07 1 14
09 1 17
10 1 18
```

输出样例

9 4

题意

输入树的结点个数 N（结点编号为 1~N）、非叶子结点个数 M，然后输入 M 个非叶子结点各自的孩子结点编号，求结点个数最多的一层（层号是从整体来看的，根结点层号为 1），输出该层的结点个数以及层号。

样例解释

画出样例的树如图 9-7 所示，显然第 4 层有 9 个结点，是最多的。

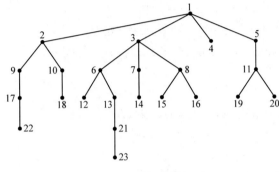

图 9-7　样例的树

思路

使用 DFS 或者 BFS 来实现都可以，但都需要先在全局定义一个 hashTable 数组，用以记录每一层的结点个数。

对 DFS 来说，只需要写一个 DFS 函数，用以记录当前访问的结点编号 index 与该结点的层号 level。进入函数时，先令 hashTable[level] 加 1，表示第 level 层的结点个数加 1。之后遍历结点 index 的所有孩子结点，对每个孩子结点进行递归，递归时令 level 加 1。

对 BFS 来说，只需要按正常的 BFS 思路写，每次取出队列顶端的结点时根据结点中记录的 level 把 hashTable[level] 加 1 即可。

注意点

树可以直接使用静态写法，即定义 vector<int> Node[MAXN]，其中 Node[i] 表示存放结点 i 的孩子结点编号。

参考代码

```
#include <cstdio>
#include <vector>
using namespace std;
const int MAXN = 110;
vector<int> Node[MAXN];    //树的静态写法，Node[i]存放结点 i 的孩子结点编号
int hashTable[MAXN] = {0};    //记录每层的结点个数
void DFS(int index, int level) {
    hashTable[level]++;    //第 level 层的结点个数加 1
```

```
        for(int j = 0; j < Node[index].size(); j++) {
            DFS(Node[index][j], level + 1);      //遍历所有孩子结点，进行递归
        }
    }
}
int main() {
    int n, m, parent, k, child;
    scanf("%d%d", &n, &m);
    for(int i = 0; i < m; i++) {
        scanf("%d%d", &parent, &k);      //父亲结点编号，孩子个数
        for(int j = 0; j < k; j++) {
            scanf("%d", &child);      //孩子结点编号
            Node[parent].push_back(child);      //建树
        }
    }
    DFS(1, 1);      //根结点为 1 号结点，层号为 1
    int maxLevel = -1, maxValue = 0;
    for(int i = 1; i < MAXN; i++) {      //计算 hashTable 数组的最大值
        if(hashTable[i] > maxValue) {
            maxValue = hashTable[i];
            maxLevel = i;
        }
    }
    printf("%d %d\n", maxValue, maxLevel);      //输出最大结点数与该层层号
    return 0;
}
```

A1106. Lowest Price in Supply Chain (25)

Time Limit: 200 ms   Memory Limit: 65 536 KB

题目描述

A supply chain is a network of retailers（零售商）, distributors（经销商）, and suppliers（供应商）—everyone involved in moving a product from supplier to customer.

Starting from one root supplier, everyone on the chain buys products from one's supplier in a price P and sell or distribute them in a price that is r% higher than P. Only the retailers will face the customers. It is assumed that each member in the supply chain has exactly one supplier except the root supplier, and there is no supply cycle.

Now given a supply chain, you are supposed to tell the lowest price a customer can expect from some retailers.

输入格式

Each input file contains one test case. For each case, The first line contains three positive numbers: N ($\leq 10^5$), the total number of the members in the supply chain (and hence their ID's are numbered from 0 to N–1, and the root supplier's ID is 0); P, the price given by the root supplier; and r, the percentage rate of price increment for each distributor or retailer. Then N lines follow, each describes a distributor or retailer in the following format:

K_i ID[1] ID[2]···ID[K_i]

where in the i-th line, K_i is the total number of distributors or retailers who receive products from supplier i, and is then followed by the ID's of these distributors or retailers. K_j being 0 means that the j-th member is a retailer. All the numbers in a line are separated by a space.

输出格式

For each test case, print in one line the lowest price we can expect from some retailers, accurate up to 4 decimal places, and the number of retailers that sell at the lowest price. There must be one space between the two numbers. It is guaranteed that the all the prices will not exceed 10^{10}.

输入样例

```
10 1.80 1.00
3 2 3 5
1 9
1 4
1 7
0
2 6 1
1 8
0
0
0
```

输出样例

```
1.8362 2
```

题意

给出一棵销售供应的树，树根唯一。在树根处货物的价格为 P，然后从根结点开始每往子结点走一层，该层的货物价格将会在父亲结点的价格上增加 r%。求叶子结点处能获得的最低价格以及能提供最低价格的叶子结点的个数。

样例解释

如图 9-8 所示，共有 4 个叶结点，其中 4 号和 7 号的深度为 2（即从根结点扩散两层可以到达），8 号和 9 号的深度为 3，因此有两个叶子结点能得到最低价格，最低价格为 $1.80 \times (1 + 0.01)^2 = 1.83618$，保留 4 位小数后为 1.8362。

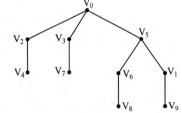

图 9-8　销售供应树（A1106）

思路

本题实际上就是求树的深度最小的叶子结点，只需要在 A1079 的基础上稍加改动即可完成。主要的改动在于对叶子结点的处理，此处需要开一个全局变量 num，用以记录价格最低（即深度最小）的叶子结点个数，如果当前叶子结点的价格低于全局最低价格，那么就更新全局最低价格，并置 num 为 1；如果当前叶子结点的价格等于全局最低价格，则令 num 加 1。

注意点

计算深度时，根结点的深度应设为 0。其余注意点与 A1090 相同，不再赘述。

参考代码

```
#include <cstdio>
#include <cmath>
#include <vector>
using namespace std;
const int maxn = 100010;
const double INF = 1e12;     //很大的数，10^12
vector<int> Node[maxn];      //Node[i]存放 i 的所有孩子结点的编号
int n, num = 0;     //n 为结点个数，num 为价格最低的叶子结点个数
double p, r, ans = INF;     //ans 为最低叶子结点价格
void DFS(int index, int depth) {
    if(Node[index].size() == 0) {     //到达叶结点
        double price = p * pow(1 + r, depth);     //当前价格
        if(price < ans) {     //如果低于全局最低价格
            ans = price;     //更新全局最低价格
            num = 1;     //价格最低的叶子结点个数为 1
        } else if(price == ans) {     //如果等于全局最低价格
            num++;     //价格最低的叶子结点个数加 1
        }
        return;
    }
    for(int i = 0; i < Node[index].size(); i++) {
        DFS(Node[index][i], depth + 1);     //递归访问子结点
    }
}
int main() {
    int k, child;
    scanf("%d%lf%lf", &n, &p, &r);
    r /= 100;
    for(int i = 0; i < n; i++) {
        scanf("%d", &k);
        if(k != 0) {     //叶结点标志
            for(int j = 0; j < k; j++) {
                scanf("%d", &child);
                Node[i].push_back(child);     //child 为结点 i 的子结点
            }
        }
```

```
    }
    DFS(0, 0);     //DFS 入口
    printf("%.4f %d\n", ans, num);     //输出结果
    return 0;
}
```

A1004. Counting Leaves (30)

Time Limit: 400 ms　　Memory Limit: 65 536 KB

题目描述

A family hierarchy is usually presented by a pedigree tree. Your job is to count those family members who have no child.

输入格式

Each input file contains one test case. Each case starts with a line containing 0 < N < 100, the number of nodes in a tree, and M (< N), the number of non-leaf nodes. Then M lines follow, each in the format:

ID K ID[1] ID[2] ⋯ ID[K]

where ID is a two-digit number representing a given non-leaf node, K is the number of its children, followed by a sequence of two-digit ID's of its children. For the sake of simplicity, let us fix the root ID to be 01.

输出格式

For each test case, you are supposed to count those family members who have no child for every seniority level starting from the root. The numbers must be printed in a line, separated by a space, and there must be no extra space at the end of each line.

The sample case represents a tree with only 2 nodes, where 01 is the root and 02 is its only child. Hence on the root 01 level, there is 0 leaf node; and on the next level, there is 1 leaf node. Then we should output "0 1" in a line.

（原题即为英文题）

输入样例

```
2 1
01 1 02
```

输出样例

```
0 1
```

题意

给出一棵树，问每一层各有多少叶子结点。

样例解释

这棵树有两个结点，其中 1 个结点是非叶子结点。

根结点 01 号有 1 个孩子，即 02 号结点。那么可以知道这棵树有两层：第一层只有根结点 01 号，且有子结点 02 号；第二层只有一个结点 02 号，且没有孩子结点。

因此输出 0 1（第一层有 0 个叶子结点，第二层有 1 个叶子结点）。

思路

由于题目给定的是一般性质的树，因此可以使用邻接表来存储。此时树的遍历一般使用两种方法实现：深度优先搜索和广度优先搜索。本题中两者实现的思路分别如下：

（1）深度优先搜索（DFS）

步骤 1：令 vector<int> G[MAXV]表示树，并开一个 int 型 leaf[MAXV]数组存放每层的叶子结点个数，再令 max_h 记录树的深度。

步骤 2：DFS 的函数参数设置两个：index 用以记录当前遍历到的结点编号，h 用以记录当前访问的深度。

函数体中需要先更新深度 max_h，再判断当前结点是否为叶子结点（即 G[index].size 是否为 0），以此来决定是否对 leaf[h]进行自增操作。在函数体的最后枚举所有子结点，并进入下一层。

```
void DFS(int index,int h){  //index 为当前遍历到的结点编号，h 为当前深度
    max_h = max(h, max_h);
    if(G[index].size() == 0){    //如果该结点是叶子结点
        leaf[h]++;
        return;
    }
    for(int i = 0; i < G[index].size(); i++){    //枚举所有子结点
        DFS(G[index][i], h + 1);
    }
}
```

（2）广度优先搜索（BFS）

步骤 1：以 vector<int>型数组 G[]表示树，开一个 int 型 leaf[]数组存放每层的叶子结点个数，再令 max_h 记录树的深度。

步骤 2：BFS 前需要先把根节点压入队列 Q，然后再开始 BFS。在 BFS 的过程中，先把队首元素（即当前访问的结点编号）弹出，同时更新最大深度 max_h。之后判断当前访问结点是否为叶子结点，若是，则对 num[h]自增。最后将所有子结点压入队列。

注意点

① 题目中 seniority level 的意思是从第一层（根节点）开始逐层输出叶子结点的个数。

② 要能考虑到只有一个结点的情况。例如下面这个例子应该输出 1（只有根结点的情况下，根结点也是叶子结点）。

```
1 0
```

③ 若出现"格式错误"的情况，请注意最后一个整数输出之后不能有空格。

④ 再次强调，queue 队列中存放的其实是原元素的一个副本，所以在将元素压入队列后修改原元素的值不会使队列中的元素发生改变，而修改队列中的元素值也不会使原元素发生改变。写程序时要注意由此带来的一些 bug。

参考代码

（1）DFS 版本

```
#include <iostream>
```

```
#include <cstdio>
#include <vector>
#include <algorithm>
using namespace std;

const int N = 110;

vector<int> G[N];    //存放树
int leaf[N] = {0};    //存放每层的叶子结点个数
int max_h = 1;   //树的深度

void DFS(int index,int h){   //index 为当前遍历到的结点编号，h 为当前深度
    max_h = max(h, max_h);
    if(G[index].size() == 0){    //如果该结点是叶子结点
        leaf[h]++;
        return;
    }
    for(int i = 0; i < G[index].size(); i++){    //枚举所有子结点
        DFS(G[index][i], h + 1);
    }
}

int main(){
    int n, m, parent, child, k;
    scanf("%d%d", &n, &m);
    for(int i = 0; i < m; i++){
        scanf("%d%d", &parent, &k); //父结点编号及子结点个数
        for(int j = 0; j < k; j++){
            scanf("%d", &child);
            G[parent].push_back(child); //加边
        }
    }
    DFS(1,1);    //初始入口为根结点与第一层
    printf("%d", leaf[1]);
    for(int i = 2; i <= max_h; i++) printf(" %d", leaf[i]);
    return 0;
}
```

（2）BFS 版本

```
#include <cstdio>
#include <queue>
```

```
#include <vector>
using namespace std;
const int N = 105;

vector<int> G[N];    //树
int h[N] = {0}; //各结点所处的层号，从1开始
int leaf[N] = {0};    //存放每层的叶子结点个数
int max_h = 0;  //树的最大深度

void BFS(){
    queue<int> Q;
    Q.push(1);  //将根结点压入队列
    while (!Q.empty()) {    //开始BFS
        int id = Q.front(); //弹出队首结点
        Q.pop();
        max_h = max(max_h, h[id]);  //更新最大深度
        if(G[id].size() == 0) { //如果该结点是叶子结点
            leaf[h[id]]++;
        }
        for(int i = 0; i < G[id].size(); i++) { //枚举所有子结点
            h[G[id][i]] = h[id] + 1;    //子结点编号为G[id][i]
            Q.push(G[id][i]);   //将子结点压入队列
        }
    }
}

int main() {
    int n, m;
    scanf("%d%d", &n, &m);
    for(int i = 0; i < m; i++) {    //输入
        int parent, k, child;
        scanf("%d%d", &parent, &k);
        for(int j = 0; j < k; j++) {
            scanf("%d", &child);
            G[parent].push_back(child);
        }
    }
    h[1] = 1;   //初始化根结点
    BFS();  //BFS入口
    for(int i = 1; i <= max_h; i++) {    //输出
```

```
        if(i == 1) printf("%d", leaf[i]);
        else printf(" %d", leaf[i]);
    }
    return 0;
}
```

A1053. Path of Equal Weight (30)

Time Limit: 10 ms   Memory Limit: 65 536 KB

题目描述

Given a non-empty tree with root R, and with weight W_i assigned to each tree node T_i. The weight of a path from R to L is defined to be the sum of the weights of all the nodes along the path from R to any leaf node L.

Now given any weighted tree, you are supposed to find all the paths with their weights equal to a given number. For example, let's consider the tree showed in Figure 1: for each node, the upper number is the node ID which is a two-digit number, and the lower number is the weight of that node. Suppose that the given number is 24, then there exists 4 different paths which have the same given weight: {10 5 2 7}, {10 4 10}, {10 3 3 6 2} and {10 3 3 6 2}, which correspond to the red edges in Figure 9-9.

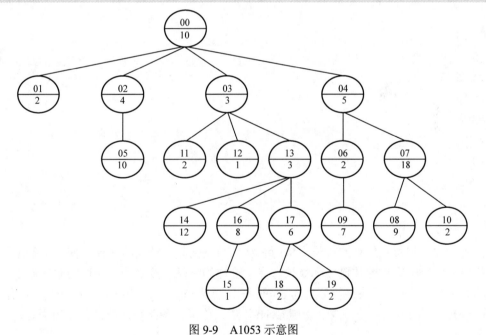

图 9-9　A1053 示意图

输入格式

Each input file contains one test case. Each case starts with a line containing $0 < N \leqslant 100$, the number of nodes in a tree, M (< N), the number of non-leaf nodes, and $0 < S < 2^{30}$, the given weight number. The next line contains N positive numbers where W_i (<1000) corresponds to the tree node T_i. Then M lines follow, each in the following format:

ID K ID[1] ID[2]⋯ ID[K]

where ID is a two-digit number representing a given non-leaf node, K is the number of its children, followed by a sequence of two-digit ID's of its children. For the sake of simplicity, let us fix the root ID to be 00.

输出格式

For each test case, print all the paths with weight S in non-increasing order. Each path occupies a line with printed weights from the root to the leaf in order. All the numbers must be separated by a space with no extra space at the end of the line.

Note: sequence $\{A_1, A_2,\cdots, A_n\}$ is said to be greater than sequence $\{B_1, B_2,\cdots, B_m\}$ if there exists $1\leq k < \min\{n, m\}$ such that $A_i = B_i$ for $i=1,\cdots k$, and $A_{k+1}> B_{k+1}$.

（原题即为英文题）

输入样例

```
20 9 24
10 2 43 5 10 2 18 9 7 2 21 3 12 1 8 6 2 2
00 4 01 02 03 04
02 1 05
04 2 06 07
03 3 11 12 13
06 1 09
07 2 08 10
16 1 15
13 3 14 16 17
17 2 18 19
```

输出样例

```
10 5 2 7
10 4 10
10 3 3 6 2
10 3 3 6 2
```

题意

给定一棵树和每个结点的权值，求所有从根结点到叶子结点的路径，使得每条路径上结点的权值之和等于给定的常数 S。如果有多条这样的路径，按路径非递增的顺序输出。其中路径的大小是指，如果两条路径分别为 $a_1\to a_2\to \cdots \to a_i\to a_n$ 与 $b_1\to b_2\to \cdots \to b_i\to b_m$，且有 $a_1 == b_1$、$a_2 == b_2$、$\cdots$、$a_{i-1} == b_{i-1}$ 成立，但 $a_i > b_i$，那么称第一条路径比第二条路径大。

样例解释

样例所给的树即题目描述中的树，从根到叶子的带权路径和为 24 的路径有 4 条，经过的结点标号分别为（括号中为点权）：

① 00(10)→04(5)→06(2)→09(7)。
② 00(10)→02(4)→05(10)。
③ 00(10)→03(3)→13(3)→17(6)→19(2)。

④　00(10)→03(3)→13(3)→17(6)→18(2)。

思路

步骤 1：这是一棵普通性质的树，因此以结构体 node 存放结点的数据域和指针域，其中指针域使用 vector 存放所有孩子结点的编号。又考虑到最后的输出需要按权值从大到小排序，因此不妨在读入时就事先对每个结点的子结点 vector 进行排序（即对 vector 中的结点按权值从大到小排序），这样在遍历时就会优先遍历到权值大的子结点。

步骤 2：以 int 型数组 path[MAXV]存放递归过程中产生的路径上的结点编号。接下来进行 DFS，参数有三个：当前访问的结点标号 index、当前路径 path 上的结点个数 numNode（也是递归层数，因为每深入一层，path 上就会多一个结点）以及当前路径上的权值和 sum。递归过程伪代码如下：

①　若 sum > S，直接返回。

②　若 sum == S，说明到当前访问结点 index 为止，输入中需要达到的 S 已经得到，这时如果结点 index 为叶子结点，则输出 path 数组中的所有数据；否则，直接返回。

③　若 sum < S，说明要求还未满足。此时枚举当前访问结点 index 的所有子结点，对每一个子结点 child，先将其存入 path[numNode]，然后在此基础上往下一层递归，下一层的递归参数为 child、numNode + 1、sum + node[child].weight。

具体代码如下：

```
//当前访问结点为 index, numNode 为当前路径 path 上的结点个数
//sum 为当前的结点点权和
void DFS(int index, int numNode, int sum) {
    if(sum > S) return;         //当前和 sum 超过 S，直接返回
    if(sum == S) {              //当前和 sum 等于 S
        if(Node[index].child.size() != 0) return;   //还没到叶子结点，直接返回
        //到达叶子结点，此时 path[]中存放了一条完整的路径，输出它
        for(int i = 0; i < numNode; i++) {
            printf("%d", Node[path[i]].weight);
            if(i < numNode - 1) printf(" ");
            else printf("\n");
        }
        return;     //返回
    }
    for(int i = 0; i < Node[index].child.size(); i++) {     //枚举所有子结点
        int child = Node[index].child[i];          //结点 index 的第 i 的子结点编号
        path[numNode] = child;         //将结点 child 加到路径 path 末尾
        DFS(child, numNode + 1, sum + Node[child].weight);  //递归进入下一层
    }
}
```

注意点

①　有多条路径时，有更高权值的路径应该先输出。由于在读入时已经对每个结点的所有

子结点按权值从大到小排序，所以在递归的过程中总是会先访问所有子结点中权值更大的，就能满足题意输出。

② 在递归的过程中保存路径有很多方法，这里介绍两种：

• 使用 path[] 数组表示路径，其中 path[i] 表示路径上第 i 个结点的编号（i 从 0 开始），然后使用初值为 0 的变量 numNode 作为下标，在递归过程中每向下递归一层，numNode 加 1。这样 numNode 就可以随时跟踪 path[] 数组当前的结点个数，便于随时将新的结点加入路径或者将旧的结点覆盖。

• 使用 STL 的 vector。vector 中有 push_back() 函数和 pop_back() 函数，其作用分别是将给定元素添加到 vector 的末尾和将 vector 的末尾元素删除。这样，当枚举当前访问结点的子结点的过程中，就可以先使用 push_back() 方法将子结点加入路径中，然后往下一层递归。最后在下一层递归回溯上来之后将前面加入的子结点 pop_back() 即可。

③ 题目要求是从根结点到叶结点的路径，所以在递归过程中出现 sum == S 时必须判断当前访问结点是否是叶结点（即是否有子结点）。只有当前访问结点不是叶结点，才能输出路径，如果不是叶结点，则必须返回。

④ 如果采用其他写法，一定要注意 cmp 函数中的所有情况都必须有返回值。这是因为程序需要能够处理有两条路径上结点 weight 完全相同的情况，否则最后一个测试点会返回"段错误"。下面是一组例子：

```
//input
4 1 2
1 1 1 1
00 3 01 02 03
//output
1 1
1 1
1 1
```

参考代码

```cpp
#include <cstdio>
#include <vector>
#include <algorithm>
using namespace std;
const int MAXN = 110;
struct node {
    int weight;            //数据域
    vector<int> child;   //指针域
} Node[MAXN];              //结点数组
bool cmp(int a, int b) {
    return Node[a].weight > Node[b].weight;        //按结点数据域从大到小排序
}
```

```
int n, m, S;            //结点数、边数及给定的和
int path[MAXN];         //记录路径
//当前访问结点为 index，numNode 为当前路径 path 上的结点个数
//sum 为当前的结点点权和
void DFS(int index, int numNode, int sum) {
    if(sum > S) return;         //当前和 sum 超过 S，直接返回
    if(sum == S) {              //当前和 sum 等于 S
        if(Node[index].child.size() != 0) return;    //还没到叶子结点，直接返回
        //到达叶子结点，此时 path[] 中存放了一条完整的路径，输出它
        for(int i = 0; i < numNode; i++) {
            printf("%d", Node[path[i]].weight);
            if(i < numNode - 1) printf(" ");
            else printf("\n");
        }
        return;         //返回
    }
    for(int i = 0; i < Node[index].child.size(); i++) {    //枚举所有子结点
        int child = Node[index].child[i];       //结点 index 的第 i 的子结点编号
        path[numNode] = child;          //将结点 child 加到路径 path 末尾
        DFS(child, numNode + 1, sum + Node[child].weight);  //递归进入下一层
    }
}

int main() {
    scanf("%d%d%d", &n, &m, &S);
    for(int i = 0; i < n; i++) {
        scanf("%d", &Node[i].weight);
    }
    int id, k, child;
    for(int i = 0; i < m; i++) {
        scanf("%d%d", &id, &k);     //结点编号及孩子结点的个数
        for(int j = 0; j < k; j++) {
            scanf("%d", &child);
            Node[id].child.push_back(child);    //child 为结点 id 的孩子
        }
        sort(Node[id].child.begin(), Node[id].child.end(), cmp);    //排序
    }
    path[0] = 0;    //路径的第一个结点设置为 0 号结点
    DFS(0, 1, Node[0].weight);  //DFS 求解
    return 0;
```

}

本节二维码

9.4 二叉查找树（BST）

A1043. Is it a Binary Search Tree (25)

Time Limit: 400 ms　Memory Limit: 65 536 KB

题目描述

A Binary Search Tree (BST) is recursively defined as a binary tree which has the following properties:

- The left subtree of a node contains only nodes with keys less than the node's key.
- The right subtree of a node contains only nodes with keys greater than or equal to the node's key.
- Both the left and right subtrees must also be binary search trees.

If we swap the left and right subtrees of every node, then the resulting tree is called the Mirror Image of a BST.

Now given a sequence of integer keys, you are supposed to tell if it is the preorder traversal sequence of a BST or the mirror image of a BST.

输入格式

Each input file contains one test case. For each case, the first line contains a positive integer N (≤1000). Then N integer keys are given in the next line. All the numbers in a line are separated by a space.

输出格式

For each test case, first print in a line "YES" if the sequence is the preorder traversal sequence of a BST or the mirror image of a BST, or "NO" if not. Then if the answer is "YES", print in the next line the postorder traversal sequence of that tree. All the numbers in a line must be separated by a space, and there must be no extra space at the end of the line.

（原题即为英文题）

输入样例 1

7

8 6 5 7 10 8 11

输出样例 1

YES
5 7 6 8 11 10 8

输入样例 2

7
8 10 11 8 6 7 5

输出样例 2

YES
11 8 10 7 5 6 8

输入样例 3

7
8 6 8 5 10 9 11

输出样例 3

NO

题意

给出 N 个正整数来作为一棵二叉排序树的结点插入顺序，问这串序列是否是该二叉排序树的先序序列或是该二叉排序树的镜像树的先序序列。所谓镜像树是指交换二叉树的所有结点的左右子树而形成的树（也即左子树所有结点数据域大于或等于根结点，而根结点数据域小于右子树所有结点的数据域）。如果是，则输出"YES"，并输出对应的树的后序序列；否则，输出"NO"。

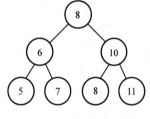

图 9-10　样例 1 的示意图

样例解释

样例 1
样例 1 的示意图如图 9-10 所示。
显然插入序列就是二叉排序树的先序序列。
样例 2
样例 2 的示意图如图 9-11 所示。
第一个样例中的二叉树如图 9-11 所示，而题目给出的序列恰好为该镜像树的先序序列，因此输出"YES"。
样例 3
样例 3 的示意图如图 9-12 所示。

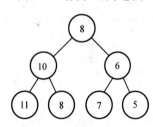

图 9-11　样例 2 的示意图

插入的序列显然既不是该二叉树的先序序列，也不是其镜像树的先序序列，故输出"NO"。

思路

通过给定的插入序列，构建出二叉排序树。对镜像树的先序遍历只需要在原树的先序遍历时交换左右子树的访问顺序即可，下面是示例代码。

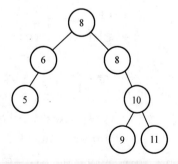

图 9-12　样例 3 的示意图

```
//镜像树先序遍历，结果存在 vi
void preOrderMirror(node* root, vector<int>& vi) {
```

```
        if(root == NULL) return;
        vi.push_back(root->data);
        preOrderMirror(root->right, vi);  //先遍历右子树,再遍历左子树
        preOrderMirror(root->left, vi);
    }
```

注意点

① 使用 vector 来存放初始序列、先序序列及镜像树先序序列,可以方便相互之间的比较。若使用数组,则比较操作就需要使用循环才能实现。

② 本题也可以在读入数据时同时建立其镜像二叉树,只需要将插入时的比较逻辑反过来即可。这样先序遍历和后序遍历只需要各写一个函数。

③ 定义根结点时要将其设为空节点(一开始是没有元素的);在新建结点时要注意将其左右子结点地址设为 NULL。

参考代码

```
#include <cstdio>
#include <vector>
using namespace std;
struct node{
    int data;                //数据域
    node *left ,*right;       //指针域
};

void insert(node* &root, int data) {
    if(root == NULL) {       //到达空结点时,即为需要插入的位置
        root = new node;
        root->data = data;
        root->left = root->right = NULL;    //此句不能漏
        return;
    }
    if(data < root->data) insert(root->left, data);      //插在左子树
    else insert(root->right, data);      //插在右子树
}
void preOrder(node* root, vector<int>& vi) {     //先序遍历,结果存在 vi
    if(root == NULL) return;
    vi.push_back(root->data);
    preOrder(root->left, vi);
    preOrder(root->right, vi);
}
//镜像树先序遍历,结果存在 vi
void preOrderMirror(node* root, vector<int>& vi) {
```

```
        if(root == NULL) return;
        vi.push_back(root->data);
        preOrderMirror(root->right, vi);
        preOrderMirror(root->left, vi);
}
void postOrder(node* root, vector<int>& vi) {    //后序遍历，结果存在 vi
        if(root == NULL) return;
        postOrder(root->left, vi);
        postOrder(root->right, vi);
        vi.push_back(root->data);
}
//镜像树后序遍历，结果存在 vi
void postOrderMirror(node* root, vector<int>& vi) {
        if(root == NULL) return;
        postOrderMirror(root->right, vi);
        postOrderMirror(root->left, vi);
        vi.push_back(root->data);
}
//origin 为初始序列，pre、post 为先序、后序，preM、postM 为镜像树先序、后序
vector<int> origin, pre, preM, post, postM;
int main() {
        int n, data;
        node* root = NULL;          //定义头结点
        scanf("%d", &n);            //输入结点个数
        for(int i = 0; i < n; i++) {
            scanf("%d", &data);
            origin.push_back(data);     //将数据加入 origin
            insert(root, data);          //将 data 插入二叉树
        }
        preOrder(root, pre);            //求先序
        preOrderMirror(root, preM);     //求镜像树先序
        postOrder(root, post);          //求后序
        postOrderMirror(root, postM);   //求镜像树后序
        if(origin == pre) {             //初始序列等于先序序列
            printf("YES\n");
            for(int i = 0; i < post.size(); i++) {
                printf("%d", post[i]);
                if(i < post.size() - 1) printf(" ");
            }
        } else if(origin == preM) {     //初始序列等于镜像树先序序列
```

```
        printf("YES\n");
        for(int i = 0; i < postM.size(); i++) {
            printf("%d", postM[i]);
            if(i < postM.size() - 1) printf(" ");
        }
    } else {
        printf("NO\n");        //否则输出 NO
    }
    return 0;
}
```

A1064. Complete Binary Search Tree (30)

Time Limit: 100 ms   Memory Limit: 65 536 KB

题目描述

A Binary Search Tree (BST) is recursively defined as a binary tree which has the following properties:

- The left subtree of a node contains only nodes with keys less than the node's key.

- The right subtree of a node contains only nodes with keys greater than or equal to the node's key.

- Both the left and right subtrees must also be binary search trees.

A Complete Binary Tree (CBT) is a tree that is completely filled, with the possible exception of the bottom level, which is filled from left to right.

Now given a sequence of distinct non-negative integer keys, a unique BST can be constructed if it is required that the tree must also be a CBT. You are supposed to output the level order traversal sequence of this BST.

输入格式

Each input file contains one test case. For each case, the first line contains a positive integer N (≤1000). Then N distinct non-negative integer keys are given in the next line. All the numbers in a line are separated by a space and are no greater than 2000.

输出格式

For each test case, print in one line the level order traversal sequence of the corresponding complete binary search tree. All the numbers in a line must be separated by a space, and there must be no extra space at the end of the line.

（原题即为英文题）

输入样例

10
1 2 3 4 5 6 7 8 9 0

输出样例

6 3 8 1 5 7 9 0 2 4

题意

给出 N 个非负整数，要用它们构建一棵完全二叉排序树。输出这棵完全二叉排序树的层序遍历序列。

样例解释

所构建的完全二叉排序树如图 9-13 所示。

思路

步骤 1：在配套用书 9.1.3 节已经讲过，如果使用数组来存放完全二叉树，那么对完全二叉树当中的任何一个结点（设编号为 x，其中根结点编号为 1），其左孩子结点的编号一定是 2x，而右孩子结点的编号一定是 2x+1。那么就可以开一个数组 CBT[maxn]，其中 CBT[1]～CBT[n] 按层序存放完全二叉树的 n 个结点，

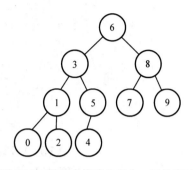

图 9-13　样例中构建的完全二叉排序树

这个数组就存放了一棵完全二叉树，只不过暂时还没有为其元素进行赋值。

步骤 2：考虑到对一棵二叉排序树来说，其中序遍历序列是递增的，那么思路就很清晰了：先将输入的数字从小到大排序，然后对 CBT 数组表示的二叉树进行中序遍历，并在遍历过程中将数字从小到大填入数组，最后就能得到一棵完全二叉排序树。而由于 CBT 数组就是按照二叉树的层序来存放结点的，因此只需要将数组元素按顺序输出即为层序遍历序列。

注意点

① 根结点下标必须为 1。
② 完全二叉树到达空结点的标志是当前结点 root 的编号大于结点个数 n。

参考代码

```cpp
#include <cstdio>
#include <algorithm>
using namespace std;
const int maxn = 1010;
//n 为结点数，number 用以存放结点权值，CBT 用以存放完全二叉树
//index 从小到大枚举 number 数组
int n, number[maxn], CBT[maxn], index = 0;
void inOrder(int root) {            //中序遍历
    if(root > n) return;           //空结点，直接返回
    inOrder(root * 2);             //往左子树递归
    CBT[root] = number[index++];   //根结点处赋值 number[index]
    inOrder(root * 2 + 1);         //往右子树递归
}
int main() {
    scanf("%d", &n);
    for(int i = 0; i < n; i++) {
        scanf("%d", &number[i]);
```

```
    }
    sort(number, number + n);        //从小到大排序
    inOrder(1);                      //1 号位为根结点
    for(int i = 1; i <= n; i++) {
        printf("%d", CBT[i]);        //CBT 数组本身就是层序
        if(i < n) printf(" ");
    }
    return 0;
}
```

A1099. Build a Binary Search Tree (30)

Time Limit: 100 ms   Memory Limit: 65 536 KB

题目描述

A Binary Search Tree (BST) is recursively defined as a binary tree which has the following properties:

- The left subtree of a node contains only nodes with keys less than the node's key.

- The right subtree of a node contains only nodes with keys greater than or equal to the node's key.

- Both the left and right subtrees must also be binary search trees.

Given the structure of a binary tree and a sequence of distinct integer keys, there is only one way to fill these keys into the tree so that the resulting tree satisfies the definition of a BST. You are supposed to output the level order traversal sequence of that tree. The sample is illustrated by Figure 9-14 and Figure 9-15.

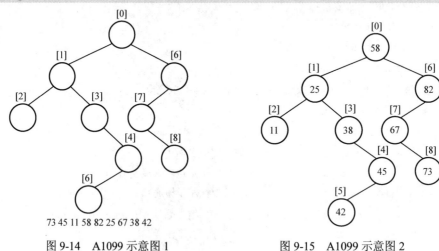

图 9-14   A1099 示意图 1   图 9-15   A1099 示意图 2

输入格式

Each input file contains one test case. For each case, the first line gives a positive integer N ($\leqslant 100$) which is the total number of nodes in the tree. The next N lines each contains the left and the right children of a node in the format "left_index right_index", provided that the nodes are numbered from 0 to N–1, and 0 is always the root. If one child is missing, then –1 will represent the NULL child pointer. Finally N distinct integer keys are given in the last line.

输出格式

For each test case, print in one line the level order traversal sequence of that tree. All the numbers must be separated by a space, with no extra space at the end of the line.

（原题即为英文题）

输入样例

```
9
1 6
2 3
-1 -1
-1 4
5 -1
-1 -1
7 -1
-1 8
-1 -1
73 45 11 58 82 25 67 38 42
```

输出样例

```
58 25 82 11 38 67 45 73 42
```

题意

二叉树有 N 个结点（结点编号为 0 ~ N–1），给出每个结点的左右孩子结点的编号（不存在用–1 表示）。接着给出一个 N 个整数的序列，需要把这 N 个整数填入二叉树的结点中，使得二叉树成为一棵二叉查找树。输出这棵二叉查找树的层序遍历序列。

样例解释

样例在题目描述中已经给出图形，其层序遍历序列就是 58 25 82 11 38 67 45 73 42。

思路

由于题目直接给的是结点编号的关系，因此使用二叉树的静态写法会比较方便。

对一棵二叉查找树来说，中序遍历序列是递增的，因此只需要把给定的整数序列从小到大排序，然后对给定的二叉树进行中序遍历，将排序后序列的整数按中序遍历的顺序填入二叉树，就可以形成二叉查找树。

注意点

由于根结点默认为 0 号结点，因此不需要寻找根结点。

参考代码

```cpp
#include <cstdio>
#include <queue>
#include <algorithm>
using namespace std;
```

```
const int maxn = 110;
struct node {        //二叉树的静态写法
    int data;
    int lchild, rchild;
} Node[maxn];
//n 为结点个数，in 为中序序列，num 为已经填入/输出的结点个数
int n, in[maxn], num = 0;
//中序遍历，将排序好的序列依次填入二叉树结点
void inOrder(int root) {
    if(root == -1) {
        return;
    }
    inOrder(Node[root].lchild);
    Node[root].data = in[num++];        //填入序列中的整数
    inOrder(Node[root].rchild);
}

//层序遍历
void BFS(int root) {
    queue<int> q;    //注意队列里是存地址
    q.push(root);    //将根结点地址入队
    num = 0;
    while(!q.empty()) {
        int now = q.front();    //取出队首元素
        q.pop();
        printf("%d", Node[now].data);    //访问队首元素
        num++;
        if(num < n) printf(" ");
        if(Node[now].lchild != -1) q.push(Node[now].lchild);    //左子树非空
        if(Node[now].rchild != -1) q.push(Node[now].rchild);    //右子树非空
    }
}
int main() {
    int lchild, rchild;
    scanf("%d", &n);    //结点个数
    for(int i = 0; i < n; i++) {
        scanf("%d%d", &lchild, &rchild);    //左右孩子结点的编号
        Node[i].lchild = lchild;
        Node[i].rchild = rchild;
    }
    for(int i = 0; i < n; i++) {
```

```
        scanf("%d", &in[i]);      //输入排序前的序列
    }
    sort(in, in + n);      //从小到大排序，作为中序序列
    inOrder(0);      //以 0 号结点为根结点进行中序遍历，填入整数
    BFS(0);      //输出层序遍历序列
    return 0;
}
```

本节二维码

9.5　平衡二叉树（AVL 树）

A1066. Root of AVL Tree (25)

Time Limit: 100 ms　　Memory Limit: 65 536 KB

题目描述

An AVL tree is a self-balancing binary search tree. In an AVL tree, the heights of the two child subtrees of any node differ by at most one; if at any time they differ by more than one, rebalancing is done to restore this property. Figure 9-16 ~ Figure 9-19 illustrate the rotation rules.

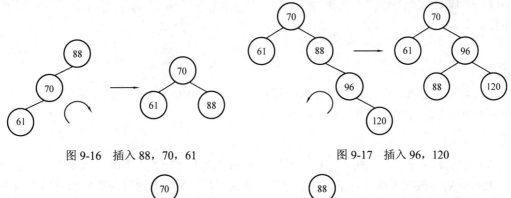

图 9-16　插入 88，70，61　　　　　图 9-17　插入 96，120

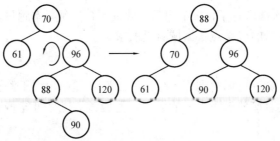

图 9-18　插入 90

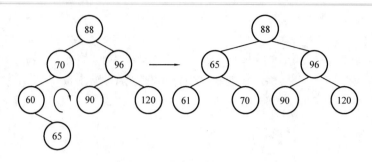

图 9-19　插入 65

Now given a sequence of insertions, you are supposed to tell the root of the resulting AVL tree.

输入格式

Each input file contains one test case. For each case, the first line contains a positive integer N (≤20) which is the total number of keys to be inserted. Then N distinct integer keys are given in the next line. All the numbers in a line are separated by a space.

输出格式

For each test case, print the root of the resulting AVL tree in one line.

输入样例 1

5
88 70 61 96 120

输出样例 1

70

输入样例 2

7
88 70 61 96 120 90 65

输出样例 2

88

题意

给出 N 个正整数，将它们依次插入一棵初始为空的 AVL 树上，求插入后根结点的值（样例的插入情况在题目中已给出，这里不再重复）。

思路

AVL 的全称是平衡二叉树，是在二叉排序树的基础上增加了"平衡"的要求。由于配套用书已经对 AVL 的插入操作有了详细的讲解，此处不再重复。本题只需要按题目输入的顺序将结点不断插入，插入后的根结点数据域就是所求。

注意点

本题直接输出中位数也可以得到许多分数（PAT 考题中，用于测试的数据点都对应一定的分数，因此考生不要直接放弃不会做的题目，而应该通过尽可能多地完成题目，以取得分数）。

参考代码

```
#include <cstdio>
```

```
#include <algorithm>
using namespace std;
struct node {
    int v, height;    //v 为结点权值，height 为当前子树高度
    node *lchild, *rchild;    //左右孩子结点地址
} *root;

//生成一个新结点，v 为结点权值
node* newNode(int v) {
    node* Node = new node;    //申请一个 node 型变量的地址空间
    Node->v = v;    //结点权值为 v
    Node->height = 1;    //结点高度初始为 1
    Node->lchild = Node->rchild = NULL;    //初始状态下没有左右孩子结点
    return Node;    //返回新建结点的地址
}
//获取以 root 为根结点的子树的当前 height
int getHeight(node* root) {
    if(root == NULL) return 0;    //空结点高度为 0
    return root->height;
}
//更新结点 root 的 height
void updateHeight(node* root) {
    //max(左孩子结点的 height, 右孩子结点的 height) + 1
    root->height = max(getHeight(root->lchild),getHeight(root->rchild))+1;
}
//计算结点 root 的平衡因子
int getBalanceFactor(node* root) {
    //左子树高度减右子树高度
    return getHeight(root->lchild) - getHeight(root->rchild);
}
//左旋（Left Rotation）
void L(node* &root) {
    node* temp = root->rchild;    //root 指向结点 A，temp 指向结点 B
    root->rchild = temp->lchild;
    temp->lchild = root;
    updateHeight(root);    //更新结点 A 的高度
    updateHeight(temp);    //更新结点 B 的高度
    root = temp;
}
//右旋（Right Rotation）
```

```
void R(node* &root) {
    node* temp = root->lchild;    //root 指向结点 B，temp 指向结点 A
    root->lchild = temp->rchild;
    temp->rchild = root;
    updateHeight(root);    //更新结点 B 的高度
    updateHeight(temp);    //更新结点 A 的高度
    root = temp;
}
//插入权值为 v 的结点
void insert(node* &root, int v) {
    if(root == NULL) {    //到达空结点
        root = newNode(v);
        return;
    }
    if(v < root->v) {    //v 比根结点权值小
        insert(root->lchild, v);    //往左子树插入
        updateHeight(root);    //更新树高
        if(getBalanceFactor(root) == 2) {
            if(getBalanceFactor(root->lchild) == 1) {    //LL 型
                R(root);
            } else if(getBalanceFactor(root->lchild) == -1) {    //LR 型
                L(root->lchild);
                R(root);
            }
        }
    } else {    //v 比根结点权值大
        insert(root->rchild, v);    //往右子树插入
        updateHeight(root);    //更新树高
        if(getBalanceFactor(root) == -2) {
            if(getBalanceFactor(root->rchild) == -1) {    //RR 型
                L(root);
            } else if(getBalanceFactor(root->rchild) == 1) {    //RL 型
                R(root->rchild);
                L(root);
            }
        }
    }
}
//AVL 树的建立
node* Create(int data[], int n) {
```

```
    node* root = NULL;      //新建空根结点 root
    for(int i = 0; i < n; i++) {
        insert(root, data[i]);    //将 data[0]~data[n-1]插入 AVL 树中
    }
    return root;      //返回根结点
}

int main() {
    int n, v;
    scanf("%d", &n);
    for(int i = 0; i < n; i++) {
        scanf("%d", &v);
        insert(root, v);
    }
    printf("%d\n", root->v);
    return 0;
}
```

本节二维码

9.6　并查集

A1107. Social Clusters (30)

Time Limit: 1000 ms　Memory Limit: 65 536 KB

题目描述

When register on a social network, you are always asked to specify your hobbies in order to find some potential friends with the same hobbies. A "social cluster" is a set of people who have some of their hobbies in common. You are supposed to find all the clusters.

输入格式

Each input file contains one test case. For each test case, the first line contains a positive integer N ($\leqslant$1000), the total number of people in a social network. Hence the people are numbered from 1 to N. Then N lines follow, each gives the hobby list of a person in the following format:

K_i: $h_i[1]$ $h_i[2]$ $\cdots$ $h_i[K_i]$

where K_i (>0) is the number of hobbies, and $h_i[j]$ is the index of the j-th hobby, which is an integer in [1, 1000].

输出格式

For each case, print in one line the total number of clusters in the network. Then in the second line, print the numbers of people in the clusters in non-increasing order. The numbers must be separated by exactly one space, and there must be no extra space at the end of the line.

（原题即为英文题）

输入样例

```
8
3: 2 7 10
1: 4
2: 5 3
1: 4
1: 3
1: 4
4: 6 8 1 5
1: 4
```

输出样例

```
3
4 3 1
```

题意

有 N 个人，每个人喜欢若干项活动，如果两个人有任意一个活动相同，那么就称他们处于同一个社交网络（若 A 和 B 属于同一个社交网络，B 和 C 属于同一个社交网络，那么 A、B、C 属于同一个社交网络）。求这 N 个人总共形成了多少个社交网络。

样例解释

1 号喜欢活动 2、7、10，2 号喜欢活动 4，3 号喜欢活动 5、3。它们互相之间都没有共同喜欢的活动，因此分属于 3 个不同的社交网络。

4 号喜欢活动 4，因此和 2 号属于一个社交网络。

5 号喜欢活动 3，因此和 3 号属于一个社交网络。

6 号喜欢活动 4，因此和 2 号属于一个社交网络。

7 号喜欢活动 6、8、1、5，与 3 号共同喜欢活动 5，因此和 3 号属于一个社交网络。

8 号喜欢活动 4，因此和 2 号属于一个社交网络。

所以共有 3 个社交网络，其中拥有最多人数的社交网络为 2、4、6、8 号共 4 个人；第二多人数的社交网络为 3、5、7 号共 3 个人，最少人数的社交网络为 1 号共 1 个人。

思路

和配套用书中的"好朋友"问题类似，如果 A 和 B 是好朋友，并且 B 和 C 是好朋友，那么 A 和 C 也是好朋友。本题中判断两个人是好朋友的条件为他们有公共喜欢的活动，因此不妨开一个数组 course，其中 course[h] 用以记录任意一个喜欢活动 h 的人的编号，这样的话 findFather(course[h]) 就是这个人所在的社交网络的根结点。于是，对当前读入的人的编号 i 和他喜欢的每一个活动 h，只需要合并 i 与 findFather(course[h]) 即可。

至于最后集合个数的计数，只需要像配套用书中写的那样开一个 int 型数组 isRoot（其中 isRoot[x]代表以 x 号人作为根结点的社交网络中有多少人，如果 x 不是根结点，则 isRoot[x] 为 0），之后遍历 i、让 isRoot[findFather(i)]加 1 即可。

注意点

本题加不加路径压缩均可，运行速度都非常快。

参考代码

```
#include <cstdio>
#include <algorithm>
using namespace std;
const int N = 1010;
int father[N];     //存放父亲结点
int isRoot[N] = {0};     //记录每个结点是否作为某个集合的根结点
int course[N] = {0};
int findFather(int x) {     //查找 x 所在集合的根结点
    int a = x;
    while(x != father[x]) {
        x = father[x];
    }
    //路径压缩
    while(a != father[a]) {
        int z = a;
        a = father[a];
        father[z] = x;
    }
    return x;
}
void Union(int a, int b) {     //合并 a 和 b 所在的集合
    int faA = findFather(a);
    int faB = findFather(b);
    if(faA != faB) {
        father[faA] = faB;
    }
}
void init(int n) {     //初始化 father[i]为 i，且 flag[i]为 false
    for(int i = 1; i <= n; i++) {
        father[i] = i;
        isRoot[i] = false;
    }
}
```

```
bool cmp(int a, int b) {       //将 isRoot 数组从大到小排序
    return a > b;
}
int main() {
    int n, k, h;
    scanf("%d", &n);       //人数
    init(n);       //要记得初始化
    for(int i = 1; i <= n; i++) {       //对每个人
        scanf("%d:", &k);       //活动个数
        for(int j = 0; j < k; j++) {       //对每个活动
            scanf("%d", &h);       //输入 i 号人喜欢的活动 h
            if(course[h] == 0) {       //如果活动 h 第一次有人喜欢
                course[h] = i;       //令 i 喜欢活动 h
            }
            Union(i, findFather(course[h]));       //合并
        }
    }
    for(int i = 1; i <= n; i++) {
        isRoot[findFather(i)]++;       //i 的根结点是 findFather(i)，人数加 1
    }
    int ans = 0;       //记录集合数目
    for(int i = 1; i <= n; i++) {
        if(isRoot[i] != 0) {
            ans++;       //只统计 isRoot[i]不为 0 的
        }
    }
    printf("%d\n", ans);       //输出集合个数
    sort(isRoot + 1, isRoot + n + 1, cmp);       //从大到小排序
    for(int i = 1; i <= ans; i++) {       //依次输出每个集合内的人数
        printf("%d", isRoot[i]);
        if(i < ans) printf(" ");
    }
    return 0;
}
```

本节二维码

9.7 堆

A1098. Insertion or Heap Sort (25)

Time Limit: 100 ms   Memory Limit: 65 536 KB

题目描述

According to Wikipedia:

Insertion sort iterates, consuming one input element each repetition, and growing a sorted output list. Each iteration, insertion sort removes one element from the input data, finds the location it belongs within the sorted list, and inserts it there. It repeats until no input elements remain.

Heap sort divides its input into a sorted and an unsorted region, and it iteratively shrinks the unsorted region by extracting the largest element and moving that to the sorted region. it involves the use of a heap data structure rather than a linear-time search to find the maximum.

Now given the initial sequence of integers, together with a sequence which is a result of several iterations of some sorting method, can you tell which sorting method we are using?

输入格式

Each input file contains one test case. For each case, the first line gives a positive integer N (≤100). Then in the next line, N integers are given as the initial sequence. The last line contains the partially sorted sequence of the N numbers. It is assumed that the target sequence is always ascending. All the numbers in a line are separated by a space.

输出格式

For each test case, print in the first line either "Insertion Sort" or "Heap Sort" to indicate the method used to obtain the partial result. Then run this method for one more iteration and output in the second line the resuling sequence. It is guaranteed that the answer is unique for each test case. All the numbers in a line must be separated by a space, and there must be no extra space at the end of the line.

（原题即为英文题）

输入样例 1

```
10
3 1 2 8 7 5 9 4 6 0
1 2 3 7 8 5 9 4 6 0
```

输出样例 1

```
Insertion Sort
1 2 3 5 7 8 9 4 6 0
```

输入样例 2

```
10
3 1 2 8 7 5 9 4 6 0
```

```
6 4 5 1 0 3 2 7 8 9
```

输出样例 2

```
Heap Sort
5 4 3 1 0 2 6 7 8 9
```

题意

给出一个初始序列，可以对它使用插入排序或堆排序法进行排序。现在给出一个序列，试判断它是由插入排序还是堆排序产生的，并输出下一步将会产生的序列。

样例解释

样例 1

第二个序列是第一个序列依次插入 3、1、2、8、7 后生成的序列，因此是插入排序。下一个序列为插入 5 后生成的序列，即 1 2 3 5 7 8 9 4 6 0。

样例 2

目标序列最左边没有递增的元素，因此不是插入排序。目标序列是由 3 次堆调整得到的（观察最右边 3 个元素是连续递增的也可以大致得到结论）。

思路

本题与 A1089 非常类似，需要直接模拟插入排序和堆排序的每一步过程。具体做法为：先进行插入排序，如果执行过程中发现与给定序列吻合，那么说明是插入排序，计算出下一步将会产生的序列后结束算法；如果不是插入排序，那么一定是堆排序，模拟堆排序的过程，如果执行过程中发现与给定序列吻合，那么计算出下一步将会产生的序列后结束算法。堆排序的过程和模板在配套用书中已经介绍过，此处不再赘述。

注意点

① 本题参考代码中插入部分直接用 sort 实现，可以节省编码时间，插入排序的详细代码可以参考 A1089。

② 和 A1089 一样的陷阱：初始序列不参与比较是否与目标序列相同（也就是说，题目中说的中间序列是不包括初始序列的）。下面给出一组示例数据：

```
//input
4
3 4 2 1
3 4 2 1
//output
Insertion Sort
2 3 4 1
```

参考代码

```cpp
#include <cstdio>
#include <algorithm>
using namespace std;
const int N = 111;
int origin[N], tempOri[N], changed[N];    //原始数组、原始数组备份及目标数组
```

```
int n;        //元素个数
bool isSame(int A[], int B[]) {        //判断数组 A 和数组 B 是否相同
    for (int i = 1; i <= n; i++) {
        if (A[i] != B[i]) return false;
    }
    return true;
}
bool showArray(int A[]) {        //输出数组
    for (int i = 1; i <= n; i++) {
        printf("%d", A[i]);
        if(i < n) printf(" ");
    }
    printf("\n");
}
bool insertSort() {        //插入排序
    bool flag = false;        //记录是否存在数组中间步骤与 changed 数组相同
    for(int i = 2; i <= n; i++) {        //进行 n-1 趟排序
        if(i != 2 && isSame(tempOri, changed)) {
            flag = true;        //中间步骤与目标相同，且不是初始序列
        }
        //插入部分直接用 sort 代替
        sort(tempOri, tempOri + i + 1);
        if(flag == true) {
            return true;        //如果 flag 为 true，则说明已达到目标数组，返回 true
        }
    }
    return false;        //无法达到目标数组，返回 false
}
//对 heap 数组在[low, high]范围进行调整
//其中 low 为欲调整结点的数组下标，high 一般为堆的最后一个元素的数组下标
void downAdjust(int low, int high) {
    int i = low, j = i * 2;        //i 为欲调整结点，j 为其左孩子结点
    while(j <= high) {        //存在孩子结点
        //如果右孩子结点存在，且右孩子结点的值大于左孩子结点
        if(j + 1 <= high && tempOri[j + 1] > tempOri[j]) {
            j = j + 1;        //让 j 存储右孩子结点下标
        }
        //如果孩子结点中最大的权值比父亲结点大
        if(tempOri[j] > tempOri[i]) {
            swap(tempOri[j], tempOri[i]);        //交换最大权值的孩子结点与父亲结点
```

```
            i = j;      //令i为j、令j为i的左孩子结点，进入下一层
            j = i * 2;
        } else {
            break;      //孩子结点的权值均比父亲结点的小，调整结束
        }
    }
}
void heapSort() {     //堆排序
    bool flag = false;
    for(int i = n / 2; i >= 1; i--) {
        downAdjust(i, n);     //建堆
    }
    for(int i = n; i > 1; i--) {
        if(i != n && isSame(tempOri, changed)) {
            flag = true;     //中间步骤与目标相同，且不是初始序列
        }
        swap(tempOri[i], tempOri[1]);     //交换heap[i]与堆顶
        downAdjust(1, i - 1);     //调整堆顶
        if(flag == true) {
            showArray(tempOri);     //已达到目标数组，返回true
            return;
        }
    }
}
int main() {
    scanf("%d", &n);
    for (int i = 1; i <= n; i++) {
        scanf("%d", &origin[i]);     //输入起始数组
        tempOri[i] = origin[i];     //tempOri数组为备份，排序在tempOri上进行
    }
    for (int i = 1; i <= n; i++) {
        scanf("%d", &changed[i]);     //目标数组
    }
    if (insertSort()) {     //如果插入排序中找到目标数组
        printf("Insertion Sort\n");
        showArray(tempOri);
    } else {     //到达此处时一定是堆排序
        printf("Heap Sort\n");
        for(int i = 1; i <= n; i++) {
            tempOri[i] = origin[i];     //还原tempOri数组
```

```
    }
    heapSort();    //堆排序
    }
    return 0;
}
```

本节二维码

9.8 赫夫曼树

本节在 PAT 上没有对应的练习题，请使用配套用书上的训练题。

本节二维码

本章二维码

第 10 章　提高篇（4）——图算法专题

10.1　图的定义和相关术语

本节在 PAT 上没有对应的练习题，请使用配套用书上的训练题。

本节二维码

10.2　图的存储

本节在 PAT 上没有对应的练习题，请使用配套用书上的训练题。

本节二维码

10.3　图的遍历

本节目录		
A1013	Battle over cities	25
A1021	Deepest Root	25
A1034	Head of a Gang	30
A1076	Forwards on Weibo	30

A1013. Battle over cities (25)
Time Limit: 400 ms　Memory Limit: 65 536 KB

题目描述

It is vitally important to have all the cities connected by highways in a war. If a city is occupied by the enemy, all the highways from/toward that city are closed. We must know immediately if we need to repair any other highways to keep the rest of the cities connected. Given the map of cities which have all the remaining highways marked, you are supposed to tell the number of highways need to be repaired, quickly.

For example, if we have 3 cities and 2 highways connecting $city_1$-$city_2$ and $city_1$-$city_3$. Then if $city_1$ is occupied by the enemy, we must have 1 highway repaired, that is the highway $city_2$-$city_3$.

输入格式

Each input file contains one test case. Each case starts with a line containing 3 numbers N (<1000), M and K, which are the total number of cities, the number of remaining highways, and the number of cities to be checked, respectively. Then M lines follow, each describes a highway by 2 integers, which are the numbers of the cities the highway connects. The cities are numbered from 1 to N. Finally there is a line containing K numbers, which represent the cities we concern.

输出格式

For each of the K cities, output in a line the number of highways need to be repaired if that city is lost.

（原题即为英文题）

输入样例

```
3 2 3
1 2
1 3
1 2 3
```

输出样例

```
1
0
0
```

题意

给定一个无向图并规定，当删除图中的某个顶点时，将会同时把与之连接的边一起删除。接下来给出 k 个查询，每个查询给出一个欲删除的顶点编号，求删除该顶点（和与其连接的边）后需要增加多少条边，才能使图变为连通（注：k 次查询均在原图上进行）。

样例解释

样例 1 的示意图如图 10-1 所示。

针对 3 个查询（即分别删除 V_1、V_2、V_3），情况如下：

① 删除 V_1，剩下两个顶点 V_2、V_3，且不连通，若要使它们变为连通，则需要在 V_2 与 V_3 之间添加一条边。

② 删除 V_2，剩下两个顶点 V_1、V_3，且连通，故不需要添加额外的边。

图 10-1　样例 1 的示意图

③ 删除 V_3，剩下两个顶点 V_1、V_2，且连通，故不需要添加额外的边。

思路

步骤 1：先考虑第一个问题：给定一个无向图，如何计算需要增加的边，使得整个图连通。

现在进行如下考虑。假设无向图 G 有 n 个连通块 b_1、b_2、…、b_n，那么可以在 b_1 与 b_2 之间添加一条边、在 b_2 与 b_3 之间添加一条边、……、在 b_{n-1} 与 b_n 之间添加一条边，即可使得整个图 G 连通，且这种做法添加的边数一定是最少的。显然，需要添加的边数等于连通块个数减 1。

步骤 2：此时问题转化为求一个无向图 G 的连通块个数，而这一般有两种方法：图的遍历和并查集。

① 图的遍历：图的遍历过程中总是每次访问单个连通块，并将该连通块内的所有顶点都标记为已访问，然后去访问下个连通块，因此可以在访问过程中同时计数遍历的连通块的个数，就能得到需要添加的边数。

② 并查集：判断无向图每条边的两个顶点是否在同一个集合内，如果在同一个集合内，则不做处理；否则，将这两个顶点加入同一个集合。最后统计有集合的个数即可。

步骤 3：最后讨论如何删除顶点。事实上，不必真的删除数据结构中的顶点，而是当访问到该顶点时返回即可，这样就能起到删除顶点的作用。

注意点

① 使用并查集时必须进行路径压缩，否则会数据超时。

② 由于是无向图，因此在读入数据时需要将两个方向的边都进行存储。

参考代码

（1）图的遍历（DFS）

```cpp
#include <cstdio>
#include <cstring>
#include <vector>
using namespace std;
const int N = 1111;
vector<int> G[N];      //邻接表
bool vis[N];           //标记顶点 i 是否已被访问

int currentPoint;      //当前需要删除的顶点编号
//dfs(v)遍历顶点 v 所在的连通块
void dfs(int v) {
    if(v == currentPoint) return;   //当遍历到已删除顶点 v 时，返回
    vis[v] = true;       //标记顶点 v 已被访问
    for(int i = 0; i < G[v].size(); i++) {  //遍历 v 的所有邻接点
        if(vis[G[v][i]] == false) {      //如果顶点 G[v][i]未被访问
            dfs(G[v][i]);        //访问顶点 G[v][i]
        }
    }
}

int n, m, k;
int main() {
    scanf("%d%d%d", &n, &m, &k);      //输入顶点数、边数及查询数
    for(int i = 0; i < m; i++) {
        int a, b;
        scanf("%d%d", &a, &b);        //输入边的两个顶点
```

```
        G[a].push_back(b);           //边 a->b
        G[b].push_back(a);           //边 b->a
    }
    for(int query = 0; query < k; query++) {      //k 次查询
        scanf("%d", &currentPoint);           //欲删除的顶点编号
        memset(vis, false, sizeof(vis));       //初始化 vis 数组为 false
        int block = 0;                //连通块个数，初值为 0
        for(int i = 1; i <= n; i++) {         //枚举每个顶点
            if(i!=currentPoint && vis[i]==false) {  //如果未被删除且未被访问
                dfs(i);       //遍历顶点 i 所在的连通块
                block++;      //连通块个数加 1
            }
        }
        printf("%d\n", block - 1);   //输出连通块个数减 1，表示需要增加的边
    }
    return 0;
}
```

（2）并查集

```
#include <cstdio>
#include <vector>
using namespace std;
const int N = 1111;
vector<int> G[N];       //邻接表

int father[N];          //存放父亲结点
bool vis[N];            //记录结点是否已被访问
int findFather(int x) {      //查找 x 所在集合的根结点
    int a = x;
    while(x != father[x]) {
        x = father[x];
    }
    //路径压缩，否则会数据超时
    while(a != father[a]) {
        int z = a;
        a = father[a];
        father[z] = x;
    }
    return x;
}
void Union(int a, int b) {  //合并 a 和 b 所在的集合
```

```
        int faA = findFather(a);
        int faB = findFather(b);
        if(faA != faB) {
            father[faA] = faB;
        }
    }


    //初始化 father 数组与 hashTable 数组
    void init() {
        for(int i = 1; i < N; i++) {
            father[i] = i;
            vis[i] = false;
        }
    }


    int n, m, k;
    int main() {
        scanf("%d%d%d", &n, &m, &k);       //输入顶点数、边数及查询数
        for(int i = 0; i < m; i++) {
            int a, b;
            scanf("%d%d", &a, &b);          //输入边的两个顶点
            G[a].push_back(b);              //边 a->b
            G[b].push_back(a);              //边 b->a
        }
        int currentPoint;      //当前需要删除的顶点编号
        for(int query = 0; query < k; query++) {      //k 次查询
            scanf("%d", &currentPoint);
            init();             //初始化 father 数组与 hashTable 数组
            for(int i = 1; i <= n; i++) {
                for(int j = 0; j < G[i].size(); j++) {    //枚举每条边
                    int u = i, v = G[i][j];               //边的两个端点 u, v
                    if(u == currentPoint || v == currentPoint) continue;
                    Union(u, v);              //合并 u 和 v 所在集合
                }
            }
            int block = 0;                    //连通块个数
            for(int i = 1; i <= n; i++) {     //遍历所有结点
                if(i == currentPoint) continue;
                int fa_i = findFather(i);     //顶点 i 所在连通块的根结点为 fa_i
                if(vis[fa_i] == false) {      //如果当前连通块的根结点未被访问
```

```
        block++;              //连通块个数加 1
        vis[fa_i] = true;          //当前连通块的根结点设为已访问
    }
  }
  printf("%d\n", block - 1);      //输出连通块个数减 1，即需要增加的边数
 }
 return 0;
}
```

A1021. Deepest Root (25)

Time Limit: 1500 ms　Memory Limit: 65 536 KB

题目描述

A graph which is connected and acyclic can be considered a tree. The height of the tree depends on the selected root. Now you are supposed to find the root that results in a highest tree. Such a root is called *the deepest root*.

输入格式

Each input file contains one test case. For each case, the first line contains a positive integer N (≤10 000) which is the number of nodes, and hence the nodes are numbered from 1 to N. Then N–1 lines follow, each describes an edge by given the two adjacent nodes' numbers.

输出格式

For each test case, print each of the deepest roots in a line. If such a root is not unique, print them in increasing order of their numbers. In case that the given graph is not a tree, print "Error: K components" where K is the number of connected components in the graph.

（原题即为英文题）

输入样例 1

```
5
1 2
1 3
1 4
2 5
```

输出样例 1

```
3
4
5
```

输入样例 2

```
5
1 3
1 4
2 5
3 4
```

输出样例 2

Error: 2 components

题意

给出 N 个结点与 N–1 条边，问：它们能否形成一棵 N 个结点的树？如果能，则从中选出结点作为树根，使得整棵树的高度最大。输出所有满足要求的可以作为树根的结点。

样例解释

样例 1

5 个结点分别作为树根时，树的形态如图 10-2 所示，可以得出结论：以 3、4、5 号结点为树根时，可以得到的树的高度最大。

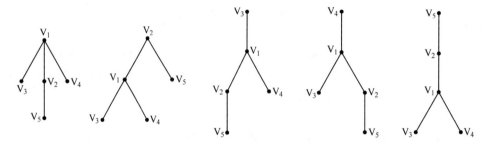

图 10-2 以 $V_1 \sim V_5$ 分别作树根的树

样例 2

根据数据作出的图形如图 10-3 所示，可以得出结论：该组数据形成了两个连通块，无法构成树。

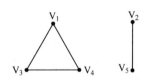

图 10-3 两个连通块无法构成树

思路

步骤 1：由于连通、边数为 N–1 的图一定是一棵树，因此需要先判断给定的数据能否使图连通，而这点可以很容易用并查集判断。具体做法为：每读入一条边的两个端点，判断这两个端点是否属于相同的集合（即集合的根结点是否相同），如果不同，则将它们合并到一个集合中。这样，当处理完所有边后就可以根据最终产生的集合个数是否为 1 来判断给定的图是否连通。

步骤 2：当图连通时，由于题目保证只有 N–1 条边，因此一定能确定是一棵树，下面的任务就是选择合适的根结点，使得树的高度最大。具体做法为：先任意选择一个结点，从该结点开始遍历整棵树，获取能达到的最深的顶点（记为结点集合 A）；然后从集合 A 中任意一个结点出发遍历整棵树，获取能达到的最深的顶点（记为结点集合 B）。这样集合 A 与集合 B 的并集即为所求的使树高最大的根结点。

证明过程如下（第一步证明最重要）：

第一步，证明从任意结点出发进行遍历，得到的最深结点一定是所求根结点集合的一部分。

已知一棵树的使树高最大的根结点为 R，那么存在某个叶子结点 L，使得从 R 到 L 的长度即为树的最大树高（显然，R 与 L 同为所求根结点集合的一部分）。这里把 R 和 L 的路径拉成一条直线（称为树的**直径**，下同），如图 10-4 所示，从某个结点 X 开始进行遍历（图中省略了不必要的结点，以线段的概念长度代表结点之间的距离，下同）。假设遍历得到的**最深结点**是 Y，而 Y 既不是 R 也不是 L，那么一定有 $\overline{OY} > \overline{OL}$ 成立，于是有 $\overline{RO} + \overline{OY} = \overline{RO} + \overline{OL}$

成立，因此结点 Y 才是以 R 为根结点的产生最大树高的叶子结点，而这违背了之前给定的前提（R 到 L 的长度是树的最大树高），因此假设（遍历得到的最深结点 Y 既不是 R 也不是 L）不成立，由此得出结论：从任意结点 X 进行树的遍历，得到的最深结点一定是 R 或者 L，即所求根结点集合的一部分。

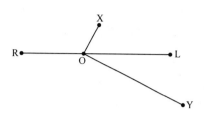

图 10-4　R 和 L 的路径成一条直线

第二步，证明所有直径一定有一段公共重合区间（或是交于一个公共点）。

先证明任意两条直径一定相交。假设存在两条不相交的直径 X–Y 与 W–Z（长度相同），如图 10-5 所示。由于树是连通的结构，因此在 X–Y 中一定存在一点 P，在 W–Z 中一定存在一点 Q，使得 PQ

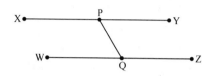

图 10-5　两条不相交的直径 X–Y 与 W–Z

互相可以到达的。这样就可以利用 P–Q 拼接出一条更长的直径，而这与 X–Y、W–Z 是两条不相交的直径矛盾，因此假设不成立，任意两条直径一定相交。

再证明所有直径一定有一段公共重合区间或一个公共点。

假设 3 条直径 X_1–Y_1、X_2–Y_2 以及 X_3–Y_3 相互相交，但不交于同一点（设交点分别为 P、Q、R），如图 10-6 所示。显然可以通过 P、Q、R 来拼接出更长的直径（例如 X_1–P–Q–R–Y_1 比 X_1–Y_1 长），因此假设不成立。公共重合区间的证明同理。因此所有直径一定有一段公共重合区间或一个公共点，形成类似于图 10-7 的结构，其中 A_1~A_m 与 B_1~B_k 为所有直径的端点，且 A_1~A_m 与结点 P 的距离相等，B_1~B_k 与结点 Q 的距离相等，直径为 A_1~A_m 到达 B_1~B_k 的任意组合。

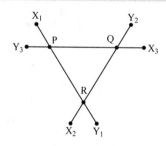

图 10-6　X_1–Y_1、X_2–Y_2 以及 X_3–Y_3 相交

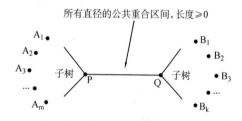

图 10-7　公共重合区间

第三步，证明两次遍历结果的并集为所求的根结点集合。

若第一次遍历选择的初始结点在 PQ 之间，则最深结点显然是 A_1~A_m 或者 B_1~B_k 中的其中一组（或者全部），而在第二次遍历时任取一个根结点即可遍历完整另外一侧的所有最深结点。同理，若第一次遍历选择的初始结点在 P 的左侧（或 Q 的右侧），那么最深结点一定是 B_1~B_k（或 A_1~A_m），这样在第一次遍历时任取一个根结点同样可以遍历完整另外一侧的所有最深结点，命题得证。

注意点

① 由于题目给定的是无向图，因此在邻接表中会同时存放两个方向的边，所以在使用 DFS/BFS 进行树的遍历时，需要记录当前结点的前驱结点，以免出现"走回头路"的情况。

② 程序必须能处理 N＝1 的特殊数据，即当输入 1 时，应当输出 1。

③ 如果使用 set 来代替 vector，则不需要进行排序和去重，读者不妨进行尝试练习。

④ 由于邻接矩阵会超内存，因此只能使用邻接表存储。

参考代码

```cpp
#include <cstdio>
#include <cstring>
#include <vector>
#include <algorithm>
using namespace std;
const int N = 100010;
vector<int> G[N];    //邻接表

bool isRoot[N];    //记录每个结点是否作为某个集合的根结点
int father[N];
int findFather(int x) {    //查找 x 所在集合的根结点
    int a = x;
    while(x != father[x]) {
        x = father[x];
    }
    //路径压缩（可不写）
    while(a != father[a]) {
        int z = a;
        a = father[a];
        father[z] = x;
    }
    return x;
}
void Union(int a, int b) {    //合并 a 和 b 所在的集合
    int faA = findFather(a);
    int faB = findFather(b);
    if(faA != faB) {
        father[faA] = faB;
    }
}
void init(int n) {        //并查集初始化
    for(int i = 1; i <= n; i++) {
        father[i] = i;
    }
}
```

```
int calBlock(int n) {      //计算连通块个数
    int Block = 0;
    for(int i = 1; i <= n; i++) {
        isRoot[findFather(i)] = true;   //i 的根结点是 findFather(i)
    }
    for(int i = 1; i <= n; i++) {
        Block += isRoot[i];    //累加根结点个数
    }
    return Block;
}


int maxH = 0;    //最大高度
vector<int> temp, Ans;  //temp 临时存放 DFS 的最远结点结果，Ans 保存答案

//DFS 函数，u 为当前访问结点编号，Height 为当前树高，pre 为 u 的父结点
void DFS(int u, int Height, int pre) {
    if(Height > maxH) {      //如果获得了更大的树高
        temp.clear();         //清空 temp
        temp.push_back(u);   //将当前结点 u 加入 temp 中
        maxH = Height;       //将最大树高赋给 maxH
    } else if(Height == maxH) {      //如果树高等于最大树高
        temp.push_back(u);          //将当前结点加入 temp 中
    }
    for(int i = 0; i < G[u].size(); i++) {   //遍历 u 的所有子结点
        //由于邻接表中存放无向图，因此需要跳过回去的边
        if(G[u][i] == pre) continue;
        DFS(G[u][i], Height + 1, u);     //访问子结点
    }
}


int main () {
    int a, b, n;
    scanf("%d", &n);
    init(n);         //并查集初始化
    for(int i = 1; i < n; i++) {
        scanf("%d%d", &a, &b);
        G[a].push_back(b);       //边 a->b
        G[b].push_back(a);       //边 b->a
        Union(a, b);             //合并 a 和 b 所在的集合
    }
```

```
    int Block = calBlock(n);      //计算集合数目
    if(Block != 1) {              //不止一个连通块
        printf("Error: %d components\n", Block);
    } else {
        DFS(1, 1, -1);            //从 1 号结点开始 DFS, 初始高度为 1
        Ans = temp;               //temp 为集合 A, 赋给 Ans
        DFS(Ans[0], 1, -1);       //从任意一个根结点开始遍历
        for(int i = 0; i < temp.size(); i++) {
            Ans.push_back(temp[i]);   //此时 temp 为集合 B, 将其加到 Ans 中
        }
        sort(Ans.begin(), Ans.end());    //按编号从小到大排序
        printf("%d\n", Ans[0]);
        for(int i = 1; i < Ans.size(); i++) {
            if(Ans[i] != Ans[i - 1]) {    //重复编号不输出
                printf("%d\n", Ans[i]);
            }
        }
    }
    return 0;
}
```

A1034. Head of a Gang (30)

Time Limit: 100 ms   Memory Limit: 65 536 KB

题目描述

One way that the police finds the head of a gang is to check people's phone calls. If there is a phone call between A and B, we say that A and B is related. The weight of a relation is defined to be the total time length of all the phone calls made between the two persons. A "Gang" is a cluster of more than 2 persons who are related to each other with total relation weight being greater than a given threthold K. In each gang, the one with maximum total weight is the head. Now given a list of phone calls, you are supposed to find the gangs and the heads.

输入格式

Each input file contains one test case. For each case, the first line contains two positive numbers N and K (both less than or equal to 1000), the number of phone calls and the weight threthold, respectively. Then N lines follow, each in the following format:

Name1 Name2 Time

where Name1 and Name2 are the names of people at the two ends of the call, and Time is the length of the call. A name is a string of three capital letters chosen from A-Z. A time length is a positive integer which is no more than 1000 minutes.

输出格式

For each test case, first print in a line the total number of gangs. Then for each gang, print in a line the name of the head and the total number of the members. It is guaranteed that the head is unique for each gang. The output must be sorted according to the alphabetical order of the names of the heads.

（原题即为英文题）

输入样例 1

```
8 59
AAA BBB 10
BBB AAA 20
AAA CCC 40
DDD EEE 5
EEE DDD 70
FFF GGG 30
GGG HHH 20
HHH FFF 10
```

输出样例 1

```
2
AAA 3
GGG 3
```

输入样例 2

```
8 70
AAA BBB 10
BBB AAA 20
AAA CCC 40
DDD EEE 5
EEE DDD 70
FFF GGG 30
GGG HHH 20
HHH FFF 10
```

输出样例 2

```
0
```

题意

给出若干人之间的通话长度（视为无向边），按照这些通话将他们分为若干个组。每个组的总边权设为该组内的所有通话的长度之和，而每个人的点权设为该人参与的通话长度之和。现在给定一个阈值 K，且只要一个组的总边权超过 K，并满足成员人数超过 2，则将该组视为"犯罪团伙（Gang）"，而该组内点权最大的人视为头目。要求输出"犯罪团伙"的个数，并按头目姓名字典序从小到大的顺序输出每个"犯罪团伙"的头目姓名和成员人数。

样例解释

样例 1

如图 10-8 所示（设 3 个相同的字母用一个字母表示，如 A 表示 AAA，下同），总共分为

3 个组，总边权从左至右分别为 70、75、60，均超过了阈值 59，但第二组只有两个成员（D 和 E），因此只有第一组和第三组被视为 Gang。其中，第一组的头目是 A（点权为 70），第三组的头目是 G（点权为 50）。

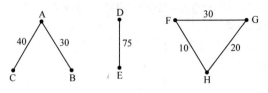

样例 2

阈值变为 70，因此这 3 组都不是 Gang。

图 10-8　样例 1 示意图

思路

步骤 1：首先要解决的问题是姓名与编号的对应关系，有两种方法：一是使用 map<string, int>直接建立字符串与整型的映射关系；二是使用字符串 hash 的方法将字符串转换为整型。编号与姓名的对应关系则可以直接用 string 数组进行定义，或者使用 map<int, string>也是可以的。

步骤 2：根据题目中的要求，需要获得每个人的点权，即与之相关的通话记录的时长之和，而这显然可以在读入时就进行处理（假设 A 与 B 的通话时长为 T，那么 A 和 B 的点权分别增加 T）。事实上，该步是在求与某个点相连的边的边权之和。

步骤 3：进行图的遍历。使用 DFS 遍历每个连通块，目的是获取每个连通块的头目（即连通块内点权最大的结点）、成员个数以及总边权。其中 DFS 对单个连通块的遍历逻辑如下：

```
//DFS 函数访问单个连通块，nowVisit 为当前访问的编号
//head 为头目，numMember 为成员编号，totalValue 为连通块的总边权，均为引用
void DFS(int nowVisit, int& head, int& numMember, int& totalValue) {
    numMember++;    //成员人数加 1
    vis[nowVisit] = true;    //标记 nowVisit 已访问
    if(weight[nowVisit] > weight[head]) {
        head = nowVisit;    //当前访问结点的点权大于头目的点权，则更新头目
    }
    for(int i = 0; i < numPerson; i++) {    //枚举所有人
        if(G[nowVisit][i] > 0) {    //如果从 nowVisit 能到达 i
            totalValue += G[nowVisit][i];    //连通块的总边权增加该边权
            G[nowVisit][i] = G[i][nowVisit] = 0;    //删除这条边，防止回头
            if(vis[i] == false) {    //如果 i 未被访问，则递归访问 i
                DFS(i, head, numMember, totalValue);
            }
        }
    }
}
```

步骤 4：通过步骤 3 可以获得连通块的总边权 totalValue。如果 totalValue 大于给定的阈值 K，且成员人数大于 2，则说明该连通块是一个团伙，就把该团伙的信息存储下来。

注：可以定义 map<string, int>，来建立团伙头目的姓名与成员人数的映射关系。由于 map 中元素自动按键从小到大排序，因此自动满足了题目要求的"姓名字典序从小到大输出"的规定。

```
//DFSTrave 函数遍历整个图，获取每个连通块的信息
void DFSTrave() {
    for(int i = 0; i < numPerson; i++) {        //枚举所有人
        if(vis[i] == false) {        //如果 i 未被访问
            int head=i, numMember=0, totalValue=0;  //头目、成员数及总边权
            DFS(i, head, numMember, totalValue);     //遍历 i 所在的连通块
            //如果成员数大于 2 且总边权大于 k
            if(numMember > 2 && totalValue > k) {
                //head 的人数为 numMember
                Gang[intToString[head]] = numMember;
            }
        }
    }
}
```

注意点

① 由于通话记录的条数最多有 1000 条，因此不同的人可能有 2000 人，所以数组大小必须在 2000 以上，否则会有一组数据"段错误"。

② map<type1, type2>是自动按键 type1 从小到大进行排序的，因此使用 map<string, int>建立头目姓名与成员人数的关系便于输出结果。当然，也可以使用结构体来存放头目姓名与成员人数，但会增加一定的代码量。

```
struct Gang {
    string head;        //团伙头目
    int numMember;      //成员数量
}arrayGang[maxn];
int numGang = 0;        //团伙个数
bool cmp(Gang a, Gang b) {
    return a.head < b.head;     //按头目姓名的字典序从小到大排序
}
```

③ 由于每个结点在访问后不应再次被访问，但是图中可能有环，即遍历过程中发生一条边连接已访问结点的情况。此时为了边权不被漏加，需要先累加边权，再去考虑结点递归访问的问题（样例中 FFF、GGG、HHH 的环在处理时就会碰到这种情况）。而这样做又可能导致一条边的边权被重复计算（例如累加完边 FFF->GGG 的边权后，当访问 GGG 时又会累加边 GGG->FFF 的边权），故需要在累加某条边的边权后将这条边删除（即将反向边的边权设为 0），以免走回头路、重复计算边权。

④ 本题也可以使用并查集解决。在使用并查集时，只要注意合并函数中需要总是保持点权更大的结点为集合的根结点（原先的合并函数是随意指定其中一个根结点为合并后集合的根结点），就能符合题目的要求。而为了达到题目对总边权与成员人数的要求，需要定义两个数组：一个数组用来存放以当前结点为根结点的集合的总边权；另一个数组用来存放以当前结点为根结点的集合中的成员人数。这样当所有通话记录合并处理完毕后，这两个数组就自

动存放了每个集合的总边权和成员人数，再根据题意进行筛选即可，这里不再给出相关代码。

参考代码

```cpp
#include <iostream>
#include <string>
#include <map>
using namespace std;
const int maxn = 2010;                //总人数

map<int, string> intToString;    //编号->姓名
map<string, int> stringToInt;    //姓名->编号
map<string, int> Gang;              //head->人数
int G[maxn][maxn] = {0}, weight[maxn] = {0};    //邻接矩阵G、点权weight
int n, k, numPerson = 0;            //边数n、下限k及总人数numPerson
bool vis[maxn] = {false};        //标记是否被访问

//DFS函数访问单个连通块，nowVisit为当前访问的编号
//head为头目，numMember为成员编号，totalValue为连通块的总边权
void DFS(int nowVisit, int& head, int& numMember, int& totalValue) {
    numMember++;      //成员人数加1
    vis[nowVisit] = true;    //标记nowVisit已访问
    if(weight[nowVisit] > weight[head]) {
        head = nowVisit;      //当前访问结点的点权大于头目的点权，则更新头目
    }
    for(int i = 0; i < numPerson; i++) {    //枚举所有人
        if(G[nowVisit][i] > 0) {    //如果从nowVisit能到达i
            totalValue += G[nowVisit][i];    //连通块的总边权增加该边权
            G[nowVisit][i] = G[i][nowVisit] = 0;    //删除这条边，防止回头
            if(vis[i] == false) {    //如果i未被访问，则递归访问i
                DFS(i, head, numMember, totalValue);
            }
        }
    }
}

//DFSTrave函数遍历整个图，获取每个连通块的信息
void DFSTrave() {
    for(int i = 0; i < numPerson; i++) {    //枚举所有人
        if(vis[i] == false) {    //如果i未被访问
            int head=i, numMember=0, totalValue=0;  //头目、成员数及总边权
```

```
            DFS(i, head, numMember, totalValue);      //遍历 i 所在的连通块
            //如果成员数大于 2 且总边权大于 k
            if(numMember > 2 && totalValue > k) {
                //head 的人数为 numMember
                Gang[intToString[head]] = numMember;
            }
        }
    }
}

//change 函数返回姓名 str 对应的编号
int change(string str) {
    if(stringToInt.find(str) != stringToInt.end()) {      //如果 str 已经出现过
        return stringToInt[str];            //返回编号
    } else {
        stringToInt[str] = numPerson;      //str 的编号为 numPerson
        intToString[numPerson] = str;      //numPerson 对应 str
        return numPerson++;                //总人数加 1
    }
}

int main() {
    int w;
    string str1, str2;
    cin >> n >> k;
    for(int i = 0; i < n; i++) {
        cin >> str1 >> str2 >> w;      //输入边的两个端点和点权
        int id1 = change(str1);        //将 str1 转换为编号 id1
        int id2 = change(str2);        //将 str2 转换为编号 id2
        weight[id1] += w;              //id1 的点权增加 w
        weight[id2] += w;              //id2 的点权增加 w
        G[id1][id2] += w;              //边 id1->id2 的边权增加 w
        G[id2][id1] += w;              //边 id2->id1 的边权增加 w
    }
    DFSTrave();       //遍历整个图的所有连通块，获取 Gang 的信息
    cout << Gang.size() << endl;      //Gang 的个数
    map<string, int>::iterator it;
    for(it = Gang.begin(); it != Gang.end(); it++) {      //遍历所有 Gang
        cout << it->first << " " << it->second << endl; //输出信息
    }
```

```
    return 0;
}
```

A1076. Forwards on Weibo (30)

Time Limit: 3000 ms   Memory Limit: 65 536 KB

题目描述

Weibo is known as the Chinese version of Twitter. One user on Weibo may have many followers, and may follow many other users as well. Hence a social network is formed with followers relations. When a user makes a post on Weibo, all his/her followers can view and forward his/her post, which can then be forwarded again by their followers. Now given a social network, you are supposed to calculate the maximum potential amount of forwards for any specific user, assuming that only L levels of indirect followers are counted.

输入格式

Each input file contains one test case. For each case, the first line contains 2 positive integers: N (≤1000), the number of users; and L (≤6), the number of levels of indirect followers that are counted. Hence it is assumed that all the users are numbered from 1 to N. Then N lines follow, each in the following format:

M[i] user_list[i]

where M[i] (≤100) is the total number of people that user[i] follows; and user_list[i] is a list of the M[i] users that are followed by user[i]. It is guaranteed that no one can follow oneself. All the numbers are separated by a space.

Then finally a positive K is given, followed by K UserID's for query.

输出格式

For each UserID, you are supposed to print in one line the maximum potential amount of forwards this user can triger, assuming that everyone who can view the initial post will forward it once, and that only L levels of indirect followers are counted.

（原题即为英文题）

输入样例

```
7 3
3 2 3 4
0
2 5 6
2 3 1
2 3 4
1 4
1 5
2 2 6
```

输出样例

```
4
5
```

题意

在微博中，每个用户都可能被若干其他用户关注。而当该用户发布一条信息时，他的关注者就可以看到这条信息并选择是否转发它，且转发的信息也可以被转发者的关注者再次转发，但同一用户最多只转发该信息一次（信息的最初发布者不能转发该信息）。现在给出 N 个用户的关注情况（即他们各自关注了哪些用户）以及一个转发层数上限 L，并给出最初发布消息的用户编号，求在转发层数上限内消息最多会被多少用户转发。

样例解释

输入样例中共有七个用户，转发层数上限为 3，信息的传递方向如图 10-9 所示。

① 当 2 号用户发布信息时，第一层转发的用户是 1 号，第二层转发的用户是 4 号，第三层转发的用户是 5 号和 6 号。因此在转发层数上限内，共有四个用户转发。

② 当 6 号用户发布信息时，第一层转发的用户是 3 号，第二层转发的用户是 1 号、4 号和 5 号，第三层转发的用户是 7 号。因此在转发层数上限内，共有五个用户转发。

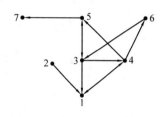

图 10-9　样例中信息的传递方向

思路

步骤 1：首先考虑如何建图。由于题目给定的数据是用户关注的情况（而不是被关注的情况），因此如果用户 X 关注了用户 Y，则需要建立由 Y 指向 X 的有向边，来表示 Y 发布的消息可以传递到 X 并被 X 转发。

步骤 2：在建图完毕后，使用 DFS 或者 BFS 都可以得到需要的结果。如果使用 DFS 来遍历，那么控制遍历深度不超过题目给定的层数 L 即可，遍历过程中对访问到的结点个数进行计数（细节处理会比较麻烦）。如果使用 BFS 来遍历，则需要把结点编号和层号建立成结构体，然后控制遍历层数不超过 L，具体写法已经在配套用书中讲述。参考代码以 BFS 遍历为例。

注意点

① 用户的编号为 1～N，而不是从 0 开始。

② 由于可能形成环，因此必须控制每个用户只能转发消息一次（即遍历时只能访问一次）。

③ 使用 DFS 遍历很容易出错，因为需要注意一种情况，即可能有一个用户 X 在第 i 次被访问，但是此时已经达到转发层数上限，故无法继续遍历。但若该用户可以通过另一条路径更快地被访问到，那么是可以继续深入遍历的。下面是一个例子（见图 10-10），当转发层数上限 L 为 3 时，从 1 号结点开始遍历，可以获得 1→2→3→4 的遍历序列，此时达到转发上限，

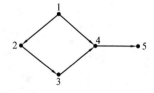

图 10-10　示例

却导致 5 号结点无法被访问（事实上可以通过 1→4→5 的遍历顺序访问到 5 号结点）。除此之外，DFS 还可能导致同一个结点的转发次数被重复计算（需要额外设置一个数组来记录结点是否已经转发过信息，才能最终解决此问题）。本题强烈不推荐使用 DFS 来写。

④ 如果 DFS 写得不够好，最后一组数据会运行超时，因此本题更推荐使用 BFS，且 BFS 不会出现③中的问题，写法更直接。

参考代码

```cpp
#include <cstdio>
#include <cstring>
#include <vector>
#include <queue>
using namespace std;
const int MAXV = 1010;
struct Node {
    int id;          //结点编号
    int layer;       //结点层号
};
vector<Node> Adj[MAXV];      //邻接表
bool inq[MAXV] = {false};    //顶点是否已被加入过队列

int BFS(int s, int L) {      //start 为起始结点，L 为层数上限
    int numForward = 0;      //转发数
    queue<Node> q;           //BFS 队列
    Node start;              //定义起始结点
    start.id = s;            //起始结点编号
    start.layer = 0;         //起始结点层号为 0
    q.push(start);           //将起始结点压入队列
    inq[start.id] = true;    //起始结点的编号设为已被加入过队列
    while(!q.empty()) {
        Node topNode = q.front();    //取出队首结点
        q.pop();                     //队首结点出队
        int u = topNode.id;          //队首结点的编号
        for(int i = 0; i < Adj[u].size(); i++) {
            Node next = Adj[u][i];   //从 u 出发能到达的结点 next
            next.layer = topNode.layer + 1;   //next 的层号等于当前结点层号加 1
            //如果 next 的编号未被加入过队列，且 next 的层次不超过上限 L
            if(inq[next.id] == false && next.layer <= L) {
                q.push(next);        //将 next 入队
                inq[next.id] = true; //next 的编号设为已被加入过队列
                numForward++;        //转发数加 1
            }
        }
    }
    return numForward;       //返回转发数
}
```

```
int main() {
    Node user;
    int n, L, numFollow, idFollow;
    scanf("%d%d", &n, &L);                   //结点个数及层数上限
    for(int i = 1; i <= n; i++) {
        user.id = i;                          //用户编号为 i
        scanf("%d", &numFollow);              //i 号用户关注的人数
        for(int j = 0; j < numFollow; j++) {
            scanf("%d", &idFollow);           //i 号用户关注的用户编号
            Adj[idFollow].push_back(user);    //边 idFollow->i
        }
    }
    int numQuery, s;
    scanf("%d", &numQuery);                   //查询个数
    for(int i = 0; i < numQuery; i++) {
        memset(inq, false, sizeof(inq));      //inq 数组初始化
        scanf("%d", &s);                      //起始结点编号
        int numForward = BFS(s, L);           //BFS，返回转发数
        printf("%d\n", numForward);           //输出转发数
    }
    return 0;
}
```

本节二维码

10.4　最短路径

本节目录		
A1003	Emergency	25
A1018	Public Bike Management	30
A1030	Travel Plan	30
A1072	Gas Station	30
A1087	All Roads Lead to Rome	30

A1003. Emergency (25)

Time Limit: 400 ms　Memory Limit: 65 536 KB

题目描述

As an emergency rescue team leader of a city, you are given a special map of your country. The map shows several scattered cities connected by some roads. Amount of rescue teams in each city and the length of each road between any pair of cities are marked on the map. When there is an emergency call to you from some other city, your job is to lead your men to the place as quickly as possible, and at the mean time, call up as many hands on the way as possible.

输入格式

Each input file contains one test case. For each test case, the first line contains 4 positive integers: N (≤500)—the number of cities (and the cities are numbered from 0 to N–1), M—the number of roads, C1 and C2—the cities that you are currently in and that you must save, respectively. The next line contains N integers, where the i-th integer is the number of rescue teams in the i-th city. Then M lines follow, each describes a road with three integers c1, c2 and L, which are the pair of cities connected by a road and the length of that road, respectively. It is guaranteed that there exists at least one path from C1 to C2.

输出格式

For each test case, print in one line two numbers: the number of different shortest paths between C1 and C2, and the maximum amount of rescue teams you can possibly gather.
All the numbers in a line must be separated by exactly one space, and there is no extra space allowed at the end of a line.

（原题即为英文题）

输入样例

```
5 6 0 2
1 2 1 5 3
0 1 1
0 2 2
0 3 1
1 2 1
2 4 1
3 4 1
```

输出样例

```
2 4
```

题意

给出 N 个城市，M 条无向边。每个城市中都有一定数目的救援小组，所有边的边权已知。现在给出起点和终点，求从起点到终点的最短路径条数及最短路径上的救援小组数目之和。如果有多条最短路径，则输出数目之和最大的。

样例解释

如图 10-11 所示，每个点的括号中是点权，每条边上标有边权。

从 0 号点到 2 号点最短路径的长度为 2，共有两条：0→2 及 0→1→2，两条路径上的点权之和分别为 2 和 4，因此选择

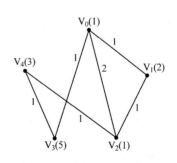

图 10-11　样例解释示意图

较大者 4。

思路

本题在求解最短距离的同时需要求解另外两个信息：最短路径条数和最短路径上的最大点权之和。因此可以直接使用配套用书讲解的方法，以 w[u] 表示从起点 s 到达顶点 u 可以得到的最大点权之和，初始为 0；以 num[u] 表示从起点 s 到达顶点 u 的最短路径条数，初始化时只有 num[s] 为 1、其余 num[u] 均为 0。接下来就可以在更新 d[v] 时同时更新这两个数组，核心代码如下：

```
if(vis[v] == false && G[u][v] != INF) {
    if(d[u] + G[u][v] < d[v]) {   //以 u 为中介点时能令 d[v] 变小
        d[v] = d[u] + G[u][v];   //覆盖 d[v]
        w[v] = w[u] + weight[v];   //覆盖 w[v]
        num[v] = num[u];   //覆盖 num[v]
    } else if(d[u] + G[u][v] == d[v]) {   //找到一条相同长度的路径
        if(w[u] + weight[v] > w[v]) {   //以 u 为中介点时点权之和更大
            w[v] = w[u] + weight[v];   //w[v] 继承自 w[u]
        }
        num[v] += num[u];   //注意最短路径条数与点权无关，必须写在外面
    }
}
```

注意点

① 输出的第一个数是最短路径条数，而不是最短距离。样例中的最短距离也是 2，因此容易理解错题意。

② 题目读入的顶点下标范围是 0 ~ n − 1，且边为无向边。

③ 当 d[u] + G[u][v] == d[v] 时，无论 w[u] + weight[v] > w[v] 是否成立，都应当让 num[v] += num[u]，因为最短路径条数的依据仅是第一标尺距离，与点权无关。

④ 可能有起点等于终点的数据。

参考代码

```
#include <cstdio>
#include <cstring>
#include <algorithm>
using namespace std;
const int MAXV = 510;          //最大顶点数
const int INF = 1000000000;     //无穷大

//n 为顶点数，m 为边数，st 和 ed 分别为起点和终点
//G 为邻接矩阵，weight 为点权
//d[] 记录最短距离，w[] 记录最大点权之和，num[] 记录最短路径条数
int n, m, st, ed, G[MAXV][MAXV], weight[MAXV];
int d[MAXV], w[MAXV], num[MAXV];
```

```
bool vis[MAXV] = {false};    //vis[i]==true 表示顶点 i 已访问, 初始均为 false

void Dijkstra(int s) {  //s 为起点
    fill(d, d + MAXV, INF);
    memset(num, 0, sizeof(num));
    memset(w, 0, sizeof(w));
    d[s] = 0;
    w[s] = weight[s];
    num[s] = 1;
    for(int i = 0; i < n; i++) {  //循环 n 次
        int u = -1, MIN = INF;  //u 使 d[u]最小, MIN 存放该最小的 d[u]
        for(int j = 0; j < n; j++) {  //找到未访问的顶点中 d[]最小的
            if(vis[j] == false && d[j] < MIN) {
                u = j;
                MIN = d[j];
            }
        }
        //找不到小于 INF 的 d[u], 说明剩下的顶点和起点 s 不连通
        if(u == -1) return;
        vis[u] = true;  //标记 u 为已访问
        for(int v = 0; v < n; v++) {
            //如果 v 未访问&& u 能到达 v &&以 u 为中介点可以使 d[v]更优
            if(vis[v] == false && G[u][v] != INF) {
                if(d[u] + G[u][v] < d[v]) {  //以 u 为中介点时能令 d[v]变小
                    d[v] = d[u] + G[u][v];  //覆盖 d[v]
                    w[v] = w[u] + weight[v];  //覆盖 w[v]
                    num[v] = num[u];  //覆盖 num[v]
                } else if(d[u] + G[u][v] == d[v]) {  //找到一条相同长度的路径
                    if(w[u] + weight[v] > w[v]) {  //以 u 为中介点时点权之和更大
                        w[v] = w[u] + weight[v];  //w[v]继承自 w[u]
                    }
                    //注意最短路径条数与点权无关, 必须写在外面
                    num[v] += num[u];
                }
            }
        }
    }
}

int main() {
```

```
scanf("%d%d%d%d", &n, &m, &st, &ed);
for(int i = 0; i < n; i++) {
    scanf("%d", &weight[i]);  //读入点权
}
int u, v;
fill(G[0], G[0] + MAXV * MAXV, INF);  //初始化图 G
for(int i = 0; i < m; i++) {
    scanf("%d%d", &u, &v);
    scanf("%d", &G[u][v]);  //读入边权
    G[v][u] = G[u][v];
}
Dijkstra(st);  //Dijkstra 算法入口
printf("%d %d\n", num[ed], w[ed]);  //最短距离条数，最短路径中的最大点权
return 0;
}
```

A1018. Public Bike Management (30)

Time Limit: 400 ms　Memory Limit: 65 536 KB

题目描述

There is a public bike service in Hangzhou City which provides great convenience to the tourists from all over the world. One may rent a bike at any station and return it to any other stations in the city.

The Public Bike Management Center (PBMC) keeps monitoring the real-time capacity of all the stations. A station is said to be in *perfect* condition if it is exactly half-full. If a station is full or empty, PBMC will collect or send bikes to adjust the condition of that station to perfect. And more, all the stations on the way will be adjusted as well.

When a problem station is reported, PBMC will always choose the shortest path to reach that station. If there are more than one shortest path, the one that requires the least number of bikes sent from PBMC will be chosen.

Figure 10-12 illustrates an example. The stations are represented by vertices and the roads correspond to the edges. The number on an edge is the time taken to reach one end station from another. The number written inside a vertex S is the current number of bikes stored at S. Given that the maximum capacity of each station is 10. To solve the problem at S_3, we have 2 different shortest paths:

① PBMC→S_1→S_3. In this case, 4 bikes must be sent from PBMC, because we can collect 1 bike from S_1 and then take 5 bikes to S_3, so that both stations will be in perfect conditions.

② PBMC→S_2→S_3. This path requires the same time as path 1, but only 3 bikes sent from PBMC and hence is the one that will

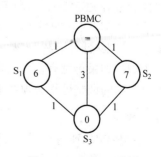

图 10-12　PBMC 示例

be chosen.

输入格式

Each input file contains one test case. For each case, the first line contains 4 numbers: C_{max} ($\leqslant 100$), always an even number, is the maximum capacity of each station; N ($\leqslant 500$), the total number of stations; S_p, the index of the problem station (the stations are numbered from 1 to N, and PBMC is represented by the vertex 0); and M, the number of roads. The second line contains N non-negative numbers C_i (i=1,$\cdots$ N) where each C_i is the current number of bikes at S_i respectively. Then M lines follow, each contains 3 numbers: S_i, S_j, and T_{ij} which describe the time T_{ij} taken to move betwen stations S_i and S_j. All the numbers in a line are separated by a space.

输出格式

For each test case, print your results in one line. First output the number of bikes that PBMC must send. Then after one space, output the path in the format: $0 \rightarrow S_1 \rightarrow \cdots \rightarrow S_p$. Finally after another space, output the number of bikes that we must take back to PBMC after the condition of S_p is adjusted to perfect.

Note that if such a path is not unique, output the one that requires minimum number of bikes that we must take back to PBMC. The judge's data guarantee that such a path is unique.

输入样例

```
10 3 3 5
6 7 0
0 1 1
0 2 1
0 3 3
1 3 1
2 3 1
```

输出样例

```
3 0->2->3 0
```

题意

城市里有一些公共自行车站，每个车站的自行车最大容量为一个偶数 Cmax，且如果一个车站中自行车的数量恰好为 Cmax / 2，那么称该车站处于"完美状态"。而如果一个车站容量是满的或是空的，那么控制中心（PBMC）就会携带或从路上收集一定数量的自行车前往该车站，以使问题车站及沿途所有车站都达到"完美状态"。现在给出 Cmax、车站数目 N（不含控制中心 PBMC）、问题车站编号 Sp、无向边数 M 及边权，求一条从 PBMC（记为 0 号）到达问题车站 Sp 的最短路径，输出需要从 PBMC 携带的自行车数目、最短路径、到达问题车站后需要带回的自行车数目。如果最短路径有多条，那么选择从 PBMC 携带的自行车数目最少的；如果仍然有多条，那么选择最后从问题车站带回的自行车数目最少的。注意：沿途所有车站的调整过程必须在前往问题车站的过程中就调整完毕，带回时不再调整。

样例解释

从 PBMC 到达 S_3 的最短路径有两条：PBMC$\rightarrow S_1 \rightarrow S_3$ 以及 PBMC$\rightarrow S_2 \rightarrow S_3$。

对第一条路径，从 PBMC 先到达 S_1，此时把 S_1 调整为"完美状态"后收集到了一辆，

然后到达 S_3 时用收集到的一辆填补空缺，但仍需 4 辆从 PBMC 携带。因此需要携带 4 辆，带回 0 辆。

对第二条路径，从 PBMC 先到达 S_2，此时把 S_2 调整为"完美状态"后收集到了两辆，然后到达 S_3 时用收集到的两辆填补空缺，但仍需 3 辆从 PBMC 携带。因此需要携带 3 辆，带回 0 辆。

由于第二条路径需要从 PBMC 携带的自行车数目更少，因此选择第二条路径。

思路

为了便于编写代码，不妨把每个点的点权（自行车数目）都减去 Cmax / 2，这样就可以用点权的正负来直接判断当前车站是需要补给还是需要带走额外的车辆。由于需要输出应从 PBMC 携带的自行车数目与从问题车站带回的自行车数目，因此对每个顶点来说需要增加两个属性：从 PBMC 到当前车站必须携带的自行车数目 Need 以及到达当前车站时手上多余的自行车数目 Remain。显然，如果当前车站 u 的点权 weight[u] 为正，说明需要从该车站额外带走自行车，因此新的 Remain 等于旧的 Remain 加上 weight[u]；而如果当前车站 u 的点权 weight[u] 为负，说明当前车站需要补给自行车的数量为 abs(weight[u])，此时如果 Remain 大于 0，就可以用来补给当前车站，但如果 Remain 不够完全补给，剩余部分需要从 PBMC 携带，故 Need 增加这个数值。代码如下：

```
int id = tempPath[i];
if(weight[id] > 0) {
    remain += weight[id];
} else {
    if(remain > abs(weight[id])) {
        remain -= abs(weight[id]);
    } else {
        need += abs(weight[id]) - remain;
        remain = 0;
    }
}
```

显然，本题可以使用 Dijkstra + DFS 的写法求解。具体做法是，先使用 Dijkstra 求出所有最短路径，然后用 DFS 从这些最短路径中选出 need 最小的（need 相同时选择 remain 最小的）。最短路径的条数既可以在 Dijkstra 部分顺便求出，也可以在 DFS 中边界条件处进行累计。

注意点

① 题意中最重要的"陷阱"：从起点 PBMC 出发到达问题站点 Sp 的过程中就要把路径上的所有站点都调整为最优状态，此后不再调整；并且决策时以距离作为第一标尺，当最短距离相同时选择从起点 PBMC 携带最少数量自行车的路径，在此基础上如果携带量最少的路径仍然有多条，则选择到达问题站点 Sp 后需要带回自行车的数量最少的路径。

② 本题不能只使用 Dijkstra 来解决，因为 minNeed 和 minRemain 在路径上的传递不满足最优子结构（不是简单的相加过程）。也就是说，只有当所有路径都确定后，才能去选择最小的 need 和最小的 remain。下面给出一组示例数据：

```
//input
```

```
10 4 4 5
4 8 9 0
0 1 1
1 2 1
1 3 2
2 3 1
3 4 1
//output
1 0->1->2->3->4 2
```

参考代码

```cpp
#include <cstdio>
#include <cstring>
#include <vector>
#include <algorithm>
using namespace std;
const int MAXV = 510;  //最大顶点数
const int INF = 1000000000;  //无穷大

//n 为顶点数，m 为边数，Cmax 为最大容量，Sp 为问题站点
//G 为邻接矩阵，weight 为点权，d[] 记录最短距离
//minNeed 记录最少携带的数目，minRemain 记录最少带回的数目
int n, m, Cmax, Sp, numPath = 0, G[MAXV][MAXV], weight[MAXV];
int d[MAXV], minNeed = INF, minRemain = INF;
bool vis[MAXV] = {false};  //vis[i]==true 表示顶点 i 已访问，初始均为 false
vector<int> pre[MAXV];           //前驱
vector<int> tempPath, path;      //临时路径及最优路径

void Dijkstra(int s) {  //s 为起点
    fill(d, d + MAXV, INF);
    d[s] = 0;
    for(int i = 0; i <= n; i++) {          //循环 n + 1 次
        int u = -1, MIN = INF;             //u 使 d[u] 最小，MIN 存放该最小的 d[u]
        for(int j = 0; j <= n; j++) {      //找到未访问的顶点中 d[] 最小的
            if(vis[j] == false && d[j] < MIN) {
                u = j;
                MIN = d[j];
            }
        }
        //找不到小于 INF 的 d[u]，说明剩下的顶点和起点 s 不连通
```

```
        if(u == -1) return;
        vis[u] = true;        //标记 u 为已访问
        for(int v = 0; v <= n; v++) {
            //如果 v 未访问 && u 能到达 v
            if(vis[v] == false && G[u][v] != INF) {
                if(d[u] + G[u][v] < d[v]) {
                    d[v] = d[u] + G[u][v];  //优化 d[v]
                    pre[v].clear();
                    pre[v].push_back(u);
                } else if(d[u] + G[u][v] == d[v]) {
                    pre[v].push_back(u);
                }
            }
        }
    }
}

void DFS(int v) {
    if(v == 0) {    //递归边界，叶子结点
        tempPath.push_back(v);
        //路径 tempPath 上需要携带的数目、需要带回的数目
        int need = 0, remain = 0;
        for(int i = tempPath.size() - 1; i >= 0; i--) {    //此处必须倒着枚举
            int id = tempPath[i];        //当前结点编号为 id
            if(weight[id] > 0) {         //点权大于 0，说明需要带走一部分自行车
                remain += weight[id];    //当前自行车持有量增加 weight[id]
            } else {                     //点权不超过 0，需要补给
                if(remain > abs(weight[id])) {  //当前持有量足够补给
                    remain -= abs(weight[id]);  //当前持有量减少补给的量
                } else {                        //当前持有量不够补给
                    need += abs(weight[id]) - remain; //不够的部分从 PBMC 携带
                    remain = 0;          //当前持有的自行车全部用来补给
                }
            }
        }
        if(need < minNeed) {        //需要从 PBMC 携带的自行车数目更少
            minNeed = need;         //优化 minNeed
            minRemain = remain;     //覆盖 minRemain
            path = tempPath;        //覆盖最优路径 path
        } else if(need == minNeed && remain < minRemain) {
            //携带数目相同，带回数目变少
```

```
            minRemain = remain;        //优化 minRemain
            path = tempPath;           //覆盖最优路径 path
        }
        tempPath.pop_back();
        return;
    }
    tempPath.push_back(v);
    for(int i = 0; i < pre[v].size(); i++) {
        DFS(pre[v][i]);
    }
    tempPath.pop_back();
}

int main() {
    scanf("%d%d%d%d", &Cmax, &n, &Sp, & m);
    int u, v;
    fill(G[0], G[0] + MAXV * MAXV, INF);   //初始化图 G
    for(int i = 1; i <= n; i++) {
        scanf("%d", &weight[i]);
        weight[i] -= Cmax / 2;          //点权减去容量的一半
    }
    for(int i = 0; i < m; i++) {
        scanf("%d%d", &u, &v);
        scanf("%d", &G[u][v]);
        G[v][u] = G[u][v];
    }
    Dijkstra(0);      //Dijkstra 算法入口
    DFS(Sp);
    printf("%d ", minNeed);
    for(int i = path.size() - 1; i >= 0; i--) {
        printf("%d", path[i]);
        if(i > 0) printf("->");
    }
    printf(" %d", minRemain);
    return 0;
}
```

A1030. Travel Plan (30)

Time Limit: 400 ms   Memory Limit: 65 536 KB

题目描述

A traveler's map gives the distances between cities along the highways, together with the cost of each highway. Now you are supposed to write a program to help a traveler to decide the shortest path between his/her starting city and the destination. If such a shortest path is not unique, you are supposed to output the one with the minimum cost, which is guaranteed to be unique.

输入格式

Each input file contains one test case. Each case starts with a line containing 4 positive integers N, M, S, and D, where N (≤500) is the number of cities (and hence the cities are numbered from 0 to N–1); M is the number of highways; S and D are the starting and the destination cities, respectively. Then M lines follow, each provides the information of a highway, in the format:

City1 City2 Distance Cost

where the numbers are all integers no more than 500, and are separated by a space.

输出格式

For each test case, print in one line the cities along the shortest path from the starting point to the destination, followed by the total distance and the total cost of the path. The numbers must be separated by a space and there must be no extra space at the end of output.

（原题即为英文题）

输入样例

```
4 5 0 3
0 1 1 20
1 3 2 30
0 3 4 10
0 2 2 20
2 3 1 20
```

输出样例

```
0 2 3 3 40
```

题意

有 N 个城市（编号为 0~N–1）、M 条道路（无向边），并给出 M 条道路的距离属性与花费属性。现在给定起点 S 与终点 D，求从起点到终点的最短路径、最短距离及花费。注意：如果有多条最短路径，则选择花费最小的那条。

样例解释

样例解释示意图如图 10-13 所示。

如图 10-13 所示，括号中为每条边的距离与花费。显然，从 V_0 号城市到达 V_3 号城市的最短距离为 3，最短路径有两条：$\{V_0{\rightarrow}V_1{\rightarrow}V_3\}$ 与 $\{V_0{\rightarrow}V_2{\rightarrow}V_3\}$，但是两条路径的花费分别为 50 与 40，因此选择花费较小的那条，即 $\{V_0{\rightarrow}V_2{\rightarrow}V_3\}$。

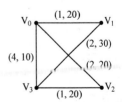

图 10-13　样例解释示意图

思路

本题除了求最短距离外，还要求两个额外信息：最短路径和最短路径上的最小花费之和，因此只使用 Dijkstra 算法或是使用 Dijkstra + DFS 都是可以的。另外，本题很适合作为这两种方法的练手，建议读者能都练习一下写法。

对只使用 Dijkstra 算法的写法，可以 cost[MAXV][MAXV]表示顶点间的花费（也即边权），c[MAXV]存放从起点 s 到达每个结点 u 的在最短路径下的最小花费，其中 c[s]在初始化时为 0。而针对最短路径，可以用 int 型 pre 数组存放每个结点的前驱，接下来就是按配套用书的过程在最短距离的更新过程中同时更新数组 c 和数组 pre，代码如下：

```
if(vis[v] == false && G[u][v] != INF) {
    if(d[u] + G[u][v] < d[v]) {          //以 u 为中介点时能令 d[v]变小
        d[v] = d[u] + G[u][v];           //优化 d[v]
        c[v] = c[u] + cost[u][v];        //优化 c[v]
        pre[v] = u;                      //令 v 的前驱为 u
    } else if(d[u] + G[u][v] == d[v]) {      //找到一条相同长度的路径
        if(c[u] + cost[u][v] < c[v]) {       //以 u 为中介点时 c[v]更小
            c[v] = c[u] + cost[u][v];        //优化 c[v]
            pre[v] = u;                      //令 v 的前驱为 u
        }
    }
}
```

对使用 Dijkstra＋DFS 的写法，Dijkstra 的部分可以直接将之前给出的模板写上。至于 DFS 部分，对当前得到的一条路径 tempPath，需要计算出该路径上的边权之和，然后令其与最小边权 minCost 进行比较，如果新路径的边权之和更小，则更新 minCost 和最优路径 path，核心代码如下：

```
if(v == st) {    //递归边界，到达叶子结点（路径起点）
    tempPath.push_back(v);
    int tempCost = 0;        //记录当前路径的花费之和
    for(int i = tempPath.size() - 1; i > 0; i--) {          //倒着访问
        int id = tempPath[i], idNext = tempPath[i - 1]; //当前结点和下个结点
        tempCost += cost[id][idNext];         //增加边 id->idNext 的边权
    }
    if(tempCost < minCost) {         //如果当前路径的边权之和更小
        minCost = tempCost;          //更新 minCost
        path = tempPath;             //更新 path
    }
    tempPath.pop_back();
    return;
}
```

注意点

① 本题的顶点编号范围为 $0 \sim n-1$。

② DFS 计算边权之和时，注意只需要访问 $n-1$ 条边，因此如果是倒着访问，那么循环条件应为 i > 0；如果是正着访问，那么循环条件应为 i < tempPath.size() -1。

参考代码

（1）Dijkstra 算法

```cpp
#include <cstdio>
#include <cstring>
#include <algorithm>
using namespace std;
const int MAXV = 510;   //最大顶点数
const int INF = 1000000000;   //无穷大


//n 为顶点数，m 为边数，st 和 ed 分别为起点和终点
//G 为距离矩阵，cost 为花费矩阵
//d[]记录最短距离，c[]记录最小花费
int n, m, st, ed, G[MAXV][MAXV], cost[MAXV][MAXV];
int d[MAXV], c[MAXV], pre[MAXV];
bool vis[MAXV] = {false};   //vis[i]==true 表示顶点 i 已访问，初值均为 false

void Dijkstra(int s) {           //s 为起点
    fill(d, d + MAXV, INF);       //fill 函数将整个 d 数组赋为 INF（慎用 memset）
    fill(c, c + MAXV, INF);
    for(int i = 0; i < n; i++) pre[i] = i;
    d[s] = 0;   //起点 s 到达自身的距离为 0
    c[s] = 0;   //起点 s 到达自身的花费为 0
    for(int i = 0; i < n; i++) {           //循环 n 次
        int u = -1, MIN = INF;       //u 使 d[u]最小，MIN 存放该最小的 d[u]
        for(int j = 0; j < n; j++) {     //找到未访问的顶点中 d[]最小的
            if(vis[j] == false && d[j] < MIN) {
                u = j;
                MIN = d[j];
            }
        }
        //找不到小于 INF 的 d[u]，说明剩下的顶点和起点 s 不连通
        if(u == -1) return;
        vis[u] = true;           //标记 u 为已访问
        for(int v = 0; v < n; v++) {
            //如果 v 未访问&& u 能到达 v
            if(vis[v] == false && G[u][v] != INF) {
                if(d[u] + G[u][v] < d[v]) {       //以 u 为中介点时能令 d[v]变小
                    d[v] = d[u] + G[u][v];       //优化 d[v]
                    c[v] = c[u] + cost[u][v];   //优化 c[v]
                    pre[v] = u;               //令 v 的前驱为 u
                } else if(d[u] + G[u][v] == d[v]) {       //找到一条相同长度的路径
```

```
                    if(c[u] + cost[u][v] < c[v]) {          //以 u 为中介点时 c[v]更小
                        c[v] = c[u] + cost[u][v];           //优化 c[v]
                        pre[v] = u;                         //令 v 的前驱为 u
                    }
                }
            }
        }
    }
}
void DFS(int v) {  //打印路径
    if(v == st) {
        printf("%d ", v);
        return;
    }
    DFS(pre[v]);
    printf("%d ", v);
}

int main() {
    scanf("%d%d%d%d", &n, &m, &st, &ed);
    int u, v;
    fill(G[0], G[0] + MAXV * MAXV, INF);   //初始化图 G
    for(int i = 0; i < m; i++) {
        scanf("%d%d", &u, &v);
        scanf("%d%d", &G[u][v], &cost[u][v]);
        G[v][u] = G[u][v];
        cost[v][u] = cost[u][v];
    }
    Dijkstra(st);    //Dijkstra 算法入口
    DFS(ed);         //打印路径
    printf("%d %d\n", d[ed], c[ed]);       //最短距离、最短路径下的最小花费
    return 0;
}
```

（2）Dijkstra + DFS

```
#include <cstdio>
#include <cstring>
#include <vector>
#include <algorithm>
using namespace std;
const int MAXV = 510;  //最大顶点数
```

```
const int INF = 1000000000;    //无穷大

//n 为顶点数，m 为边数，st 和 ed 分别为起点和终点
//G 为距离矩阵，cost 为花费矩阵
//d[]记录最短距离，minCost 记录最短路径上的最小花费
int n, m, st, ed, G[MAXV][MAXV], cost[MAXV][MAXV];
int d[MAXV], minCost = INF;
bool vis[MAXV] = {false};    //vis[i]==true 表示顶点 i 已访问，初值均为 false
vector<int> pre[MAXV];            //前驱
vector<int> tempPath, path;         //临时路径及最优路径

void Dijkstra(int s) {            //s 为起点
    fill(d, d + MAXV, INF);        //fill 函数将整个 d 数组赋为 INF（慎用 memset）
    d[s] = 0;                  //起点 s 到达自身的距离为 0
    for(int i = 0; i < n; i++) {        //循环 n 次
        int u = -1, MIN = INF;        //u 使 d[u]最小，MIN 存放该最小的 d[u]
        for(int j = 0; j < n; j++) {      //找到未访问的顶点中 d[]最小的
            if(vis[j] == false && d[j] < MIN) {
                u = j;
                MIN = d[j];
            }
        }
        //找不到小于 INF 的 d[u]，说明剩下的顶点和起点 s 不连通
        if(u == -1) return;
        vis[u] = true;          //标记 u 为已访问
        for(int v = 0; v < n; v++) {
            //如果 v 未访问&& u 能到达 v
            if(vis[v] == false && G[u][v] != INF) {
                if(d[u] + G[u][v] < d[v]) {      //以 u 为中介点使 d[v]更小
                    d[v] = d[u] + G[u][v];      //优化 d[v]
                    pre[v].clear();          //清空 pre[v]
                    pre[v].push_back(u);        //u 为 v 的前驱
                } else if(d[u] + G[u][v] == d[v]) {      //找到相同长度的路径
                    pre[v].push_back(u);        //u 为 v 的前驱之一
                }
            }
        }
    }
}
void DFS(int v) {    //v 为当前结点
```

```
        if(v == st) {    //递归边界，到达叶子结点（路径起点）
            tempPath.push_back(v);
            int tempCost = 0;           //记录当前路径的花费之和
            for(int i = tempPath.size() - 1; i > 0; i--) {            //倒着访问
                int id=tempPath[i], idNext=tempPath[i - 1]; //当前结点及下个结点
                tempCost += cost[id][idNext];         //增加边 id->idNext 的边权
            }
            if(tempCost < minCost) {            //如果当前路径的边权之和更小
                minCost = tempCost;             //更新 minCost
                path = tempPath;                //更新 path
            }
            tempPath.pop_back();
            return;
        }
        tempPath.push_back(v);
        for(int i = 0; i < pre[v].size(); i++) {
            DFS(pre[v][i]);
        }
        tempPath.pop_back();
}


int main() {
    scanf("%d%d%d%d", &n, &m, &st, &ed);
    int u, v;
    fill(G[0], G[0] + MAXV * MAXV, INF);   //初始化图 G
    fill(cost[0], cost[0] + MAXV * MAXV, INF);
    for(int i = 0; i < m; i++) {
        scanf("%d%d", &u, &v);
        scanf("%d%d", &G[u][v], &cost[u][v]);
        G[v][u] = G[u][v];
        cost[v][u] = cost[u][v];
    }
    Dijkstra(st);    //Dijkstra 算法入口
    DFS(ed);         //获取最优路径
    for(int i = path.size() - 1; i >= 0; i--) {
        printf("%d ", path[i]);         //倒着输出路径上的结点
    }
    printf("%d %d\n", d[ed], minCost);   //最短距离、最短路径上的最小花费
    return 0;
}
```

A1072. Gas Station (30)

Time Limit: 200 ms　Memory Limit: 65 536 KB

题目描述

A gas station has to be built at such a location that the minimum distance between the station and any of the residential housing is as far away as possible. However it must guarantee that all the houses are in its service range.

Now given the map of the city and several candidate locations for the gas station, you are supposed to give the best recommendation. If there are more than one solution, output the one with the smallest average distance to all the houses. If such a solution is still not unique, output the one with the smallest index number.

输入格式

Each input file contains one test case. For each case, the first line contains 4 positive integers: N ($\leqslant 10^3$), the total number of houses; M ($\leqslant 10$), the total number of the candidate locations for the gas stations; K ($\leqslant 10^4$), the number of roads connecting the houses and the gas stations; and D_S, the maximum service range of the gas station. It is hence assumed that all the houses are numbered from 1 to N, and all the candidate locations are numbered from G1 to GM.

Then K lines follow, each describes a road in the following format:

P1 P2 Dist

where P1 and P2 are the two ends of a road which can be either house numbers or gas station numbers, and Dist is the integer length of the road.

输出格式

For each test case, print in the first line the index number of the best location. In the next line, print the minimum and the average distances between the solution and all the houses. The numbers in a line must be separated by a space and be accurate up to 1 decimal place. If the solution does not exist, simply output "No Solution".

（原题即为英文题）

输入样例 1

```
4 3 11 5
1 2 2
1 4 2
1 G1 4
1 G2 3
2 3 2
2 G2 1
3 4 2
3 G3 2
4 G1 3
G2 G1 1
G3 G2 2
```

输出样例 1

G1
2.0 3.3

输入样例 2

2 1 2 10
1 G1 9
2 G1 20

输出样例 2

No Solution

题意

有 N 所居民房、M 个加油站待建点以及 K 条无向边。现在要从 M 个加油站待建点中选出一个来建造加油站，使得该加油站距离最近的居民房尽可能远，且必须保证所有房子与该加油站的距离都不超过给定的服务范围 DS。现在给出 N、M、K、DS，以及 K 条无向边的端点及边权，输出应当选择的加油站编号、与该加油站最近的居民房的距离、该加油站距离所有居民房的平均距离。如果有多个最近距离相同的解，那么选择平均距离最小的；如果平均距离也相同，则选择编号最小的。

样例解释

样例 1

样例 1 解释示意图如图 10-14 所示。

① 距离 G1 最近的居民房为 V_2 号，距离为 2（G1→G2→2），平均距离为 3.25。

② 距离 G2 最近的居民房为 V_2 号，距离为 1（G2→2），平均距离为 2.75。

③ 距离 G3 最近的居民房为 V_3 号，距离为 2（G3→3），平均距离为 3.50。

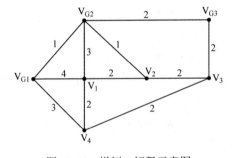

图 10-14　样例 1 解释示意图

显然，与最近居民房最远的加油站为 G1 和 G3，但 G1 的平均距离更小，因此选择 G1。

样例 2

只有一个加油站 G1，显然 G1 与 V_2 号居民房的距离为 20，超过了服务范围 10，因此无解。

思路

步骤 1：首先要解决顶点的编号问题。对居民房来说，输入的编号就是它的编号；对加油站来说，输入的编号去掉最前面的 'G' 后就是它的编号，但是为了与居民房区分，需要把加油站的编号加上居民房的个数来作为加油站的编号。例如，如果有 5 个居民房、3 个加油站，那么居民房的编号就是 1～5，而加油站的编号就是 6～8。因此需要按字符串的形式读入题目给定的编号，然后根据字符串首位是否为 'G' 来判断如何处理编号。

步骤 2：枚举每个加油站，使用 Dijkstra 算法来得到所有居民房距离该加油站的最短距离。但是要注意，本题中所有无向边都是真实存在的，也就是说，所有待选加油站也需要作为实际的顶点参与 Dijkstra 算法的计算。因此，Dijkstra 算法中的顶点编号范围应当是 1～(n + m)。

在得到某个加油站的数组 d[MAXV] 后，需要获取其中最小的元素（即该加油站与居民房的最近距离）及计算所有居民房（1 ~ n）与加油站的平均距离，过程中如果出现某个 d[i] 大于 DS，则说明存在居民房与该待选加油站的距离超过了服务范围，该待选加油站不合格。接下来，如果该最近距离比当前最大的最近距离还大，则更新最大的最近距离；如果最近距离相同，则更新最小的平均距离。

注意点

① 所有无向边均真实存在，因此在 Dijkstra 算法的过程中需要考虑所有加油站，因此算法中顶点范围是 1 ~ (n + m)。

② 由于 Dijkstra 算法需要重复多次，因此每次执行算法前都要重置 vis 数组为 false、d 数组为 INF。

③ 居民房与加油站的个数总和最大可以有 1010，因此数组大小需要大于 1010（1010 也不行，必须是 1011 起步，因为编号是从 1 开始）。

④ 本题是要使最近距离最大，因此定义存放**最大的最近距离**的变量时，其初值必须设为一个较小的数（例如–1）。

参考代码

```cpp
#include <cstdio>
#include <cstring>
#include <algorithm>
using namespace std;
const int MAXV = 1020;          //最大顶点数
const int INF = 1000000000;     //无穷大

//n 为顶点数，m 为加油站数，k 为边数，DS 为服务范围，G 为邻接矩阵
//d[]记录最短距离
int n, m, k, DS, G[MAXV][MAXV];
int d[MAXV];
bool vis[MAXV] = {false};    //vis[i]==true 表示顶点 i 已访问，初值均为 false

//Dijkstra 算法求所有顶点到起点 s 的最短距离
void Dijkstra(int s) {  //s 为起点
    memset(vis, false, sizeof(vis));    //初始化 vis 数组为 false
    fill(d, d + MAXV, INF);
    d[s] = 0;
    for(int i = 0; i < n + m; i++) {  //循环 n 次
        int u = -1, MIN = INF;  //u 使 d[u]最小，MIN 存放该最小的 d[u]
        for(int j = 1; j <= n + m; j++) {  //找到未访问的顶点中 d[]最小的
            if(vis[j] == false && d[j] < MIN) {
                u = j;
                MIN = d[j];
            }
```

```
        }
        //找不到小于 INF 的 d[u]，说明剩下的顶点和起点 s 不连通
        if(u == -1) return;
        vis[u] = true;  //标记 u 为已访问
        for(int v = 1; v <= n + m; v++) {
            //如果 v 未访问&& u 能到达 v
            if(vis[v] == false && G[u][v] != INF) {
                if(d[u] + G[u][v] < d[v]) {  //以 u 为中介点时能令 d[v]变小
                    d[v] = d[u] + G[u][v];  //覆盖 d[v]
                }
            }
        }
    }
}

//将 str[]转换为数字，若 str 是数字，则返回本身；否则返回去掉 G 之后的数加上 n
int getID(char str[]) {
    int i = 0, len = strlen(str), ID = 0;
    while(i < len) {
        if(str[i] != 'G') {       //只要不是 G，就转换为数字
            ID = ID * 10 + (str[i] - '0');
        }
        i++;
    }
    if(str[0] == 'G') return n + ID;      //首位是 G，返回 n + ID
    else return ID;        //首位不是 G，返回 ID
}


int main() {
    scanf("%d%d%d%d", &n, &m, &k, &DS);
    int u, v, w;
    char city1[5], city2[5];
    fill(G[0], G[0] + MAXV * MAXV, INF);  //初始化图 G
    for(int i = 0; i < k; i++) {
        scanf("%s %s %d", city1, city2, &w);     //以字符串读入城市编号
        u = getID(city1);        //转换为数字 id
        v = getID(city2);
        G[v][u] = G[u][v] = w;  //边权
    }
    //ansDis 存放使最大的最短距离
    //ansAvg 存放最小平均距离，ansID 存放最终加油站 ID
```

```
    double ansDis = -1, ansAvg = INF;

    int ansID = -1;

    for(int i = n + 1; i <= n + m; i++) {    //枚举所有加油站

        double minDis = INF, avg = 0;    //minDis 为最大的最近距离, avg 为平均距离

        Dijkstra(i);            //进行 Dijkstra 算法, 求出 d 数组

        for(int j = 1; j <= n; j++) {    //枚举所有居民房, 求出 minDis 与 avg

            if(d[j] > DS) {        //存在距离大于 DS 的居民房, 直接跳出

                minDis = -1;

                break;

            }

            if(d[j] < minDis) minDis = d[j];    //更新最大的最近距离

            avg += 1.0 * d[j] / n;              //获取平均距离

        }

        if(minDis == -1) continue;    //存在距离大于 DS 的居民房, 跳过该加油站

        if(minDis > ansDis) {        //更新最大的最近距离

            ansID = i;

            ansDis = minDis;

            ansAvg = avg;

        } else if(minDis == ansDis && avg < ansAvg) {    //更新最小平均距离

            ansID = i;

            ansAvg = avg;

        }

    }

    if(ansID == -1) printf("No Solution\n");    //无解

    else {

        printf("G%d\n", ansID - n);

        printf("%.1f %.1f\n", ansDis, ansAvg);

    }

    return 0;

}
```

A1087. All Roads Lead to Rome (30)

Time Limit: 200 ms   Memory Limit: 65 536 KB

题目描述

Indeed there are many different tourist routes from our city to Rome. You are supposed to find your clients the route with the least cost while gaining the most happiness.

输入格式

Each input file contains one test case. For each case, the first line contains 2 positive integers N (2≤N≤200), the number of cities, and K, the total number of routes between pairs of cities; followed by the name of the starting city. The next N−1 lines each gives the name of a city and an integer that represents the happiness one can gain from that city, except the starting city. Then K lines follow, each describes a route between two cities in the format "City1 City2 Cost". Here the name of a city is a string of 3 capital English letters, and the destination is always ROM which represents Rome.

输出格式

For each test case, we are supposed to find the route with the least cost. If such a route is not unique, the one with the maximum happiness will be recommended. If such a route is still not unique, then we output the one with the maximum average happiness—it is guaranteed by the judge that such a solution exists and is unique.

Hence in the first line of output, you must print 4 numbers: the number of different routes with the least cost, the cost, the happiness, and the average happiness (take the integer part only) of the recommended route. Then in the next line, you are supposed to print the route in the format "City1->City2->···->ROM".

（原题即为英文题）

输入样例

```
6 7 HZH
ROM 100
PKN 40
GDN 55
PRS 95
BLN 80
ROM GDN 1
BLN ROM 1
HZH PKN 1
PRS ROM 2
BLN HZH 2
PKN GDN 1
HZH PRS 1
```

输出样例

```
3 3 195 97
HZH->PRS->ROM
```

题意

有 N 个城市，M 条无向边。现在需要从某个给定的起始城市出发（除了起始城市外，其他每个城市都有一个"幸福值"），前往名为"ROM"的城市。给出每条边所需要消耗的花费，求从起始城市出发，到达城市 ROM 所需要的最少花费，并输出最少花费的路径。如果这样的路径有多条，则选择路径上城市的"幸福值"之和最大的那条。如果路径仍然不唯一，则选择路径上城市的平均幸福值最大的那条。

样例解释

样例解释示意图如图 10-15 所示。

从 HZH 到达 ROM 共有 3 条路径，其路径上的
花费之和均为 3，路径上的点权之和分别为 195、180、
195（图 10-15 中从上往下的 3 条路径），点权平均值
分别为 97.5、90、65。因此应当选择路径 HZH→PRS
→ROM。

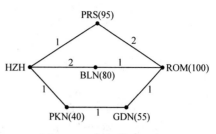

图 10-15　样例解释示意图

思路

本题中的边权只有"花费"的概念，因此可以
把它作为第一标尺，即把花费理解为距离。除了需
要求解从起点到终点的最短距离外，还要求输出最短路径、最短路径条数、路径上的点权之
和以及路径上的平均点权。如果有多条最短路径，则选择点权之和最大的一条；若点权之和
相同，则选择平均点权最大的一条。本题只使用 Dijkstra 算法或是使用 Dijkstra + DFS 都是可
以的，下面分别讲述。

（1）只使用 Dijkstra

显然，只有**平均点权**是之前没有接触过的，其余需要求解的都是配套用书上已经讲解过
的知识，因此这里只讲解平均点权如何记录和递推。

平均点权等于路径上的点权之和除以路径上的顶点数目，而点权之和 w[u] 已经有办法记
录，因此此处只需要额外记录从起点到顶点 u 的对应于点权之和 w[u] 的最短路径上的顶点数
目（即 w[u] 对应的路径上的顶点数目），不妨设为 pt[MAXV]。这样，每当以 u 为中介点能使
v 的某个数据优化时，pt[v] 均应赋值为 pt[u] + 1（想想为什么？）。于是，本题就相当于一堆
数组的"大杂烩"，只要按第一标尺、第二标尺、第三标尺等的顺序写清楚层次关系即可，核
心代码如下，希望读者能好好体会，因为这能使 Dijkstra 求解此类问题的理解上升一个层次。

```
if(vis[v] == false && G[u][v] != INF) {
    if(d[u] + G[u][v] < d[v]) {          //以 u 为中介点使 d[v] 更优
        d[v] = d[u] + G[u][v];           //优化 d[v]
        w[v] = w[u] + weight[v];         //覆盖 w[v]
        num[v] = num[u];                 //覆盖 num[v]
        pt[v] = pt[u] + 1;               //s->v 顶点个数等于 s->u 顶点个数加 1
        pre[v] = u;                      //v 的前驱为 u
    } else if(d[u] + G[u][v] == d[v]) {       //找到相同长度的路径
        num[v] += num[u];                //到 v 的最短路径条数继承自 num[u]
        if(w[u] + weight[v] > w[v]) {    //以 u 为中介点使 w[v] 更优
            w[v] = w[u] + weight[v];     //优化 w[v]
            pt[v] = pt[u] + 1;           //s->v 顶点个数等于 s->u 顶点个数加 1
            pre[v] = u;                  //v 的前驱为 u
        } else if(w[u] + weight[v] == w[v]) {    //找到相同点权之和的路径
            double uAvg = 1.0 * (w[u] + weight[v]) / (pt[u] + 1);
            double vAvg = 1.0 * w[v] / pt[v];
            if(uAvg > vAvg) {            //以 u 为中介点使平均点权更大
                pt[v] = pt[u] + 1; //s->v 顶点个数等于 s->u 顶点个数加 1
```

```
            pre[v] = u;          //v 的前驱为 u
        }
    }
  }
}
```

（2）使用 Dijkstra + DFS

这种做法的思路就简单许多。正如配套用书中说到的一样，Dijkstra 的目的在于把所有最短路径找出来，因此只需要考虑第一标尺，直接套用模板即可。而 DFS 将从所有最短路径中找出一条最优路径。显然，对某一条确定的路径 tempPath 来说，路径上的点权之和、平均点权都是很容易计算出来的，而最短路径条数既可以在 DFS 中记录，也可以在 Dijkstra 中顺带求解，因此本题使用 Dijkstra + DFS 的写法将会使思维难度降低很多。

注意点

① 本题没有强制顶点的输入范围，建议把起点设为 0 号顶点，而把其余顶点设为 1 ~ n–1 号顶点，以便解题。

② 由于起始顶点的点权没有给出，因此计算平均点权时是不计算起始顶点的，数组 pt 也应当初始化为 0。

③ 城市名称与编号的对应可以使用 map 直接实现，也可以使用字符串 hash。

参考代码

（1）只使用 Dijkstra

```cpp
#include <iostream>
#include <cstdio>
#include <cstring>
#include <map>
#include <string>
#include <algorithm>
using namespace std;
const int MAXV = 210;   //最大顶点数
const int INF = 1000000000;   //无穷大

//n 为顶点数, m 为边数, st 为起点, G 为邻接矩阵, weight 为点权（幸福值）
//d[]记录最短距离, w[]记录最大点权, num[]记录最短路径条数
//pt[]记录最短路径上的顶点数, pre[]记录前驱
int n, m, st, G[MAXV][MAXV], weight[MAXV];
int d[MAXV], w[MAXV], num[MAXV], pt[MAXV], pre[MAXV];
bool vis[MAXV] = {false};   //vis[i]==true 表示顶点 i 已访问, 初值均为 false
map<string, int> cityToIndex;   //将城市名转换为编号
map<int, string> indexToCity;   //将编号转换为城市名

void Dijkstra(int s) {   //s 为起点
```

```
fill(d, d + MAXV, INF);
memset(w, 0, sizeof(w));
memset(num, 0, sizeof(num));
memset(pt, 0, sizeof(pt));
for(int i = 0; i < n; i++) pre[i] = i;
d[s] = 0;
w[s] = weight[st];
num[s] = 1;
for(int i = 0; i < n; i++) {    //循环 n 次
    int u = -1, MIN = INF;  //u 使 d[u]最小, MIN 存放该最小的 d[u]
    for(int j = 0; j < n; j++) {    //找到未访问的顶点中 d[]最小的
        if(vis[j] == false && d[j] < MIN) {
            u = j;
            MIN = d[j];
        }
    }
    //找不到小于 INF 的 d[u]，说明剩下的顶点和起点 s 不连通
    if(u == -1) return;
    vis[u] = true;  //标记 u 为已访问
    for(int v = 0; v < n; v++) {
        //如果 v 未访问&& u 能到达 v
        if(vis[v] == false && G[u][v] != INF) {
            if(d[u] + G[u][v] < d[v]) {     //以 u 为中介点使 d[v]更优
                d[v] = d[u] + G[u][v];      //优化 d[v]
                w[v] = w[u] + weight[v];    //覆盖 w[v]
                num[v] = num[u];            //覆盖 num[v]
                pt[v] = pt[u] + 1;  //s->v 顶点个数等于 s->u 顶点个数加 1
                pre[v] = u;                 //v 的前驱为 u
            } else if(d[u] + G[u][v] == d[v]) {     //找到相同长度的路径
                num[v] += num[u];   //到 v 的最短路径条数继承自 num[u]
                if(w[u] + weight[v] > w[v]) {   //以 u 为中介点使 w[v]更优
                    w[v] = w[u] + weight[v];    //优化 w[v]
                    pt[v] = pt[u] + 1;  //s->v 顶点个数等于 s->u 顶点个数加 1
                    pre[v] = u;             //v 的前驱为 u
                } else if(w[u] + weight[v] == w[v]) {
                    //找到相同点权之和的路径
                    double uAvg = 1.0 * (w[u] + weight[v]) / (pt[u] + 1);
                    double vAvg = 1.0 * w[v] / pt[v];
                    if(uAvg > vAvg) {       //以 u 为中介点使平均点权更大
                        //s->v 顶点个数等于 s->u 顶点个数加 1
```

```
                            pt[v] = pt[u] + 1;
                            pre[v] = u;            //v 的前驱为 u
                        }
                    }
                }
            }
        }
    }
}
void printPath(int v) {        //输出路径
    if(v == 0) {
        cout << indexToCity[v];
        return;
    }
    printPath(pre[v]);
    cout << "->" << indexToCity[v];
}
int main() {
    string start, city1, city2;        //start 为起始城市
    cin >> n >> m >> start;            //读入城市数、边数及起始城市
    cityToIndex[start] = 0;            //起始城市下标记为 0
    indexToCity[0] = start;            //下标 0 对应起始城市的名称
    for(int i = 1; i <= n - 1; i++) {
        cin >> city1 >> weight[i];    //读入城市名称 city1 与其点权（幸福值）
        cityToIndex[city1] = i;        //城市 city1 下标记为 i
        indexToCity[i] = city1;        //下标 i 对应城市 city1 的名称
    }
    fill(G[0], G[0] + MAXV * MAXV, INF);    //初始化图 G
    for(int i = 0; i < m; i++) {
        cin >> city1 >> city2;        //边的两个端点
        int c1 = cityToIndex[city1], c2 = cityToIndex[city2];    //获取城市下标
        cin >> G[c1][c2];            //边权
        G[c2][c1] = G[c1][c2];        //无向边
    }
    Dijkstra(0);                      //Dijkstra 算法入口，0 号城市为起始城市
    int rom = cityToIndex["ROM"];     //获取结束城市 ROM 的下标
    printf("%d %d %d %d\n", num[rom], d[rom], w[rom], w[rom] / pt[rom]);
    printPath(rom);      //输出路径
    return 0;
}
```

（2）使用 Dijkstra + DFS

```cpp
#include <iostream>
#include <cstdio>
#include <cstring>
#include <vector>
#include <map>
#include <string>
#include <algorithm>
using namespace std;
const int MAXV = 210;    //最大顶点数
const int INF = 1000000000;   //无穷大


//n 为顶点数，m 为边数，st 为起点，G 为邻接矩阵，weight 为点权（幸福值）
//d[]记录最短距离，numPath 记录最短路径条数
//maxW 记录最大点权之和，maxAvg 为最大平均点权
int n, m, st, G[MAXV][MAXV], weight[MAXV];
int d[MAXV], numPath = 0, maxW = 0;
double maxAvg = 0;
bool vis[MAXV] = {false};    //vis[i]==true 表示顶点 i 已访问，初始均为 false
vector<int> pre[MAXV];           //前驱
vector<int> tempPath, path;       //临时路径及最优路径
map<string, int> cityToIndex;    //将城市名转换为编号
map<int, string> indexToCity;    //将编号转换为城市名


void Dijkstra(int s) {            //s 为起点
    fill(d, d + MAXV, INF);
    d[s] = 0;
    for(int i = 0; i < n; i++) {          //循环 n 次
        int u = -1, MIN = INF;            //u 使 d[u]最小，MIN 存放该最小的 d[u]
        for(int j = 0; j < n; j++) {      //找到未访问的顶点中 d[]最小的
            if(vis[j] == false && d[j] < MIN) {
                u = j;
                MIN = d[j];
            }
        }
        //找不到小于 INF 的 d[u]，说明剩下的顶点和起点 s 不连通
        if(u == -1) return;
        vis[u] = true;            //标记 u 为已访问
        for(int v = 0; v < n; v++) {
            //如果 v 未访问&& u 能到达 v
```

```
            if(vis[v] == false && G[u][v] != INF) {
                if(d[u] + G[u][v] < d[v]) {        //以u为中介点使d[v]更小
                    d[v] = d[u] + G[u][v];          //优化d[v]
                    pre[v].clear();                 //清空pre[v]
                    pre[v].push_back(u);            //u为v的前驱
                } else if(d[u] + G[u][v] == d[v]) {     //找到相同长度的路径
                    pre[v].push_back(u);            //u为v的前驱之一
                }
            }
        }
    }
}
void DFS(int v) {    //v为当前结点
    if(v == st) {    //递归边界，到达叶子结点（路径起点）
        tempPath.push_back(v);
        numPath++;        //最短路径条数加1
        int tempW = 0;  //临时路径tempPath的点权之和
        for(int i = tempPath.size() - 2; i >= 0; i--) {        //倒着访问
            int id = tempPath[i];     //当前结点
            tempW += weight[id];        //增加点id的点权（注意不是i）
        }
        double tempAvg = 1.0 * tempW / (tempPath.size() - 1); //临时平均点权
        if(tempW > maxW) {            //如果当前路径的点权之和更大
            maxW = tempW;             //优化maxW
            maxAvg = tempAvg;         //覆盖maxAvg
            path = tempPath;          //覆盖path
        } else if(tempW == maxW && tempAvg > maxAvg) {
            //点权之和相同，平均点权更大
            maxAvg = tempAvg;         //优化maxAvg
            path = tempPath;          //覆盖path
        }
        tempPath.pop_back();
        return;
    }
    tempPath.push_back(v);
    for(int i = 0; i < pre[v].size(); i++) {
        DFS(pre[v][i]);
    }
    tempPath.pop_back();
}
```

```
int main() {
    string start, city1, city2;
    cin >> n >> m >> start;
    cityToIndex[start] = 0;
    indexToCity[0] = start;
    for(int i = 1; i <= n - 1; i++) {
        cin >> city1 >> weight[i];
        cityToIndex[city1] = i;
        indexToCity[i] = city1;
    }
    fill(G[0], G[0] + MAXV * MAXV, INF);   //初始化图 G
    for(int i = 0; i < m; i++) {
        cin >> city1 >> city2;
        int c1 = cityToIndex[city1], c2 = cityToIndex[city2];
        cin >> G[c1][c2];
        G[c2][c1] = G[c1][c2];
    }
    Dijkstra(0);   //Dijkstra 算法入口
    int rom = cityToIndex["ROM"];
    DFS(rom);           //获取最优路径
    printf("%d %d %d %d\n", numPath, d[rom], maxW, (int)maxAvg);
    for(int i = path.size() - 1; i >= 0; i--) {
        cout << indexToCity[path[i]];        //倒着输出路径上的结点
        if(i > 0) cout << "->";
    }
    return 0;
}
```

本节二维码

10.5　最小生成树

本节在 PAT 上没有对应的练习题，请使用配套用书上的训练题。

本节二维码

10.6　拓扑排序

本节在 PAT 上没有对应的练习题，请使用配套用书上的训练题。

本节二维码

10.7　关键路径

本节在 PAT 上没有对应的练习题，请使用配套用书上的训练题。

本节二维码

本章二维码

第11章　提高篇（5）——动态规划专题

11.1　动态规划的递归写法和递推写法

本节在 PAT 上没有对应的练习题，请使用配套用书上的训练题。

本节二维码

11.2　最大连续子序列和

A1007. Maximum Subsequence Sum (25)

Time Limit: 400 ms　Memory Limit: 65 536 KB

题目描述

Given a sequence of K integers { N_1, N_2, $\cdots$, N_K }. A continuous subsequence is defined to be { N_i, N_{i+1}, $\cdots$, N_j } where $1 \leq i \leq j \leq K$. The *Maximum Subsequence* is the continuous subsequence which has the largest sum of its elements. For example, given sequence { –2, 11, –4, 13, –5, –2 }, its maximum subsequence is { 11, –4, 13 } with the largest sum being 20.

Now you are supposed to find the largest sum, together with the first and the last numbers of the maximum subsequence.

输入格式

Each input file contains one test case. Each case occupies two lines. The first line contains a positive integer K ($\leq$ 10000). The second line contains K numbers, separated by a space.

输出格式

For each test case, output in one line the largest sum, together with the first and the last numbers of the maximum subsequence. The numbers must be separated by one space, but there must be no extra space at the end of a line. In case that the maximum subsequence is not unique, output the one with the smallest indices i and j (as shown by the sample case). If all the K numbers are negative, then its maximum sum is defined to be 0, and you are supposed to output the first and the last numbers of the whole sequence.

（原题即为英文题）

输入样例

```
10
–10 1 2 3 4 –5 –23 3 7 –21
```

输出样例

```
10 1 4
```

题意

给一个数字序列 $a_1, a_2, \cdots, a_n$，求 i, j $(1 \leq i \leq j \leq n)$，使得 $a_i + \cdots + a_j$ 最大，输出最大和以及 a_i, a_j。

如果有多种方案使得和最大，那么输出其中 i, j 最小的一组。

如果所有数都小于 0，那么认为最大和为 0，并输出首尾元素。

样例解释

–10 1 2 3 4 –5 –23 3 7 –21

$1 + 2 + 3 + 4 = 10$，后面也有组 $3 + 7 = 10$，但是由于题目说输出从左到右最先遇到的方案，因此选择前者，输出 10 1 4（注意：1 跟 4 是数值而不是下标）。

思路

最大和的问题已经在配套用书中讲过，这里只需要看题目的另外一个要求，即输出这个最大连续子序列的首尾元素，而这其实可以通过配套用书 11.2 节讲解最大和时的步骤 2 策略直接得到：

以 s[i] 表示以 a[i] 作为结尾的最大连续子序列是从哪个元素开始（记录下标），那么根据上面的策略，

第一种情况，只有一个元素，这个最大连续子序列就是从 a[i] 开始，于是 s[i]=i；

第二种情况，注意到 dp[i] 和 dp[i – 1] 使用的是同一个起始元素 p，因此 s[i] = s[i – 1]。

于是 s[i] 可以在配套用书中步骤 2 的过程中同时求解，整个问题也就顺利完成了。最后只需要在得到 dp[0], ⋯, dp[n – 1] 最大值的过程中记录最大值的下标 k，然后输出 dp[k], a[s[k]], a[k] 即可。

可能会有读者问，第二种情况是否考虑到 dp[i – 1] 使用的是第一个策略，其实这个很简单，因为就算 dp[i – 1] 使用第一个策略（即 dp[i – 1] = a[i – 1], s[i – 1] = i – 1），dp[i] 仍然可以为 dp[i] = a[i – 1] + a[i] = dp[i – 1] + a[i]，也就是 p = i – 1。

注意点

① 进行 dp 数组的求解时，要注意先进行设定边界 dp[0]=a[0]，因为只有这个无法通过前面的元素得到（前面没有元素）。

② s[k] 存放的是下标，最后输出时要输出 a[s[k]]。

③ 特殊情况（全负的情况）在一开始就处理，这样可以节省时间。

④ 由于题目要求输出 i, j 最小的方案，因此计算 dp[i] 时，第二种情况的优先级更高，且最后仅当 dp[i] > MAX 时才更新 k，而不是 dp[i] ≥ MAX。

参考代码

```cpp
#include <cstdio>
const int maxn = 10010;
int a[maxn], dp[maxn];//a[i]存放序列，dp[i]存放以a[i]结尾的连续序列的最大和
```

```
int s[maxn] = {0};//s[i]表示产生 dp[i]的连续序列从 a 的哪一个元素开始
int main() {
    int n;
    scanf("%d", &n);
    bool flag = false;//flag 表示数组 a 中是否全小于 0
    for(int i = 0; i < n; i++) {//读入序列
        scanf("%d", &a[i]);
        if(a[i] >= 0) flag = true;//只要有一个数>=0，flag 就记 true
    }
    if(flag == false) {//如果 a 中所有数字都小于 0，则输出 0 以及首尾元素
        printf("0 %d %d\n", a[0], a[n - 1]);
        return 0;
    }
    //边界
    dp[0] = a[0];
    for(int i = 1; i < n; i++) {
        //状态转移方程
        if(dp[i - 1] + a[i] > a[i]) {
            dp[i] = dp[i - 1] + a[i];
            s[i] = s[i - 1];
        } else {
            dp[i] = a[i];
            s[i] = i;
        }
    }
    //因为 dp[i]存放的是以 a[i]结尾的连续序列的最大和
    //因此需要遍历 i 得到最大的才是结果
    int k = 0;
    for(int i = 1; i < n; i++) {
        if(dp[i] > dp[k]) {
            k = i;
        }
    }
    printf("%d %d %d\n", dp[k], a[s[k]], a[k]);
    return 0;
}
```

本节二维码

11.3　最长不下降子序列（LIS）

本节目录		
A1045	Favorite Color Stripe	30

A1045. Favorite Color Stripe (30)

Time Limit: 200 ms　Memory Limit: 65 536 KB

题目描述

Eva is trying to make her own color stripe out of a given one. She would like to keep only her favorite colors in her favorite order by cutting off those unwanted pieces and sewing the remaining parts together to form her favorite color stripe.

It is said that a normal human eye can distinguish about less than 200 different colors, so Eva's favorite colors are limited. However the original stripe could be very long, and Eva would like to have the remaining favorite stripe with the maximum length. So she needs your help to find her best result.

Note that the solution might not be unique, but you only have to tell her the maximum length. For example, given a stripe of colors {2 2 4 1 5 5 6 3 1 1 5 6}. If Eva's favorite colors are given in her favorite order as {2 3 1 5 6}, then she has 4 possible best solutions {2 2 1 1 1 5 6}, {2 2 1 5 5 5 6}, {2 2 1 5 5 6 6}, and {2 2 3 1 1 5 6}.

输入格式

Each input file contains one test case. For each case, the first line contains a positive integer N (≤200) which is the total number of colors involved (and hence the colors are numbered from 1 to N). Then the next line starts with a positive integer M (≤200) followed by M Eva's favorite color numbers given in her favorite order. Finally the third line starts with a positive integer L (≤10000) which is the length of the given stripe, followed by L colors on the stripe. All the numbers in a line are separated by a space.

输出格式

For each test case, simply print in a line the maximum length of Eva's favorite stripe.

（原题即为英文题）

输入样例

```
6
5 2 3 1 5 6
12 2 2 4 1 5 5 6 3 1 1 5 6
```

输出样例

```
7
```

题意

给出 m 种颜色作为主人公 Eva 喜欢的颜色（同时也给出顺序），然后给出一串长度为 L 的颜色序列。现在要去掉这个序列中 Eva 不喜欢的颜色，然后求剩余序列的一个子序列，使得这个子序列表示的颜色顺序符合 Eva 喜欢的颜色的顺序（不一定要所有喜欢的颜色都出

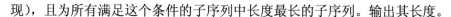

现），且为所有满足这个条件的子序列中长度最长的子序列。输出其长度。

思路

本题有两种做法：最长不下降子序列（LIS）和最长公共子序列（LCS），请读者分别用两种做法各通过一次该题。这里先讲解 LIS 的做法。

由于题目给出了 Eva 喜欢的颜色的顺序，而已知最长不下降子序列问题中寻找的子序列是一个非递减的序列，因此不妨将 Eva 喜欢的颜色按顺序映射到一个递增序列。如本题的样例，Eva 喜欢的 5 种颜色的顺序为{2, 3, 1, 5, 6}，可以在读入这些数据时把它们映射为{0, 1, 2, 3, 4}（开一个 int 型数组 HashTable[]数组即可），而其他不在这 5 种颜色里的颜色都可以映射为–1，以便在输入长度为 L 的颜色序列时可以直接判断为 Eva 不喜欢的颜色而剔除出序列。这样就将寻找给定顺序的颜色的问题就转化为一个求解最长不下降子序列的问题，那么直接使用配套用书的模板即可得到结果。

注意点

① 题意上可能表述不清或容易忽视的地方：

- 在要求的最长子序列中，不一定要所有喜欢的颜色都出现，这一点样例即可说明。
- 给出的 Eva 所有喜欢的颜色都是不同的，因此如果自己调试时出的数据请不要含有相同喜欢的颜色。

② 使用 LIS 模型时，由于会去掉不喜欢的颜色，因此最后数组大小不是 n 或者 m 或者 L，而是累计出来的数量 num，因此进行 DP 时循环条件要写成 i < num，这点容易在写代码时发生失误。

③ 颜色种类最多为 200，但是颜色序列的长度最多可以有 10 000，因此，若出现"段错误"，请检查数组大小是否开小了。

④ 需要注意的是，虽然之前介绍的 LIS 的复杂度是 $O(L^2)$，对 L 为 10 000 的数据，计算量可能上到 10^8，但是由于 LIS 在计算过程中对数组都是连续操作的，故对 Cache 非常"友好"，使得 Cache 命中率大大提高（学过计算机组成原理的读者应该会很清楚这点），因此实际的时间会小于预期，不会超时。

参考代码

```cpp
#include <cstdio>
#include <cstring>
#include <algorithm>
using namespace std;
const int maxc = 210;  //最大颜色数
const int maxn = 10010;  //最大 L
int HashTable[maxc];  //将喜欢的颜色序列映射为递增序列, 不喜欢的颜色映射为-1
int A[maxn], dp[maxn];  //最长不下降子序列的原数组 A 和 DP 数组
int main() {
    int n, m, x;
    scanf("%d%d", &n, &m);  //其实 n 用不到
    memset(HashTable, -1, sizeof(HashTable));  //整个数组初始化为-1
    for(int i = 0; i < m; i++) {
```

```
        scanf("%d", &x);
        HashTable[x] = i;   //将喜欢的颜色按顺序映射到递增序列 0, 1, …, m - 1
    }
    int L, num = 0;   //num 存放颜色序列中 Eva 喜欢的颜色的总数
    scanf("%d", &L);
    for(int i = 0; i < L; i++) {
        scanf("%d", &x);
        if(HashTable[x] >= 0) {   //若是喜欢的颜色，则加到 A 数组中
            A[num++] = HashTable[x];
        }
    }
    //以下全部为 LIS 问题的模板
    int ans = -1;
    for(int i = 0; i < num; i++) {   //循环条件请不要写 i < n 或者 i < L 之类的
        dp[i] = 1;
        for(int j = 0; j < i; j++) {
            if(A[j] <= A[i] && dp[i] < dp[j] + 1) {
                dp[i] = dp[j] + 1;
            }
        }
        ans = max(ans, dp[i]);
    }
    printf("%d\n", ans);
    return 0;
}
```

本节二维码

11.4　最长公共子序列（LCS）

A1045. Favorite Color Stripe (30)

Time Limit: 200 ms　Memory Limit: 65 536 KB

题目见 11.3 节

思路

　　经典 LCS 模型的两个序列的元素匹配必须是一一对应的，但是本题中允许公共部分产生

重复元素，例如"ABBC"与"AABC"的最长公共子序列为"AABBC"。这就需要对原模型进行一些修改。

　　现在考虑一个问题：在计算 dp[i][j]时，当 A[i]与 B[j]不相等时，dp[i][j]应该转移到哪些子状态。很容易知道，由于可以产生重复元素，因此 dp[i－1][j]、dp[i][j－1]都是可以对 dp[i][j]产生影响的（dp[i－1][j－1]会通过 dp[i－1][j]、dp[i][j－1]来影响 dp[i][j]，所以不需要考虑）。例如，在字符串"AA"和"AB"中，dp[2][2]可以由 dp[2][1]得到（"AA"与"A"）；而对字符串"AB"和"AA"而言，dp[2][2]可以由 dp[1][2]得到（"A"与"AA"）。这样就可以知道，当 A[i]与 B[j]不相等时，dp[i][j]取 dp[i－1][j]、dp[i][j－1]中的较大值；而当 A[i]与 B[j]相等时，可以很容易得到 dp[i][j]应该是 dp[i－1][j]、dp[i][j－1]中的较大值加 1（即在 A[i]与 B[j]不相等的结果上加 1）。

　　于是可以得到修正后的**状态转移方程**：

$$dp[i][j] = \begin{cases} \max\big\{dp[i-1][j], dp[i][j-1]\big\} + 1, & A[i] == B[j] \\ \max\big\{dp[i-1][j], dp[i][j-1]\big\}, & A[i] != B[j] \end{cases}$$

　　边界：dp[i][0] = dp[0][j] = 0 (0≤i≤n, 0≤j≤m)

参考代码

```cpp
#include <cstdio>
#include <algorithm>
using namespace std;
const int maxc = 210;   //颜色的最大种类数
const int maxn = 10010;   //颜色序列的最大长度
int A[maxc], B[maxn], dp[maxc][maxn];
int main() {
    int n, m;
    scanf("%d%d", &n, &m);
    for(int i = 1; i <= m; i++) {
        scanf("%d", &A[i]);   //读入序列A
    }
    int L;
    scanf("%d", &L);
    for(int i = 1; i <= L; i++) {
        scanf("%d", &B[i]);   //读入序列B
    }
    //边界
    for(int i = 0; i <= m; i++) {
        dp[i][0] = 0;
    }
    for(int j = 0; j <= L; j++) {
        dp[0][j] = 0;
    }
    //状态转移方程
```

```
for(int i = 1; i <= m; i++) {
    for(int j = 1; j <= L; j++) {
        //取 dp[i-1][j]、dp[i][j-1]中的较大值
        int MAX = max(dp[i - 1][j], dp[i][j - 1]);
        if(A[i] == B[j]) {
            dp[i][j] = MAX + 1;
        } else {
            dp[i][j] = MAX;
        }
    }
}
//输出答案
printf("%d\n", dp[m][L]);
return 0;
}
```

本节二维码

11.5　最长回文子串

A1040. Longest Symmetric String (25)

Time Limit: 400 ms　Memory Limit: 65 536 KB

题目描述

Given a string, you are supposed to output the length of the longest symmetric sub-string. For example, given "Is PAT&TAP symmetric?", the longest symmetric sub-string is "s PAT&TAP s", hence you must output 11.

输入格式

Each input file contains one test case which gives a non-empty string of length no more than 1000.

输出格式

For each test case, simply print the maximum length in a line.

（原题即为英文题）

输入样例

Is PAT&TAP symmetric?

输出样例

11

题意

求一个字符串的最长回文子串，输出其长度。

思路

对于最长回文子串，使用暴力法、动态规划都可以过，建议使用配套用书中介绍的动态规划方法求解（建议再使用 12.1 节的字符串 hash 算法做一下）。

注意点

① 如果最后一个 case 返回了"段错误"，那么请把字符数组大小至少开成 1001。

② 如果出现多组数据答案错误，那么有可能是这几个地方出现了问题：a）两个 for 循环枚举两个端点而不是长度和起始位置；b）L 的含义是子串的长度，因此在枚举子串长度时 L 应该能取到字符串 S 的总长度 len；c）在状态转移时没有同时判断 S[i] == S[j] 与 dp[i + 1][j − 1] == 1；d）子串的右端点是 i + L − 1，不能写成 i + L。

参考代码

```
#include <cstdio>
#include <cstring>
const int maxn = 1010;
char S[maxn];
int dp[maxn][maxn];
int main() {
    gets(S);
    int len = strlen(S), ans = 1;
    memset(dp, 0, sizeof(dp));    //dp 数组初始化为 0
    //边界
    for(int i = 0; i < len; i++) {
        dp[i][i] = 1;
        if(i < len - 1) {
            if(S[i] == S[i + 1]) {
                dp[i][i + 1] = 1;
                ans = 2;    //初始化时注意当前最长回文子串的长度
            }
        }
    }
    //状态转移方程
    for(int L = 3; L <= len; L++) {    //枚举子串的长度
        for(int i = 0; i + L - 1 < len; i++) {    //枚举子串的起始端点
            int j = i + L - 1;    //子串的右端点
            if(S[i] == S[j] && dp[i + 1][j - 1] == 1) {
                dp[i][j] = 1;
                ans = L;    //更新最长回文子串长度
```

```
        }
    }
}
printf("%d\n", ans);
return 0;
}
```

本节二维码

11.6 DAG 最长路

本节在 PAT 上没有对应的练习题，请使用配套用书上的训练题。

本节二维码

11.7 背包问题

本节目录		
A1068	Find More Coins	30

A1068. Find More Coins (30)
Time Limit: 150 ms   Memory Limit: 65 536 KB

题目描述

Eva loves to collect coins from all over the universe, including some other planets like Mars. One day she visited a universal shopping mall which could accept all kinds of coins as payments. However, there was a special requirement of the payment: for each bill, she must pay the exact amount. Since she has as many as 10^4 coins with her, she definitely needs your help. You are supposed to tell her, for any given amount of money, whether or not she can find some coins to pay for it.

输入格式

Each input file contains one test case. For each case, the first line contains 2 positive numbers: N ($\leq 10^4$, the total number of coins) and M($\leq 10^2$, the amount of money Eva has to pay). The second line contains N face values of the coins, which are all positive numbers. All the numbers in a line are separated by a space.

输出格式

For each test case, print in one line the face values $V_1 \leq V_2 \leq \cdots \leq V_k$ such that $V_1 + V_2 + \cdots +$

V_k = M. All the numbers must be separated by a space, and there must be no extra space at the end of the line. If such a solution is not unique, output the smallest sequence. If there is no solution, output "No Solution" instead.

Note: sequence {A[1], A[2], $\cdots$ } is said to be "smaller" than sequence {B[1], B[2], $\cdots$ } if there exists k$\geqslant$1 such that A[i]=B[i] for all i < k, and A[k] < B[k].

（原题即为英文题）

输入样例 1

8 9

5 9 8 7 2 3 4 1

输出样例 1

1 3 5

输入样例 2

4 8

7 2 4 3

输出样例 2

No Solution

题意

有 N 枚硬币，给出每枚硬币的价值，现在要用这些硬币去支付价值为 M 的东西，问是否可以找到这样的方案，使得选择用来支付的硬币的价值之和恰好为 M。如果不存在，输出 No Solution；如果存在，从小到大输出选择用来支付的硬币的价值，如果有多种方案，则输出字典序最小的那个。所谓的字典序小是指：有两种方案分别为{A[1], A[2], $\cdots$ }与{B[1], B[2], $\cdots$ }，如果存在 k$\geqslant$1，使得对任意 i < k 都有 A[i] == B[i]，而 A[k] < B[k]成立，那么就称方案 A 的字典序比方案 B 小。

思路

由于此题中价值 c[i]和质量 w[i]是等价的，因此不妨把 c[i]和 w[i]使用一个数组存放。

由于题目要求以价值从小到大的字典序顺序输出，因此需要先把数组从大到小排序，然后再进行正常求解 01 背包的 dp 数组的操作。而具体方案可以采用下面的方式得到。

01 背包问题的状态转移方程为 dp[i][v]= max{dp[i－1][v],dp[i－1][v－w[i]]+ c[i]}。在此基础上，开一个 bool 型二维数组 choice[i][v]，用来记录计算 dp[i][v]时是选择了哪个策略。如果在状态转移时选择了 dp[i－1][v]，那么记 choice[i][v] = 0（也即不放第 i 件物品）；如果选择了 dp[i－1][v－w[i]]+ c[i]，那么记 choice[i][v] = 1（也即放第 i 件物品）。

这样当 dp 数组求解完毕后，就可以按下面的做法来求出当初选择的方案。

① 先求出 dp[n][0$\cdots$V]中最大的 dp[n][v]，下面需要用到这个 v 值。

② 从第 n 件物品开始倒着查看每 件物品是否放入背包，代码如下：

```
bool flag[100]={0};  //flag[i]==true 表示第 i 件物品放入背包,false 表示不放入背包
int k = n, num = 0;  //k 从第 n 件物品开始枚举,num 为放入背包的物品件数
while(k > 0) {
    if(choice[k][v] == 1) {  //计算 dp[k][v]时选择放入第 k 件物品
        flag[k] = true;
```

```
        v -= w[i];
        num++;
    } else if(choice[k][v] == 0) {//计算 dp[k][v]时选择不放入第 k 件物品
        flag[k] = false;
    }
    k--;
}
```

这样 flag 数组就记录了得到最大价值的方案中各件物品的选取情况（注意区分 choice 数组与 flag 数组的作用）。

事实上，对大部分动态规划问题来说，输出方案的方法都和上面相同，即记录每一步选择了哪个策略，然后从最终态倒着判断即可。

注意点

① 无解的条件为 dp[m] != m，这是因为题目要求"恰好能付清价值为 M 的货币"，因此只要 dp[m]不是 m 就说明是无解。

② 求解 dp 数组时，如果两种策略的大小相等，则应该选择放第 i 件物品的策略。

参考代码

```cpp
#include <cstdio>
#include <algorithm>
using namespace std;
const int maxn = 10010;
const int maxv = 110;
int w[maxn], dp[maxv] = {0};  //w[i]为钱币的价值
bool choice[maxn][maxv], flag[maxn];
bool cmp(int a, int b) {  //从大到小排序
    return a > b;
}
int main() {
    int n, m;
    scanf("%d%d", &n, &m);
    for(int i = 1; i <= n; i++) {
        scanf("%d", &w[i]);
    }
    sort(w + 1, w + n + 1, cmp);  //逆序排列
    for(int i = 1; i <= n; i++) {
        for(int v = m; v >= w[i]; v--) {
            //状态转移方程
            if(dp[v] <= dp[v - w[i]] + w[i]) {  //等于时也要放
                dp[v] = dp[v - w[i]] + w[i];
                choice[i][v] = 1;  //放入第 i 件物品
```

```
        }
        else choice[i][v] = 0;  //不放第 i 件物品
    }
}
if(dp[m] != m) printf("No Solution");  //无解
else {
    //记录最优路径
    int k = n, num = 0, v = m;
    while(k >= 0) {
        if(choice[k][v] == 1) {
            flag[k] = true;
            v -= w[k];
            num++;
        }
        else flag[k] = false;
        k--;
    }
    //输出方案
    for(int i = n; i >= 1; i--) {
        if(flag[i] == true) {
            printf("%d", w[i]);
            num--;
            if(num > 0) printf(" ");
        }
    }
}
return 0;
}
```

本节二维码

11.8　总　　结

本节在 PAT 上没有对应的练习题，请使用配套用书上的训练题。

本节二维码

本章二维码

第 12 章　提高篇（6）——字符串专题

12.1　字符串 hash

A1040. Longest Symmetric String (25)
Time Limit: 400 ms　　Memory Limit: 65 536 KB

题目见 11.5 节

思路

对一个给定的字符串 str，可以先求出其字符串 hash 数组 H1，然后再将其反转，求出反转字符串 rstr 的 hash 数组 H2，接着视回文串的奇偶情况进行讨论。

① 回文串的长度是奇数：枚举回文中心点 i，二分子串的半径 k，找到最大的使子串[i − k, i + k]是回文串的 k。其中判断子串[i − k, i + k]是回文串等价于判断 str 的两个子串[i − k, i]与[i, i + k]是否是相反的串。而这等价于判断 str 的[i − k, i]子串与反转字符串 rstr 的[len − 1 − (i + k), len − 1 − i]子串是否相同（[a,b]在反转字符串中的位置为[len − 1 − b, len − 1 − a]），因此只需要判断 H1[i − k ··· i]与 H2[len − 1 − (i + k) ··· len − 1 − i]是否相等即可。

② 回文串的长度是偶数：枚举回文空隙点，令 i 表示空隙左边第一个元素的下标，二分子串的半径 k，找到最大的使子串[i − k + 1, i + k]是回文串的 k。其中判断子串[i − k + 1, i + k]是回文串等价于判断 str 的两个子串[i − k + 1, i]与[i + 1, i + k]是否是相反的串。而这等价于判断 str 的[i − k + 1, i]子串与反转字符串 rstr 的[len − 1 − (i + k), len − 1 − (i + 1)]子串是否相同，因此只需要判断 H1[i − k + 1 ··· i]与 H2[len − 1 − (i + k) ··· len − 1 − (i + 1)]是否相等即可。

注意点

① 二分上界为分界点 i 的左右长度的较小值加 1。

② 此处即为寻找最后一个满足条件"hashL == hashR"的回文半径（见配套用书的 4.5.1 节），而这等价于寻找第一个满足条件"hashL != hashR"的回文半径，然后减 1 即可。

参考代码

```
#include <iostream>
#include <cstdio>
#include <string>
#include <vector>
#include <algorithm>
using namespace std;
typedef long long ll;
```

```
const ll MOD = 1000000007;    //MOD 为计算 hash 值时的模数
const ll P = 10000019;     //P 为计算 hash 值时的进制数
const ll MAXN = 1010;     //MAXN 为字符串最长长度
//powP[i]存放 P^i%MOD，H1 和 H2 分别存放 str 和 rstr 的 hash 值
ll powP[MAXN], H1[MAXN], H2[MAXN];
//init 函数初始化 powP 函数
void init() {
    powP[0] = 1;
    for(int i = 1; i < MAXN; i++) {
        powP[i] = (powP[i - 1] * P) % MOD;
    }
}

//calH 函数计算字符串 str 的 hash 值
void calH(ll H[], string &str) {
    H[0] = str[0];    //H[0]单独处理
    for(int i = 1; i < str.length(); i++) {
        H[i] = (H[i - 1] * P + str[i]) % MOD;
    }
}

//calSingleSubH 计算 H[i…j]
int calSingleSubH(ll H[], int i, int j) {
    if(i == 0) return H[j];    //H[0…j]单独处理
    return ((H[j] - H[i - 1] * powP[j - i + 1]) % MOD + MOD) % MOD;
}

//对称点为 i，字符串长 len，在[l,r]里二分回文半径
//寻找最后一个满足条件"hashL == hashR"的回文半径
//等价于寻找第一个满足条件"hashL != hashR"的回文半径，然后减 1 即可
//isEven 当求奇回文时为 0，当求偶回文时为 1
int binarySearch(int l, int r, int len, int i, int isEven) {
    while(l < r) {    //当出现 l == r 时结束（因为范围是[l,r]）
        int mid = (l + r) / 2;
        //左半子串 hash 值 H1[H1L…H1R]，右半子串 hash 值 H2[H2L…H2R]
        int H1L = i - mid + isEven, H1R = i;
        int H2L = len - 1 - (i + mid), H2R = len - 1 - (i + isEven);
        int hashL = calSingleSubH(H1, H1L, H1R);
        int hashR = calSingleSubH(H2, H2L, H2R);
        if(hashL != hashR) r = mid;    //hash 值不等，说明回文半径<=mid
        else l = mid + 1;    //hash 值相等，说明回文半径>mid
    }
    return l - 1;    //返回最大回文半径
```

```
}
int main() {
    init();      //初始化 powP
    string str;
    getline(cin, str);
    calH(H1, str);      //计算 str 的 hash 数组
    reverse(str.begin(), str.end());      //将字符串反转
    calH(H2, str);      //计算 rstr 的 hash 数组
    int ans = 0;
    //奇回文
    for(int i = 0; i < str.length(); i++) {
        //二分上界为分界点 i 的左右长度的较小值加 1
        int maxLen = min(i, (int)str.length() - 1 - i) + 1;
        int k = binarySearch(0, maxLen, str.length(), i, 0);
        ans = max(ans, k * 2 + 1);
    }
    //偶回文
    for(int i = 0; i < str.length(); i++) {
        //二分上界为分界点 i 的左右长度的较小值加 1（注意左长为 i+1）
        int maxLen = min(i + 1, (int)str.length() - 1 - i) + 1;
        int k = binarySearch(0, maxLen, str.length(), i, 1);
        ans = max(ans, k * 2);
    }
    printf("%d\n", ans);
    return 0;
}
```

本节二维码

12.2 KMP 算法

本节在 PAT 上没有对应的练习题，请使用配套用书上的训练题。

本节二维码   本章二维码

第 13 章　专题扩展

13.1　分块思想

A1057. Stack (30)

Time Limit: 100 ms　Memory Limit: 65 536 KB

题目描述

Stack is one of the most fundamental data structures, which is based on the principle of Last In First Out (LIFO). The basic operations include Push (inserting an element onto the top position) and Pop (deleting the top element). Now you are supposed to implement a stack with an extra operation: PeekMedian——return the median value of all the elements in the stack. With N elements, the median value is defined to be the (N/2)-th smallest element if N is even, or ((N+1)/2)-th if N is odd.

输入格式

Each input file contains one test case. For each case, the first line contains a positive integer N ($\leqslant 10^5$). Then N lines follow, each contains a command in one of the following 3 formats:

Push key

Pop

PeekMedian

where *key* is a positive integer no more than 10^5.

输出格式

For each Push command, insert *key* into the stack and output nothing. For each Pop or PeekMedian command, print in a line the corresponding returned value. If the command is invalid, print "Invalid" instead.

（原题即为英文题）

输入样例

17
Pop
PeekMedian
Push 3
PeekMedian
Push 2
PeekMedian
Push 1

PeekMedian

Pop

Pop

Push 5

Push 4

PeekMedian

Pop

Pop

Pop

Pop

输出样例

Invalid

Invalid

3

2

2

1

2

4

4

5

3

Invalid

题意

给出一个栈的入栈（Push）、出栈（Pop）过程，并随时通过 PeekMedian 命令要求输出栈中中位数（Pop 命令输出出栈的数）。当栈中没有元素时，Pop 命令和 PeekMedian 命令都应该输出"Invalid"。

思路

在本题中，需要做的是，在支持栈的插入和弹出元素操作的同时，还要实时支持查询栈内元素第 K 大（K 是中位数的位置）。首先应当注意到 $N \leqslant 10^5$，因此暴力算法肯定会超时。由于所谓的"栈内元素"其实从 hash 的角度看起来跟普通序列元素没什么区别（此处用分块的思想来解决这个问题），因此只需要在执行 Push 命令时添加元素、在执行 Pop 命令时删除元素即可。

显然，对于 N 次查询，总复杂度为 $O(N\sqrt{N})$，对于 $N = 10^5$ 来说总复杂度为 $10^{7.5}$。当然，这个是理论最坏复杂度，在实际运行中分块算法的执行能力则优秀得多，一般达不到 $10^{7.5}$，可以放心使用。

注意点

栈空时进行 Pop 与 PeekMedian 操作都应该输出"Invalid"。

参考代码

```
#include <cstdio>
#include <cstring>
#include <stack>
using namespace std;
const int maxn = 100010;
const int sqrN = 316;    //sqrt(100001)，表示块内元素个数

stack<int> st;      //栈
int block[sqrN];      //记录每一块中存在的元素个数
int table[maxn];      //hash 数组，记录元素当前存在个数

void peekMedian(int K) {
    int sum = 0;    //sum 存放当前累计存在的数的个数
    int idx = 0;    //块号
    while(sum + block[idx] < K) {    //找到第 K 大的数所在块号
        sum += block[idx++];    //未达到 K，则累加上当前块的元素个数
    }
    int num = idx * sqrN;    //idx 号块的第一个数
    while(sum + table[num] < K) {
        sum += table[num++];    //累加块内元素个数，直到 sum 达到 K
    }
    printf("%d\n", num);    //sum 达到 K，找到了第 K 大的数为 num
}
void Push(int x) {
    st.push(x);    //入栈
    block[x / sqrN]++;    //x 所在块的元素个数加 1
    table[x]++;    //x 的存在个数加 1
}
void Pop() {
    int x = st.top();    //获得栈顶
    st.pop();    //出栈
    block[x / sqrN]--;    //x 所在块的元素个数减 1
    table[x]--;    //x 的存在个数减 1
    printf("%d\n", x);    //输出 x
}

int main() {
    int x, query;
    memset(block, 0, sizeof(block));
    memset(table, 0, sizeof(table));
```

```
        char cmd[20];        //命令
        scanf("%d", &query);        //查询数目
        for(int i = 0; i < query; i++) {
            scanf("%s", cmd);
            if(strcmp(cmd, "Push") == 0) {        //Push x
                scanf("%d", &x);
                Push(x);        //入栈
            } else if(strcmp(cmd, "Pop") == 0) {        //Pop
                if(st.empty() == true) {
                    printf("Invalid\n");        //栈空
                } else {
                    Pop();        //出栈
                }
            } else {        //PeekMedian
                if(st.empty() == true) {
                    printf("Invalid\n");        //栈空
                } else {
                    int K = st.size();
                    if(K % 2 == 1) K = (K + 1) / 2;        //K为中间位置
                    else K = K / 2;
                    peekMedian(K);        //输出中位数，即第K大
                }
            }
        }
        return 0;
    }
```

本节二维码

13.2 树状数组

A1057. Stack (30)

Time Limit: 100 ms   Memory Limit: 65 536 KB

题目见 13.1 节

思路

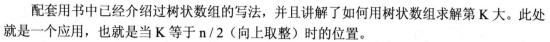

配套用书中已经介绍过树状数组的写法，并且讲解了如何用树状数组求解第 K 大。此处就是一个应用，也就是当 K 等于 n / 2（向上取整）时的位置。

因此此处事实上就是要求树状数组中第一个 getSum(x)≥K 的 x，考虑到 getSum 随着 x 的增大而递增，因此可以用二分法来求解。代码已经在配套用书中详细解释，此处不再重复说明。

注意点

树状数组的下标要从 1 开始。

参考代码

```cpp
#include <cstdio>
#include <cstring>
#include <stack>
using namespace std;
#define lowbit(i) ((i)&-(i))
const int MAXN = 100010;
stack<int> s;
int c[MAXN];      //树状数组
void update(int x, int v) {     //更新操作，将位置 x 的元素加上 v
    for(int i = x; i < MAXN; i += lowbit(i)) {
        c[i] += v;
    }
}
int getSum(int x) {     //求和操作，返回位置 1~x 的元素之和
    int sum = 0;
    for(int i = x; i > 0; i -= lowbit(i)) {
        sum += c[i];
    }
    return sum;
}
void PeekMedian() {     //二分法求第 K 大
    int l = 1, r = MAXN, mid, K = (s.size() + 1) / 2;
    while(l < r) {
        mid = (l + r) / 2;
        if(getSum(mid) >= K) r = mid;
        else l = mid + 1;
    }
    printf("%d\n", l);
}

int main() {
```

```
    int n, x;
    char str[12];
    scanf("%d", &n);
    for(int i = 0; i < n; i++) {
        scanf("%s", str);
        if(strcmp(str, "Push") == 0) {      //入栈
            scanf("%d", &x);
            s.push(x);      //入栈
            update(x, 1);       //将位置 x 加 1
        } else if(strcmp(str, "Pop") == 0) {     //出栈
            if(s.empty()) printf("Invalid\n");      //没有元素, 非法
            else {
                printf("%d\n", s.top());      //输出栈顶
                update(s.top(), -1);        //将栈顶元素所在位置减 1
                s.pop();      //出栈
            }
        } else if(strcmp(str, "PeekMedian") == 0) {     //求中位数
            if(s.empty()) printf("Invalid\n");       //没有元素, 非法
            else PeekMedian();      //求中位数
        }
    }
    return 0;
}
```

本节二维码

13.3 快乐模拟

B1050/A1105. 螺旋矩阵 (25)

Time Limit: 150 ms   Memory Limit: 65 536 KB

题目描述

本题要求将给定的 N 个正整数按非递增的顺序, 填入"螺旋矩阵"。所谓"螺旋矩阵",

是指从左上角第 1 个格子开始，按顺时针螺旋方向填充。要求矩阵的规模为 m 行 n 列，满足条件：m*n 等于 N；m≥n；且 m–n 取所有可能值中的最小值。

输入格式

在第 1 行中给出一个正整数 N，第 2 行给出 N 个待填充的正整数。所有数字不超过 10^4，相邻数字以空格分隔。

输出格式

输出螺旋矩阵。每行 n 个数字，共 m 行。相邻数字以 1 个空格分隔，行末不得有多余空格。

输入样例

12

37 76 20 98 76 42 53 95 60 81 58 93

输出样例

98 95 93

42 37 81

53 20 76

58 60 76

思路

由于需要将序列中的整数按从大到小的顺序进行填充，因此先把序列从大到小排序。根据题意，m 和 n 必须是 N 的约数，并且 m 必须是不小于根号 N 的最小整数，因此让 m 从根号 N（向上取整）开始不断递增，直到 N % m == 0 为止即可。

可以考虑将螺旋矩阵的赋值按照层来进行，即每次填充完最外面一层，然后再填充里面一层，直到已经填充的个数达到了 N。这可以通过设置上边界 U、下边界 D、左边界 L 及右边界 R 来实现。对每一层，从左上角开始，先往右填数，直至到达右边界；再向下填数，直至到达下边界；然后向左填数，直至到达左边界；最后向上填数，直至到达上边界。例如对图 13-1 所示的 N = 30 来说，从左上角开始向右依次填 30、29、28、27，然后从右上角开始向下依次填 26、25、24、23、22，再从右下角开始向左依次填 21、20、19、18，最后从左下角开始向上依次填 17、26、15、14、13，此时记录位置的变量 i、j 会回到左上角。完成一层的填数之后，令上边界 U 减 1、下边界 D 加 1、左边界 L 加 1、右边界 R 减 1，然后令记录位置的变量 i、j 都加 1，使其定位里面一层的左上角。这样不断一层一层填充，直到已填充的数字个数达到 N 为止。

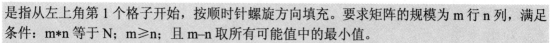

图 13-1　按照层来为螺旋矩阵赋值

不过要小心一些细节，例如当 N 是完全二次方数时，最里面一层是只有一个数的，此时需要特判输出（也就是当已填充的数达到 N–1 时就直接把剩下一个数填充即可）。当 N=1 时也要注意类似的特判，当然这可以直接在程序输入之后就进行特判。

注意点

① N 为 1 或者其他完全二次方数时是特殊数据，要保证能正确输出。

② 当 N 是较大的素数时，m 就是 N 本身，此时的矩阵是 N 行 1 列的，因此行数最多为 N；当 N 是完全二次方数时，n 等于根号 N，因此列数最多为根号 N。于是欲填充矩阵的行列

数必须分别不小于 N 与根号 N。

参考代码

```cpp
#include <cstdio>
#include <cmath>
#include <algorithm>
using namespace std;
const int maxn = 10010;
//matrix 为欲输出的矩阵，A 为给定的序列
int matrix[maxn][maxn], A[maxn];
bool cmp(int a, int b) {
    return a > b;      //从大到小排序
}
int main() {
    int N;
    scanf("%d", &N);      //序列元素个数
    for(int i = 0; i < N; i++) {
        scanf("%d", &A[i]);      //序列元素
    }
    if(N == 1) {      //只有一个数时直接特判输出
        printf("%d", A[0]);
        return 0;
    }
    sort(A, A + N, cmp);      //将序列从大到小排序
    int m = (int)ceil(sqrt(1.0 * N));      //行数 m 初始为根号 N
    while(N % m != 0) {
        m++;      //寻找最小的能整除 N 的 m
    }
    //n 为列数，i、j 为当前欲填的位置，now 指向序列中当前待填的数的下标
    int n = N / m, i = 1, j = 1, now = 0;
    int U = 1, D = m, L = 1, R = n;      //4 个边界
    while(now < N) {      //只要已经填充的数的个数没有达到 N
        while(now < N && j < R) {      //向右填充
            matrix[i][j] = A[now++];
            j++;
        }
        while(now < N && i < D) {      //向下填充
            matrix[i][j] = A[now++];
            i++;
        }
```

```
        while(now < N && j > L) {        //向左填充
            matrix[i][j] = A[now++];
            j--;
        }
        while(now < N && i > U) {        //向上填充
            matrix[i][j] = A[now++];
            i--;
        }
        U++, D--, L++, R--;        //缩小边界
        i++, j++;        //位置移至内层左上角
        if(now == N - 1) {        //最后一个数单独处理
            matrix[i][j] = A[now++];
        }
    }
    for(int i = 1; i <= m; i++) {        //输出矩阵
        for(int j = 1; j <= n; j++) {
            printf("%d", matrix[i][j]);
            if(j < n) printf(" ");
            else printf("\n");
        }
    }
    return 0;
}
```

A1017. Queueing at Bank (25)

Time Limit: 400 ms   Memory Limit: 65 536 KB

题目描述

Suppose a bank has K windows open for service. There is a yellow line in front of the windows which devides the waiting area into two parts. All the customers have to wait in line behind the yellow line, until it is his/her turn to be served and there is a window available. It is assumed that no window can be occupied by a single customer for more than 1 hour.

Now given the arriving time T and the processing time P of each customer, you are supposed to tell the average waiting time of all the customers.

输入格式

Each input file contains one test case. For each case, the first line contains 2 numbers: N ($\leqslant$10000)—the total number of customers, and K ($\leqslant$100)—the number of windows. Then N lines follow, each contains 2 times: HH:MM:SS—the arriving time, and P—the processing time in minutes of a customer. Here HH is in the range [00, 23], MM and SS are both in [00, 59]. It is assumed that no two customers arrives at the same time.

Notice that the bank opens from 08:00 to 17:00. Anyone arrives early will have to wait in line till 08:00, and anyone comes too late (at or after 17:00:01) will not be served nor counted into the average.

输出格式

For each test case, print in one line the average waiting time of all the customers, in minutes and accurate up to 1 decimal place.

（原题即为英文题）

输入样例

```
7 3
07:55:00 16
17:00:01 2
07:59:59 15
08:01:00 60
08:00:00 30
08:00:02 2
08:03:00 10
```

输出样例

```
8.2
```

题意

有 N 个客户，K 个窗口。给出每个客户的到达时间和服务时长，如果所有窗口都被占用，那么客户将在黄线外进行排队（只有一个队）；否则，如果有窗口无人服务，那么由队列的第一个客户前往接受服务。求客户的平均等待时长。注意，银行开放时间为 08:00 ~ 17:00，在 08:00 之前到达的需要等待，在 17:00 之后（不含 17:00）还未被服务的客户将不被计算在内。另外，超过 1h 的服务时长会被缩短为 1h。

样例解释

总共 3 个窗口，7 个客户，在银行开门之前，排队情况如图 13-2 所示。其中，客户编号右上角的[a,b]表示等待服务的时间为 a 分 b 秒，右下角的[c,d]表示剩余服务处理时间为 c 分 d 秒。

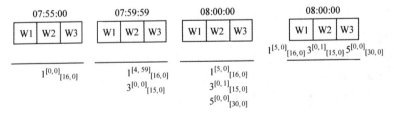

图 13-2　银行开门之前的排队情况

此时便可 1、3、5 号客户的等待时间为 5 分 0 秒、0 分 1 秒、0 分 0 秒。在 08:00:00 ~ 08:03:00 这段时间内，3 位客户均为服务结束状态，而新来了 6、4、7 号客户在黄线外排队，如图 13-3 所示。

接下来，在 08:15:00 时，3 号服务结束，6 号前往服务，此时可以得到 6 号客户的等待时间为 14 分 58 秒，如图 13-4 所示。

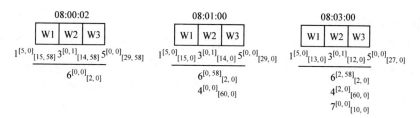

图 13-3 6、4、7 号客户在黄线外排队

接着，在 08:16:00 时，1 号服务结束，4 号前往服务，此时可以得到 4 号客户的等待时间为 15 分 0 秒，如图 13-5 所示。

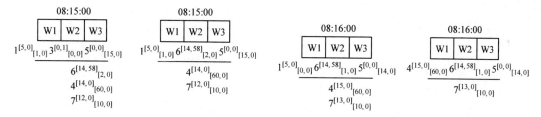

图 13-4 6 号客户的等待时间示意图 　　　　　 图 13-5 4 号客户的等待时间示意图

最后，在 08:17:00 时，6 号服务结束，7 号前往服务，此时可以得到 7 号客户的等待时间为 14 分 0 秒，如图 13-6 所示。此时，所有客户的等待时间都已知（2 号客户的到达时间在 17 点之后，不计算在内），因此可以直接计算出平均等待时间为(5 分 0 秒 + 0 分 1 秒 + 15 分 0 秒 + 0 分 0 秒 + 14 分 58 秒 + 14 分 0 秒) / 6 = 2939 秒 / 6 = 8.2 分。

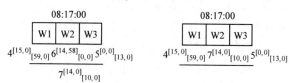

图 13-6 7 号客户的等待时间示意图

思路

步骤 1：本题中客户的到达时间是无序的，因此可以定义结构体 Customer 存放每个客户的到达时间和服务时长，然后在读入数据后将所有在 17:00:00 前到达的客户按到达时间从先到后进行排序。这样就形成了一个客户的到达队列，方便后面的处理。

步骤 2：以数组 endTime[K]存放每个窗口当前客户的服务结束时间，也即到了这个时间时该窗口将空闲。由于每当有窗口空闲时，客户就可以前往服务，因此要做的就是把最早空闲的窗口找出来，然后让队首的客户前往该窗口。而在此过程中，需要同时更新对应窗口的 endTime 的值：

① 如果队首客户的到达时间比该最早空闲的窗口的时间要晚，那么客户可以直接前往服务，等待时间为 0，即只需令该窗口的 endTime 值增加该客户的服务时长。

② 如果队首客户的到达时间比该最早空闲的窗口的时间要早，说明客户需要等待两者时间差的时间，然后才能前往接受服务。前往服务时同样需要更新该窗口的 endTime 值。

注意点

① 为了方便时间的处理，这里可以把所有时间都转换为以 s 为单位，这样就可以让时间

的比较工作变得简单。

② 题目规定单个客户的服务时长不得超过 1h，因此如果有客户的服务时长超过了 1h，那么将被强制压缩为 1h。不过本题数据虽然存在这样的数据，但对结果没有影响。

③ 如果窗口数比 17:00:00 前到达的客户数要多，那么可以直接输出 0.0。当然不特殊处理也是可以的。

④ 超过 17:00:00 还没有被服务的客户不应当被计算在客户数中。

⑤ 如果在 17:00:00 前到达的客户数为 0，那么应当直接输出 0.0，但是本题数据中没有体现这一点，故可以不处理。

参考代码

```cpp
#include <cstdio>
#include <vector>
#include <algorithm>
using namespace std;
const int K = 111;
const int INF = 1000000000;
struct Customer {
    int comeTime, serveTime;      //客户到达的时间及服务时长
} newCustomer;                    //newCustomer 临时存放新客户的信息
vector<Customer> custom;          //模拟队列
int convertTime(int h, int m, int s) {
    return h * 3600 + m * 60 + s;    //将时间转换为以 s 为单位,方便比较和计算
}
bool cmp(Customer a, Customer b) {   //按客户到达的时间排序
    return a.comeTime < b.comeTime;
}
int endTime[K];      //endTime[i]记录 i 号窗口的当前服务客户的结束时间
int main() {
    int c, w, totTime = 0;       //totTime 记录总等待时长
    int stTime = convertTime(8, 0, 0);      //开门时间为 08:00:00
    int edTime = convertTime(17, 0, 0);     //关门时间为 17:00:00
    scanf("%d%d", &c, &w);       //客户数、窗口数
    for(int i = 0; i < w; i++) endTime[i] = stTime; //没有客户,初始化为 stTime
    for(int i = 0; i < c; i++) {
        int h, m, s, serveTime;      //时、分、秒、服务时长
        scanf("%d:%d:%d %d", &h, &m, &s, &serveTime);
        int comeTime = convertTime(h, m, s);      //到达时间转换为以秒为单位
        if(comeTime > edTime) continue;           //超过关门时间,不被计算
        newCustomer.comeTime = comeTime;
        newCustomer.serveTime = serveTime <= 60 ? serveTime * 60 : 3600;
```

```
        custom.push_back(newCustomer);          //新客户加入
    }
    sort(custom.begin(), custom.end(), cmp);     //按到达时间从先到后排序
    for(int i = 0; i < custom.size(); i++) {
        int idx = -1, minEndTime = INF;          //选择当前最早服务结束的窗口
        for(int j = 0; j < w; j++) {
            if(endTime[j] < minEndTime) {
                minEndTime = endTime[j];
                idx = j;
            }
        }
        //idx 为最早服务结束的窗口编号，将客户 custom[i] 分配到该窗口
        if(endTime[idx] <= custom[i].comeTime) {
            //如果客户 custom[i] 在窗口 idx 空闲之后才来，则直接接受服务
            endTime[idx] = custom[i].comeTime + custom[i].serveTime;
        } else {   //如果客户 custom[i] 来得太早，则需等待，等待时间计入 totTime
            totTime += (endTime[idx] - custom[i].comeTime);
            endTime[idx] += custom[i].serveTime;
        }
    }
    if(custom.size() == 0) printf("0.0");        //没有在规定时间内的客户
    else printf("%.1f", totTime / 60.0 / custom.size());
    return 0;
}
```

A1014. Waiting in Line (30)

Time Limit: 400 ms   Memory Limit: 65 536 KB

题目描述

Suppose a bank has N windows open for service. There is a yellow line in front of the windows which devides the waiting area into two parts. The rules for the customers to wait in line are:

- The space inside the yellow line in front of each window is enough to contain a line with M customers. Hence when all the N lines are full, all the customers after (and including) the (NM+1)st one will have to wait in a line behind the yellow line.

- Each customer will choose the shortest line to wait in when crossing the yellow line. If there are two or more lines with the same length, the customer will always choose the window with the smallest number.

- Customer[i] will take T[i] minutes to have his/her transaction processed.

- The first N customers are assumed to be served at 8:00am.

Now given the processing time of each customer, you are supposed to tell the exact time at which a customer has his/her business done.

For example, suppose that a bank has 2 windows and each window may have 2 custmers waiting inside the yellow line. There are 5 customers waiting with transactions taking 1, 2, 6, 4 and 3 minutes, respectively. At 08:00 in the morning, customer$_1$ is served at window$_1$ while customer$_2$ is served at window$_2$. Customer$_3$ will wait in front of window$_1$ and customer$_4$ will wait in front of window$_2$. Customer$_5$ will wait behind the yellow line.

At 08:01, customer$_1$ is done and customer$_5$ enters the line in front of window$_1$ since that line seems shorter now. Customer$_2$ will leave at 08:02, customer$_4$ at 08:06, customer$_3$ at 08:07, and finally customer$_5$ at 08:10.

输入格式

Each input file contains one test case. Each case starts with a line containing 4 positive integers: N (≤ 20, number of windows), M (≤ 10, the maximum capacity of each line inside the yellow line), K (≤ 1000, number of customers), and Q (≤ 1000, number of customer queries).

The next line contains K positive integers, which are the processing time of the K customers.

The last line contains Q positive integers, which represent the customers who are asking about the time they can have their transactions done. The customers are numbered from 1 to K.

输出格式

For each of the Q customers, print in one line the time at which his/her transaction is finished, in the format HH:MM where HH is in [08, 17] and MM is in [00, 59]. Note that since the bank is closed everyday after 17:00, for those customers who cannot be served before 17:00, you must output "Sorry" instead.

（原题即为英文题）

输入样例

```
2 2 7 5
1 2 6 4 3 534 2
3 4 5 6 7
```

输出样例

```
08:07
08:06
08:10
17:00
Sorry
```

题意

某银行有 N 个窗口，每个窗口前最多可以排 M 个人。现在有 K 位客户需要服务，每位客户的服务时长已知。假设所有客户均在 08:00 **按客户编号次序**等在黄线外，且如果有窗口的排队人数没有排满（没有达到 M 人），当前在黄线外的第一个客户就会选择这样的窗口中排队人数最少的窗口去排队（排队人数相同时，选择窗口序号最小的窗口去排队）。给出 Q 个查询，每个查询给出一位客户的编号，输出这位客户的服务结束时间。注意：如果一个客户在 17:00 之后（含 17:00）还没有被服务，则不再服务，输出 Sorry；而如果一个客户在 17:00

之前被服务，那么无论他的服务时长有多长，都会接受完整服务。

样例解释

有两个窗口，每个窗口前最多排两个人，初始状态下 7 个客户都在黄线外，然后按照选择窗口的规则进行排队，得到如图 13-7 所示的排队情况，其中每个客户右下角的中括号中的数字表示该客户当前剩余的服务时间。

由于 1 号客户的剩余服务时间比 2 号客户更短，因此 1 号客户在 08:01 先行服务完毕，5 号客户排到 1 号窗口后面，同时 2 号客户的剩余服务时间减少 1min，得到图 13-8 所示的

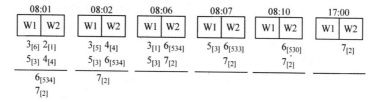

图 13-7　A1014 样例示意图

08:01 的状态图。接下来的步骤过程与此类似，这里不再赘述，读者可以从图中得到整个过程，其中在 17:00 时 7 号客户将无法被服务，因此 7 号客户应当输出"Sorry"。

图 13-8　08:01 的状态图

思路

步骤 1：考虑一个事实，当一位客户进入某一窗口的队列时，他的服务结束时间就已经确定了，即当前在该窗口排队的所有人的服务时间之和。而在所有窗口排满后，剩余客户能够去排队的时间点是所有窗口最早结束的队首客户，也就是说，**在所有窗口排满的情况下，每当有一个窗口的队首客户服务结束（结束时间相同的，窗口 ID 小的视为先结束），剩余客户的第一个就会排到那个窗口最后面去**。于是可以为窗口建立一个结构体 Window，用户存放该窗口当前队伍的最后服务时间 endTime 和队首客户的服务结束时间 popTime，并维护一个该窗口的排队队列 q，代码如下：

```
struct Window {
    int endTime, popTime;
    queue<int> q;
} window[20];
```

步骤 2：在 08:00，只要窗口的队列没满，就把客户按照窗口编号为 0, 1, 2, $\cdots$, $n-1$, 0, 1, 2, $\cdots$, $n-1$, 0, 1, 2, $\cdots$ 的循环顺序进行入队，且在安排的过程中不断更新窗口的 endTime 和 popTime，其中 endTime 将直接作为刚入队客户的服务结束时间（即作为答案）保存下来，而 popTime 仅在安排每个窗口的第一客户时更新。

步骤 3：如果步骤 2 中已经把所有窗口排满（显然如果没有排满，就不存在剩余在黄线外的客户），那么在该步中将剩下的客户想办法入队。由步骤 1 可以知道，在所有窗口排满的情况下，每当有一个窗口的队首客户服务结束（结束时间相同的，窗口 ID 小的视为先结束），剩余客户的第一个就会排到那个窗口最后面去。这样对每一个剩余的客户，可以选出当前所有窗口中 popTime 最小的窗口（popTime 相同的选择窗口 ID 较小的），将客户排到该窗口的队列后面，并更新该窗口的 endTime 和 popTime，其中 endTime 将作为刚入队的客户的服务

结束时间（即作为答案）保存下来。

步骤4：对每一个输入的查询客户编号，如果他的服务开始时间在 17:00 之后（含 17:00），则输出"Sorry"；否则，输出他的服务结束时间。

注意点

① 在 17:00 之后（含 17:00）开始服务的客户应当输出"Sorry"；否则，都应当输出服务结束时间（即便服务结束时间超过了 17:00）。

② 当一个客户服务结束时，下一个客户的服务将立即开始，剩余客户也立即入队，中间无缝对接，不产生额外时间。

③ 关于时间的处理有一个小小的技巧，就是把时间的单位都转换为 min，即把 hh:mm 形式的时间全部转换为 hh*60+mm，以便于时间的处理和比较。

参考代码

```cpp
#include <cstdio>
#include <queue>
#include <algorithm>
using namespace std;
const int maxNode = 1111;
int n, m, k, query, q;
int convertToMinute(int h, int m) {
    return h * 60 + m;  //将时间单位转换为 min，方便时间处理
}
struct Window {
    //窗口当前队伍的最后服务时间、队首客户的服务结束时间
    int endTime, popTime;
    queue<int> q;    //队列
} window[20];
int ans[maxNode], needTime[maxNode];        //服务结束时间和服务需要时间
int main() {
    int inIndex = 0;        //当前第一个未入队的客户编号
    //窗口数、窗口人数上限、客户数、查询数
    scanf("%d%d%d%d", &n, &m, &k, &query);
    for(int i = 0; i < k; i++) {
        scanf("%d", &needTime[i]);  //读入服务需要时间
    }
    for(int i = 0; i < n; i++) {    //初始化每个窗口的 popTime 和 endTime 为 08:00
        window[i].popTime = window[i].endTime = convertToMinute(8, 0);
    }
    for(int i = 0; i < min(n * m, k); i++) {    //注意是 min(n*m, k)
        //循环入队
        window[inIndex % n].q.push(inIndex);
```

```
        //更新窗口的服务结束时间 endTime
        window[inIndex % n].endTime += needTime[inIndex];
        //对窗口的第一个客户，更新 popTime
        if(inIndex < n) window[inIndex].popTime = needTime[inIndex];
        //当前入队的客户的服务结束时间直接保存作为答案
        ans[inIndex] = window[inIndex % n].endTime;
        inIndex++;
    }
    for(; inIndex < k; inIndex++) {        //处理剩余客户的入队
        int idx = -1, minPopTime = 1 << 30;        //寻找所有窗口的最小 popTime
        for(int i = 0; i < n; i++) {
            if(window[i].popTime < minPopTime) {
                idx = i;
                minPopTime = window[i].popTime;
            }
        }
        //找到最小 popTime 的窗口编号为 idx，下面更新该窗口的队列情况
        //引用，下文中用 W 代替 window[idx]，行文更清晰
        Window& W = window[idx];
        W.q.pop();        //队首客户离开
        W.q.push(inIndex);   //客户 inIndex 入队
        W.endTime += needTime[inIndex];        //更新该窗口队列的 endTime
        W.popTime += needTime[W.q.front()];        //更新该窗口的 popTime
        //客户 inIndex 的服务结束时间为该窗口的 endTime
        ans[inIndex] = W.endTime;
    }
    for(int i = 0; i < query; i++) {
        scanf("%d", &q);        //查询客户编号
        if(ans[q - 1] - needTime[q - 1] >= convertToMinute(17, 0)) {
            printf("Sorry\n");        //服务开始时间达到 17:00，输出 Sorry
        } else {        //否则输出服务结束时间
            printf("%02d:%02d\n", ans[q - 1] / 60, ans[q - 1] % 60);
        }
    }
    return 0;
}
```

A1026. Table Tennis (30)

Time Limit: 400 ms   Memory Limit: 65 536 KB

题目描述

A table tennis club has N tables available to the public. The tables are numbered from 1 to N. For any pair of players, if there are some tables open when they arrive, they will be assigned to the available table with the smallest number. If all the tables are occupied, they will have to wait in a queue. It is assumed that every pair of players can play for at most 2 hours.

Your job is to count for everyone in queue their waiting time, and for each table the number of players it has served for the day.

One thing that makes this procedure a bit complicated is that the club reserves some tables for their VIP members. When a VIP table is open, the first VIP pair in the queue will have the priviledge to take it. However, if there is no VIP in the queue, the next pair of players can take it. On the other hand, if when it is the turn of a VIP pair, yet no VIP table is available, they can be assigned as any ordinary players.

输入格式

Each input file contains one test case. For each case, the first line contains an integer N (≤10000) - the total number of pairs of players. Then N lines follow, each contains 2 times and a VIP tag: HH:MM:SS - the arriving time, P - the playing time in minutes of a pair of players, and tag - which is 1 if they hold a VIP card, or 0 if not. It is guaranteed that the arriving time is between 08:00:00 and 21:00:00 while the club is open. It is assumed that no two customers arrives at the same time. Following the players' info, there are 2 positive integers: K (≤100) - the number of tables, and M (< K) - the number of VIP tables. The last line contains M table numbers.

输出格式

For each test case, first print the arriving time, serving time and the waiting time for each pair of players in the format shown by the sample. Then print in a line the number of players served by each table. Notice that the output must be listed in chronological order of the serving time. The waiting time must be rounded up to an integer minute(s). If one cannot get a table before the closing time, their information must NOT be printed.

（原题即为英文题）

输入样例

```
9
20:52:00 10 0
08:00:00 20 0
08:02:00 30 0
20:51:00 10 0
08:10:00 5 0
08:12:00 10 1
20:50:00 10 0
08:01:30 15 1
20:53:00 10 1
3 1
2
```

输出样例

```
08:00:00 08:00:00 0
08:01:30 08:01:30 0
08:02:00 08:02:00 0
08:12:00 08:16:30 5
08:10:00 08:20:00 10
20:50:00 20:50:00 0
20:51:00 20:51:00 0
20:52:00 20:52:00 0
3 3 2
```

题意

　　有 K 张乒乓球桌（编号为 1～K）于 8:00:00～21:00:00 开放，每对球员（由于球员总是成对，因此为了避免歧义，以下叙述中都把"一对球员"叙述为"一个球员"）到达时总是选择当前空闲的最小编号的球桌进行训练，且训练时长超过 2h，会被强制压缩成 2h，而如果到达时没有球桌空闲，则排成队列等待。需要注意的是，这 K 张球桌中有 M 张是 VIP 球桌，如果存在 VIP 球桌空闲，且等待队列中存在 VIP 球员，那么等待队列中第一个 VIP 球员将前往编号最小的 VIP 球桌训练；如果存在 VIP 球桌空闲，等待队列中没有 VIP 球员，那么 VIP 球桌将被分配给等待队列中第一个普通球员；而如果当前没有 VIP 球桌空闲，那么 VIP 球员将被看作普通球员处理。现在给出每个球员的到达时间、训练时长、是否是 VIP 球员以及给出球桌数和所有 VIP 球桌编号，求所有在关门前得到训练的球员的到达时间、训练开始时间、等待时长（四舍五入至整数）以及所有球桌当天的服务人数。注意：所有在 21:00:00 之后（含21:00:00）还没有得到训练的球员将不再训练，且不需要输出。

样例解释

　　将所有球员按到达时间排序并编号后如下：

```
pid = 0, arriveTime = 08:00:00, serveTime = 20, not VIP
pid = 1, arriveTime = 08:01:30, serveTime = 15, VIP
pid = 2, arriveTime = 08:02:00, serveTime = 30, not VIP
pid = 3, arriveTime = 08:10:00, serveTime = 5, not VIP
pid = 4, arriveTime = 08:12:00, serveTime = 10, VIP
pid = 5, arriveTime = 20:50:00, serveTime = 10, not VIP
pid = 6, arriveTime = 20:51:00, serveTime = 10, not VIP
pid = 7, arriveTime = 20:52:00, serveTime = 10, not VIP
pid = 8, arriveTime = 20:53:00, serveTime = 10, VIP
```

　　① 08:00:00，0 号球员（非 VIP）到达，此时编号最小的空闲球桌为 1 号，因此分配 1 号球桌给 0 号球员，如图 13-9 所示。其中，球员编号的右上角[a,b]表示该球员已经等待了 a 分 b 秒，右下角 [c,d]表示该球员的剩余训练时间为 c 分 d 秒。

　　② 08:01:30，1 号球员（VIP）到达，此时编号最小的空闲 VIP 球桌为 2 号，因此分配 2 号球桌给 1 号球员，如图 13-10 所示。

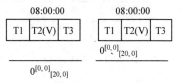

图 13-9　08:00:00，0 号球员的等待情况

③ 08:02:00，2 号球员（非 VIP）到达，此时编号最小的空闲球桌为 3 号，因此分配 3 号球桌给 2 号球员，如图 13-11 所示。

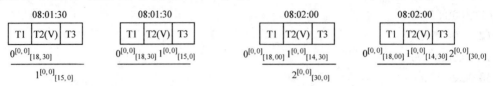

图 13-10　08:01:30，1 号球员至 2 号球桌　　　图 13-11　08:02:00，2 号球员至 3 号球桌

④ 08:10:00，3 号球员（非 VIP）到达，此时没有空闲球桌，因此等待；08:12:00，4 号球员（VIP）到达，此时没有空闲球桌，因此等待，如图 13-12 所示。

⑤ 08:16:30，2 号球桌训练结束，由于 2 号是 VIP 球桌，而此时等待队列中存在 VIP 球员（4 号），因此将 2 号球桌分配给等待队列中第一个 VIP 球员 4 号，如图 13-13 所示。

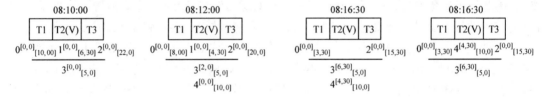

图 13-12　3 号和 4 号球员排队等待　　　　图 13-13　4 号球员（VIP）至 2 号球桌（VIP）

⑥ 08:20:00，1 号球桌训练结束，将 1 号球桌分配给 3 号球员，如图 13-14 所示。由于之后到达的球员在 20:50:00 及以后，因此当前训练的球桌在那时已可全部空出。

⑦ 20:50:00，5 号球员（非 VIP）到达，此时编号最小的空闲球桌为 1 号，因此分配 1 号球桌给 5 号球员，如图 13-15 所示。

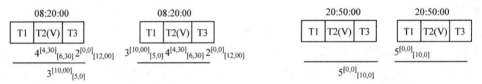

图 13-14　3 号球员至 1 号球桌　　　　　图 13-15　5 号球员至 1 号球桌

⑧ 20:51:00，6 号球员（非 VIP）到达，此时编号最小的空闲球桌为 2 号。但由于 2 号球桌是 VIP 球桌，因此先检查队列中是否存在 VIP 球员。结果是不存在 VIP 球员，因此把 2 号球桌分配给 6 号球员，如图 13-16 所示。

⑨ 20:52:00，7 号球员（非 VIP）到达，此时编号最小的空闲球桌为 3 号，因此把 3 号球桌分配给 7 号球员，如图 13-17 所示。

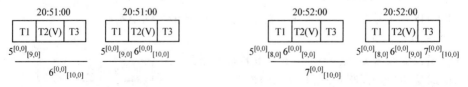

图 13-16　6 号球员至 2 号球桌　　　　　图 13-17　7 号球员至 3 号球桌

⑩ 20:53:00，8 号球员（VIP）到达，但此时没有空闲球桌，因此等待，如图 13-18 所示。

⑪ 21:00:00，1 号球桌训练结束。由于已经到了关门时间，因此 8 号球员不能训练，不

需要输出。而已经在训练的 6 号与 7 号球员将训练完整。

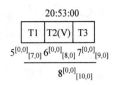

图 13-18　8 号球员等待

思路

步骤 1：此题是 A1017 的加强版，但整体框架仍然可以借鉴
A1017。题目中最醒目的就是球员和球桌，因此需要分别对它们
建立结构体。

① 对球员来说，需要知道到达时间、训练开始时间、训练时长、是否是 VIP 球员（从
题意和输出要求中可以确定这几点），因此可以建立结构体 Player。

```
struct Player {
    int arriveTime, startTime, serveTime;    //到达时间、开始时间及训练时长
    bool isVIP;                 //是否是 VIP 球员
};
```

② 对球桌来说，需要知道当前占用该球桌的球员的训练结束时间、已服务的人数以及是
否是 VIP 球桌，因此可以建立结构体 Table。

```
struct Table {
    int endTime, numServe;    //当前占用该球桌的结束时间及已服务的人数
    bool isVIP;               //是否是 VIP 球桌
};
```

步骤 2：由于球员的到达时间是无序的，因此不能直接定义队列，需要使用 vector 存放
读入的新球员的信息，然后再将其按到达时间排序，才能进行下面的处理。而由于球桌的编
号是已知的（1 ~ K），因此不妨直接定义一个 Table 型的数组 table[K]，用来存放所有球桌的
信息。

步骤 3：与 A1017 类似，这里按队列中的球员顺序来分配球桌，因此需要对每个待分配
的队首球员，求当前最早结束训练的球桌编号（记为 idx）。考虑到有 VIP 球桌的设定，因此
可以根据最早空闲的球桌 idx 是否是 VIP 球桌进行分类，得到如下的初步思路：

① 如果最早空闲的球桌 idx 是 VIP 球桌，那么寻找队列中第一个 VIP 球员，如果他的到
达时间在球桌 idx 空闲之前，那么就把该球桌分配给他；如果他的到达时间在球桌 idx 空闲之
后，那么寻找队列中第一个非 VIP 球员，如果他的到达时间在球桌 idx 空闲之前，就把球桌
分配给他。以上都不满足时，把球桌分配给第一个 VIP 球员和第一个非 VIP 球员中较早来的
一个。

② 如果最早空闲的球桌 idx 是非 VIP 球桌，那么要看队首球员是否是 VIP 球员：如果不
是，应当把球桌 idx 分配给他；如果是，则要先获取最早空闲的 VIP 球桌（记编号为 VIPidx），
如果球桌 VIPidx 的空闲时间比该 VIP 球员早，那么应当把球桌 VIPidx 分配给他；否则还是
将球桌 idx 分配给他。

接着发现，第一个分类似乎有点烦琐而且不太好实现。考虑到第二个分类中对队首球员
的属性也进行了分类，不妨把整个判别过程分为 4 种情况讨论：

① 如果最早空闲的球桌 idx 是 VIP 球桌，且队首球员是 VIP 球员，那么把球桌 idx 分配
给他（事实上此处合并了一些相同结论的情况，读者可以尝试思考一下）。

② 如果最早空闲的球桌 idx 是 VIP 球桌，且队首球员不是 VIP 球员，那么查看第一个
VIP 球员是否在球桌 idx 空闲之前到达。如果是，就让该 VIP 球员插队，把球桌 idx 分配给该

VIP 球员；否则，还是把球桌 idx 分配给队首球员。

③ 如果最早空闲的球桌 idx 不是 VIP 球桌，且队首球员不是 VIP 球员，那么把球桌 idx 分配给他。

④ 如果最早空闲的球桌 idx 不是 VIP 球桌，且队首球员是 VIP 球员，那么查询最早空闲的 VIP 球桌 VIPidx，看其是否在该 VIP 球员到达之前空闲。如果是，就把球桌 VIPidx 分配给该 VIP 球员；否则，还是把球桌 idx 分配给该 VIP 球员。

步骤 4：为了实现上面的过程，这里可以设置下标 i 与 VIPi，分别指向当前队首球员（所有还未训练的球员的队首）和当前队首 VIP 球员。之后，每次在把球桌分配给 VIP 球员时，就要把 VIPi 指向下一个 VIP 球员。需要注意的是，由于存在 VIP 球员插队的情况，导致 i < VIPi 的发生，这样当下次 i 扫描到 VIPi 时，就需要跳过这个 VIP 球员。处理办法是：如果当前队首球员 i 是 VIP 球员，且满足 i < VIPi，就直接令 i++，跳过当前分配过程。

注意点

① 如果存在空闲的 VIP 球桌，则 VIP 球员总是优先选择编号最小的空闲 VIP 球桌而不是编号最小的空闲普通球桌。如果不存在空闲的 VIP 球桌，则 VIP 球员等同于普通球员。下面给出一组例子：

```
//input
2
08:00:00 10 1
08:05:00 10 1
3 2
2 3
//output
08:00:00 08:00:00 0
08:05:00 08:05:00 0
0 1 1
```

② 要求每个球员必须在 2h 内结束训练，超过 2h 的压缩为 2h。下面给出一组例子：

```
//input
2
08:00:00 130 0
09:00:00 10 0
1 0
//output
08:00:00 08:00:00 0
09:00:00 10:00:00 60
2
```

③ 等待时长应严格四舍五入至整数，即 30s 应当进位至 1min。此处不能直接使用 %.0f 的格式输出（可能是评测机的原因），而应当使用 math.h 头文件下的 round 函数或者在原数上加 30s 然后进行取整。

④ 可能有不在 21:00:00 前到达的球员，对此直接不予考虑。下面给出一组例子：

```
//input
2
21:00:00 10 1
21:01:00 10 1
3 3
1 2 3
//output
0 0 0
```

⑤ 分配球桌时要根据球桌空闲时间和球员到达时间的先后来选择该球桌的下一次服务结束时间,特别是与 VIP 球员相关的比较时要特别小心,否则会出现 bug。关于这点,可以和参考代码进行比对,看看逻辑上哪里有问题。

⑥ 在最早空闲的球桌 idx 是 VIP 球桌,且队首球员不是 VIP 球员的情况下,如果第一个 VIP 球员 VIPi 比球桌空闲时间来得早,那么将把球桌分配给 VIPi。要注意的是,此时队首球员是不变的,因此参考代码中此处没有进行 i++ 来改变队首球员,并且所有情况中也只有此处没有 i++。

⑦ VIPi 不能从 0 开始,必须在一开始就指向第一个 VIP 球员。

⑧ 球桌编号是从 1 开始的,因此程序中有好几个 for 循环不能写成从 0 开始(但球员编号是从 0 开始的)。

⑨ 21:00:00 没有开始训练的不再训练,而不是 21:00:01。下面给出一组例子:

```
//input
2
20:00:00 60 0
20:30:00 10 1
1 1
1
//output
20:00:00 20:00:00 0
1
```

⑩ 时间可以换算成以 s 为单位,以便进行时间的比较和计算。注意:最后输出时是按球员**开始训练**的时间从前往后输出的,而不是到达时间。

⑪ 在程序中注意跳过那些已经插队占用球桌的 VIP 球员。下面给出一组例子:

```
//input
5
08:00:00 60 0
08:10:00 30 0
08:20:00 10 0
08:30:00 10 1
08:40:00 10 1
2 1
2
```

```
08:00:00 08:00:00 0
08:10:00 08:10:00 0
08:30:00 08:40:00 10
08:40:00 08:50:00 10
08:20:00 09:00:00 40
2 3
```

参考代码

```cpp
#include <cstdio>
#include <cmath>
#include <vector>
#include <algorithm>
using namespace std;
const int K = 111;              //窗口数
const int INF = 1000000000;     //无穷大
struct Player {
    int arriveTime, startTime, trainTime;   //到达时间、训练开始时间及训练时长
    bool isVIP;                 //是否是 VIP 球员
} newPlayer;                    //临时存放新读入的球员
struct Table {
    int endTime, numServe;      //当前占用该球桌的球员的结束时间及已训练的人数
    bool isVIP;                 //是否是 VIP 球桌
} table[K];                     //K 个球桌
vector<Player> player;          //球员队列
int convertTime(int h, int m, int s) {
    return h * 3600 + m * 60 + s;   //将时间转换为以 s 为单位，方便比较和计算
}
bool cmpArriveTime(Player a, Player b) {
    return a.arriveTime < b.arriveTime;      //按到达时间排序
}
bool cmpStartTime(Player a, Player b) {
    return a.startTime < b.startTime;        //按开始时间排序
}
//编号 VIPi 从当前 VIP 球员移到下一个 VIP 球员
int nextVIPPlayer(int VIPi) {
    VIPi++;                     //先将 VIPi 加 1
    while(VIPi < player.size() && player[VIPi].isVIP == 0) {
        VIPi++;         //只要当前球员不是 VIP，就让 VIPi 后移一位
    }
```

```
        return VIPi;          //返回下一个 VIP 球员的 ID
}
//将编号为 tID 的球桌分配给编号为 pID 的球员
void allotTable(int pID, int tID) {
    if(player[pID].arriveTime <= table[tID].endTime) {  //更新球员的开始时间
        player[pID].startTime = table[tID].endTime;
    } else {
        player[pID].startTime = player[pID].arriveTime;
    }
    //该球桌的训练结束时间更新为新球员的结束时间，并让服务人数加 1
    table[tID].endTime = player[pID].startTime + player[pID].trainTime;
    table[tID].numServe++;
}

int main() {
    int n, k, m, VIPtable;
    scanf("%d", &n);      //球员数
    int stTime = convertTime(8, 0, 0);       //开门时间为 8 点
    int edTime = convertTime(21, 0, 0);       //关门时间为 21 点
    for(int i = 0; i < n; i++) {
        int h, m, s, trainTime, isVIP;  //时、分、秒、训练时长、是否是 VIP 球员
        scanf("%d:%d:%d %d %d", &h, &m, &s, &trainTime, &isVIP);
        newPlayer.arriveTime = convertTime(h, m, s);    //到达时间
        newPlayer.startTime = edTime;              //开始时间初始化为 21 点
        if(newPlayer.arriveTime >= edTime) continue;    //21 点及以后的直接排除
        //训练时长
        newPlayer.trainTime = trainTime <= 120 ? trainTime * 60 : 7200;
        newPlayer.isVIP = isVIP;        //是否是 VIP
        player.push_back(newPlayer);     //将 newPlayer 加入到球员队列中
    }
    scanf("%d%d", &k, &m);        //球桌数及 VIP 球桌数
    for(int i = 1; i <= k; i++) {
        table[i].endTime = stTime;      //当前训练结束时间为 8 点
        table[i].numServe = table[i].isVIP = 0;      //初始化 numServe 与 isVIP
    }
    for(int i = 0; i < m; i++) {
        scanf("%d", &VIPtable);        //VIP 球桌编号
        table[VIPtable].isVIP = 1;     //记为 VIP 球桌
    }
    sort(player.begin(), player.end(), cmpArriveTime);  //按到达时间排序
    int i = 0, VIPi = -1;    //i 用来扫描所有球员，VIPi 总是指向当前最前的 VIP 球员
```

```
    VIPi = nextVIPPlayer(VIPi);         //找到第一个 VIP 球员的编号
    while(i < player.size()) {          //当前队列最前面的球员为 i
        int idx = -1, minEndTime = INF;     //寻找最早能空闲的球桌
        for(int j = 1; j <= k; j++) {
            if(table[j].endTime < minEndTime) {
                minEndTime = table[j].endTime;
                idx = j;
            }
        }
        //idx 为最早空闲的球桌编号
        if(table[idx].endTime >= edTime) break;     //已经关门，直接 break
        if(player[i].isVIP == 1 && i < VIPi) {
            i++;    //如果 i 号是 VIP 球员，但是 VIPi > i，说明 i 号球员已经在训练
            continue;
        }
        //以下按球桌是否是 VIP、球员是否是 VIP，进行 4 种情况讨论
        if(table[idx].isVIP == 1) {
            if(player[i].isVIP == 1) {  //①球桌是 VIP，球员是 VIP
                allotTable(i, idx);     //将球桌 idx 分配给球员 i
                if(VIPi == i) VIPi = nextVIPPlayer(VIPi); //找到下一个 VIP 球员
                i++;    //i 号球员开始训练，因此继续队列的下一个人
            } else {                    //②球桌是 VIP，球员不是 VIP
            //如果当前队首的 VIP 球员比该 VIP 球桌早，就把球桌 idx 分配给他
                if(VIPi < player.size() && player[VIPi].arriveTime <=
table[idx].endTime) {
                    allotTable(VIPi, idx);  //将球桌 idx 分配给球员 VIPi
                    VIPi = nextVIPPlayer(VIPi);     //找到下一个 VIP 球员
                } else {
                  //队首 VIP 球员比该 VIP 球桌迟，仍然把球桌 idx 分配给球员 i
                    allotTable(i, idx);     //将球桌 idx 分配给球员 i
                    i++;    //i 号球员开始训练，因此继续队列的下一个人
                }
            }
        } else {
            if(player[i].isVIP == 0) {  //③球桌不是 VIP，球员不是 VIP
                allotTable(i, idx);     //将球桌 idx 分配给球员 i
                i++;        //i 号球员开始训练，因此继续队列的下一个人
            } else {                    //④球桌不是 VIP，球员是 VIP
            //找到最早空闲的 VIP 球桌
                int VIPidx = -1, minVIPEndTime = INF;
```

```
                    for(int j = 1; j <= k; j++) {
                        if(table[j].isVIP==1&& table[j].endTime<minVIPEndTime){
                            minVIPEndTime = table[j].endTime;
                            VIPidx = j;
                        }
                    }
                    //最早空闲的 VIP 球桌编号是 VIPidx
                    if(VIPidx!=-1&&player[i].arriveTime>=table[VIPidx].endTime){
                        //如果 VIP 球桌存在，且空闲时间比球员来的时间早
                        //就把它分配给球员 i
                        allotTable(i, VIPidx);
                        if(VIPi==i) VIPi=nextVIPPlayer(VIPi); //找到下一个 VIP 球员
                        i++;    //i 号球员开始训练，因此继续队列的下一个人
                    } else {
                        //如果球员来时 VIP 球桌还未空闲，就把球桌 idx 分配给他
                        allotTable(i, idx);
                        if(VIPi==i) VIPi=nextVIPPlayer(VIPi); //找到下一个 VIP 球员
                        i++;    //i 号球员开始训练，因此继续队列的下一个人
                    }
                }
            }
    }
    sort(player.begin(), player.end(), cmpStartTime);    //按开始时间排序
    for(i=0; i<player.size() && player[i].startTime<edTime; i++) {  //输出
        int t1 = player[i].arriveTime;
        int t2 = player[i].startTime;
        printf("%02d:%02d:%02d ", t1 / 3600, t1 % 3600 / 60, t1 % 60);
        printf("%02d:%02d:%02d ", t2 / 3600, t2 % 3600 / 60, t2 % 60);
        printf("%.0f\n", round((t2 - t1) / 60.0));
    }
    for(i = 1; i <= k; i++) {
        printf("%d", table[i].numServe);
        if(i < k) printf(" ");
    }
    return 0;
}
```

本节二维码

本章二维码

附　　录

　　读者可以通过下面的表格找到题目所在的章节，进行索引查找（部分题目可能有多种做法，此处将它们分行列出）。有些题目在甲级和乙级中同时出现，因此在甲级的题目中同时写出了英文和中文的标题。

题　号	标　题	分　值	所在章节
B1001	害死人不偿命的(3n+1)猜想	15	3.1 简单模拟
B1002	写出这个数	20	3.6 字符串处理
B1003	我要通过!	20	5.1 简单数学
B1004	成绩排名	20	3.2 查找元素
B1005	继续(3n+1)猜想	25	4.2 散列
B1006	换个格式输出整数	15	3.6 字符串处理
B1007	素数对猜想	20	5.4 素数
B1008	数组元素循环右移问题	20	3.1 简单模拟 5.2 最大公约数与最小公倍数
B1009	说反话	20	3.6 字符串处理
B1010	一元多项式求导	25	3.1 简单模拟
B1011	A+B 和 C	15	3.1 简单模拟
B1012	数字分类	20	3.1 简单模拟
B1013	数素数	20	5.4 素数
B1014	福尔摩斯的约会	20	3.6 字符串处理
B1015	德才论	25	4.1 排序
B1016	部分 A+B	15	3.1 简单模拟
B1017	A 除以 B	20	5.6 大整数运算
B1018	锤子剪刀布	20	3.1 简单模拟
B1019	数字黑洞	20	5.1 简单数学
B1020	月饼	25	4.4 贪心
B1021	个位数统计	15	3.6 字符串处理
B1022	D 进制的 A+B	20	3.5 进制转换
B1023	组个最小数	20	4.4 贪心
B1024	科学计数法	20	3.6 字符串处理
B1025	反转链表	25	7.3 链表处理
B1026	程序运行时间	15	3.1 简单模拟
B1027	打印沙漏	20	3.3 图形输出
B1028	人口普查	20	3.2 查找元素
B1029	旧键盘	20	4.2 散列
B1030	完美数列	25	4.5 二分 4.6 two pointers

（续）

题 号	标 题	分 值	所在章节
B1031	查验身份证	15	3.6 字符串处理
B1032	挖掘机技术哪家强	20	3.2 查找元素
B1033	旧键盘打字	20	4.2 散列
B1034	有理数四则运算	20	5.3 分数的四则运算
B1035	Insert to Merge	25	4.6 two pointers
B1036	跟奥巴马一起编程	15	3.3 图形输出
B1037	在霍格沃茨找零钱	20	3.5 进制转换
B1038	统计同成绩学生	20	4.2 散列
B1039	到底买不买	20	4.2 散列
B1040	有几个PAT	25	4.7 其他高效技巧与算法
B1041	考试座位号	15	3.2 查找元素
B1042	字符统计	20	4.2 散列
B1043	输出PATest	20	4.2 散列
B1044	火星数字	20	6.4 map 的常见用法详解
B1045	快速排序	25	4.7 其他高效技巧与算法
B1046	划拳	15	3.1 简单模拟
B1047	编程团体赛	20	4.2 散列
B1048	数字加密	20	3.6 字符串处理
B1049	数列的片段和	20	5.1 简单数学
B1050	螺旋矩阵	25	13.3 快乐模拟
A1001	A+B Format	20	3.6 字符串处理
A1002	A+B for Polynomials	25	3.1 简单模拟
A1003	Emergency	25	10.4 最短路径
A1004	Counting Leaves	30	9.3 树的遍历
A1005	Spell It Right	20	3.6 字符串处理
A1006	Sign In and Sign Out	25	3.2 查找元素
A1007	Maximum Subsequence Sum	25	11.2 最大连续子序列和
A1008	Elevator	20	5.1 简单数学
A1009	Product of Polynomials	25	3.1 简单模拟
A1010	Radix	25	4.5 二分
A1011	World Cup Betting	20	3.2 查找元素
A1012	The Best Rank	25	4.1 排序
A1013	Battle over cities	25	10.3 图的遍历
A1014	Waiting in Line	30	13.3 快乐模拟
A1015	Reversible Primes	20	5.4 素数
A1016	Phone Bills	25	4.1 排序
A1017	Queueing at Bank	25	13.3 快乐模拟
A1018	Public Bike Management	30	10.4 最短路径
A1019	General Palindromic Number	20	3.5 进制转换

（续）

题 号	标 题	分 值	所在章节
A1020	Tree Traversals	25	9.2 二叉树的遍历
A1021	Deepest Root	25	10.3 图的遍历
A1022	Digital Library	30	6.4 map 的常见用法详解
A1023	Have Fun with Numbers	20	5.6 大整数运算
A1024	Palindromic Number	25	5.6 大整数运算
A1025	PAT Ranking	25	4.1 排序
A1026	Table Tennis	30	13.3 快乐模拟
A1027	Colors in Mars	20	3.5 进制转换
A1028	List Sorting	25	4.1 排序
A1029	Median	25	4.6 two pointers
A1030	Travel Plan	30	10.4 最短路径
A1031	Hello World for U	20	3.3 图形输出
A1032	Sharing	25	7.3 链表处理
A1033	To Fill or Not to Fill	25	4.4 贪心
A1034	Head of a Gang	30	10.3 图的遍历
A1035	Password	20	3.6 字符串处理
A1036	Boys VS Girls	25	3.2 查找元素
A1037	Magic Coupon	25	4.4 贪心
A1038	Recover the Smallest Number	30	4.4 贪心
A1039	Course List for Student	25	6.1 vector 的常见用法详解
A1040	Longest Symmetric String	25	11.5 最长回文子串 12.1 字符串 hash
A1041	Be Unique	20	4.2 散列
A1042	Shuffling Machine	20	3.1 简单模拟
A1043	Is it a Binary Search Tree	25	9.4 二叉查找树（BST）
A1044	Shopping in Mars	25	4.5 二分
A1045	Favorite Color Stripe	30	11.3 最长不下降子序列（LIS） 11.4 最长公共子序列（LCS）
A1046	Shortest Distance	20	3.1 简单模拟
A1047	Student List for Course	25	6.1 vector 的常见用法详解
A1048	Find Coins	25	4.2 散列 4.5 二分 4.6 two pointers
A1049	Counting Ones	30	5.1 简单数学
A1050	String Subtraction	20	4.2 散列
A1051	Pop Sequence	25	7.1 栈的应用
A1052	Linked List Sorting	25	7.3 链表处理
A1053	Path of Equal Weight	30	9.3 树的遍历
A1054	The Dominant Color	20	6.4 map 的常见用法详解
A1055	The World's Richest	25	4.1 排序

题　号	标　题	分　值	所在章节
A1056	Mice and Rice	25	7.2 队列的应用
A1057	Stack	30	13.1 分块思想 13.2 树状数组
A1058	A+B in Hogwarts	20	3.5 进制转换
A1059	Prime Factors	25	5.5 质因子分解
A1060	Are They Equal	25	6.3 string 的常见用法详解
A1061	Dating（福尔摩斯的约会）	20	3.6 字符串处理
A1062	Talent and Virtue（德才论）	25	4.1 排序
A1063	Set Similarity	25	6.2 set 的常见用法详解
A1064	Complete Binary Search Tree	30	9.4 二叉查找树
A1065	A+B and C (64bit)	20	3.1 简单模拟
A1066	Root of AVL Tree	25	9.5 平衡二叉树（AVL 树）
A1067	Sort with Swap(0,∗)	25	4.4 贪心
A1068	Find More Coins	30	11.7 背包问题
A1069	The Black Hole of Numbers（数字黑洞）	20	5.1 简单数学
A1070	Mooncake（月饼）	25	4.4 贪心
A1071	Speech Patterns	25	6.4 map 的常见用法详解
A1072	Gas Station	30	10.4 最短路径
A1073	Scientific Notation（科学计数法）	20	3.6 字符串处理
A1074	Reversing Linked List（反转链表）	25	7.3 链表处理
A1075	PAT Judge	25	4.1 排序
A1076	Forwards on Weibo	30	10.3 图的遍历
A1077	Kuchiguse	20	3.6 字符串处理
A1078	Hashing	25	5.4 素数
A1079	Total Sales of Supply Chain	25	9.3 树的遍历
A1080	Graduate Admission	30	4.1 排序
A1081	Rational Sum	20	5.3 分数的四则运算
A1082	Read Number in Chinese	25	3.6 字符串处理
A1083	List Grades	25	4.1 排序
A1084	Broken Keyboard（旧键盘）	20	4.2 散列
A1085	Perfect Sequence（完美数列）	25	4.5 二分 4.6 two pointers
A1086	Tree Traversals Again	25	9.2 二叉树的遍历
A1087	All Roads Lead to Rome	30	10.4 最短路径
A1088	Rational Arithmetic（有理数四则运算）	20	5.3 分数的四则运算
A1089	Insert or Merge（插入与归并）	25	4.6 two pointers
A1090	Highest Price in Supply Chain	25	9.3 树的遍历
A1091	Acute Stroke	30	8.2 广度优先搜索（BFS）
A1092	To Buy or Not to Buy（到底买不买）	20	4.2 散列

（续）

题 号	标 题	分 值	所在章节
A1093	Count PAT's（有几个 PAT）	25	4.7 其他高效技巧与算法
A1094	The Largest Generation	25	9.3 树的遍历
A1095	Cars on Campus	30	4.1 排序
A1096	Consecutive Factors	20	5.5 质因子分解
A1097	Deduplication on a Linked List	25	7.3 链表处理
A1098	Insertion or Heap Sort	25	9.7 堆
A1099	Build a Binary Search Tree	30	9.4 二叉查找树
A1100	Mars Numbers（火星数字）	20	6.4 map 的常见用法详解
A1101	Quick Sort（快速排序）	25	4.7 其他高效技巧与算法
A1102	Invert a Binary Tree	25	9.2 二叉树的遍历
A1103	Integer Factorization	30	8.1 深度优先搜索（DFS）
A1104	Sum of Number Segments（数列的片段和）	20	5.1 简单数学
A1105	Spiral Matrix（螺旋矩阵）	25	12.3 快乐模拟
A1106	Lowest Price in Supply Chain	25	9.3 树的遍历
A1107	Social Clusters	30	9.6 并查集

附录二维码